准噶尔盆地玛湖大油区
常规－非常规油气有序共生机制

唐 勇 王小军 曹 剑等 著

科学出版社

北 京

内 容 简 介

本书围绕当前石油地质学基础理论研究的前沿——超级盆地和全油气系统，以准噶尔盆地玛湖凹陷为例，阐述了风城组碱湖常规—非常规油气资源协同共生和全油气系统的整体认识，是国际上首个同类实例，丰富发展了陆相富烃凹陷石油地质学基础理论。全书在查明风城组烃源岩地球化学特征与发育规律的基础上，研究了玛湖凹陷原油和天然气的成因与分布规律，探讨了源内页岩油成藏机制和源外"准连续型"油藏成藏机制，揭示了玛湖凹陷全油气系统的形成条件和成藏模式。本书可供以准噶尔盆地为代表的叠合盆地常规与非常规油气一体化勘探实践参考。

本书适用于石油地质地球化学、油气勘探开发等相关专业的大学生、研究生，以及从事相关工作的专业人员和科技爱好者阅读或参考。

图书在版编目（CIP）数据

准噶尔盆地玛湖大油区常规–非常规油气有序共生机制／唐勇等著.
—北京：科学出版社，2023.6
ISBN 978-7-03-075727-2

Ⅰ.①准… Ⅱ.①唐… Ⅲ.①准噶尔盆地–石油天然气地质–地质特征–研究 Ⅳ.①P618.130.2

中国国家版本馆 CIP 数据核字（2023）第 103377 号

责任编辑：焦 健 李亚佩／责任校对：何艳萍
责任印制：吴兆东／封面设计：北京图阅盛世

科学出版社 出版
北京东黄城根北街 16 号
邮政编码：100717
http://www.sciencep.com
北京中科印刷有限公司 印刷
科学出版社发行 各地新华书店经销
*
2023 年 6 月第 一 版 开本：787×1092 1/16
2023 年 6 月第一次印刷 印张：13
字数：308 000
定价：178.00 元
（如有印装质量问题，我社负责调换）

主要作者

唐　勇　王小军　曹　剑　宋　永　何文军

尤新才　单　祥　张　磊　刘　寅　郑孟林

秦志军　黄立良　杨　森　邹　阳　白　雨

陶柯宇　夏刘文　王俞策

前　　言

含油气系统定义为沉积盆地中一个自然的烃类流体系统，包含一套有效的烃源岩，以及与该烃源岩有关的油气及油气藏形成所必需的一切地质要素和成藏作用，含油气系统理论的科学本质是揭示油气生成—排出—运移—散失—聚集的宏观规律，据此建立"源外""顺藤（运移路径）摸瓜（油气藏）"的油气资源分布预测思路与方法，因此也是实践方法论。进入 21 世纪，随着非常规油气的持续发现，经典的含油气系统面临新的发展需求，需要考虑"源储一体"的页岩油气、"源储紧邻"的致密油气等资源类型。为此，以中国石油地质家为代表，提出了协同"源外"常规油气与"源内"非常规油气的全油气系统理念。这一概念最早是 Magoon 和 Schmoker 提出，但当时限于非常规油气未获得大的突破，经典概念内涵中并未体现非常规油气聚集。因此为推动概念的理论化，亟须勘探生产实践加以证实与实例解剖加以研究。

准噶尔盆地是中国西部内陆最重要的含油气盆地之一，油气资源丰富，勘探历史悠久，自 20 世纪 50 年代以来，累计探明石油资源量超过 27 亿 t，天然气资源量近 1800 亿 m³。受复杂地质条件影响，虽经历了较长时间勘探，但油气综合探明率仅为 24.3%，且主要集中在三叠系以上层位。2007 年以来，先后在玛湖凹陷部署风城 1、百泉 1、玛湖 1 等风险探井，推动了二叠系和三叠系砾岩大油区的发现，揭示了深层致密油和页岩油等资源新类型。2019 年，位于玛北地区的玛页 1 井取得重大突破，发现了玛湖凹陷西斜坡常规油藏—致密油藏—页岩油藏的有序共生，揭示了深层油气的勘探潜力，推动了全油气系统理论从理论走向实践。当前，在全油气系统理论的引领下，准噶尔盆地正在持续形成常规—非常规油气藏勘探新格局。

为及时总结这一石油地质学理论前沿，指导油气勘探，本书以最典型的玛湖凹陷为例，在风城组烃源岩地球化学特征与发育规律的基础上，研究玛湖凹陷原油和天然气的成因与分布规律，并进一步探讨源内页岩油成藏机制和源外"准连续型"油藏成藏机制，最后揭示玛湖凹陷全油气系统的形成条件和成藏模式。基于这些讨论，以期形成玛湖凹陷风城组碱湖常规—非常规油气协同共生和全油气系统的整体认识，指导准噶尔盆地常规与非常规油气一体化勘探实践，丰富和发展中国陆相盆地富烃凹陷石油地质理论，并推广至其他盆地。

本书研究工作和出版受到中国石油重大科技项目（编号 2021DJ0108）资助。

目　　录

第一章 地质背景

第一节 构造及演化

准噶尔盆地是中国新疆北部的一个大型陆内含油气盆地，位于阿尔泰山及北天山之间，总面积约为 13 万 km² [图 1-1（a）]。在大地构造位置上，盆地位于准噶尔地块核心稳定区，隶属于哈萨克斯坦板块，北以额尔齐斯—斋桑古生代深断裂及缝合带为界与西伯利亚板块相隔，南以天山褶皱造山带与塔里木板块分界（陈发景等，2005）。

准噶尔盆地形成于中晚石炭世末至早二叠世初，具有双重基底结构，下基底为前寒武纪古老结晶基底，上基底为晚古生代变质岩褶皱基底（韩宝福等，1999；李锦轶等，2006）。形成至今，盆地先后受到了海西、印支、燕山及喜马拉雅四期构造运动的影响和改造，具有多期不同性质的盆地原型，造就了其复杂的构造沉积特征（Feng et al., 1989；蔡忠贤等，2000）。对于现今准噶尔盆地的构造格局，晚海西期构造运动对其的形成起到了至关重要的作用，因此以晚海西期盆地拗—隆构造格架为基础，兼顾印支、燕山及喜马拉雅运动的构造改造作用，可将盆地分为 6 个一级构造单元，由北至南分别包括乌伦古拗陷、陆梁隆起、西部隆起、中央拗陷、东部隆起及北天山山前冲断带（图 1-1），进一步还可以细分出 44 个二级构造单元（杨海波等，2004）。

本书研究区位于准噶尔盆地西北缘，毗邻扎伊尔山、哈拉阿拉特山，主要涵盖西部隆起的北部地区以及中央拗陷的西北地区，区内所发育二级构造单元主要包括乌夏断裂带、克百断裂带、玛湖凹陷、中拐凸起、达巴松凸起及夏盐凸起（图 1-2）。其中，研究区西部断裂带地区（乌夏断裂带和克百断裂带）构造格局复杂，其山前部位由一系列古生界逆冲叠片构成，由于长期构造抬升其石炭系基底部分暴露于地表；断裂带逆冲构造前缘为应力释放区，大量断裂结构发育，其中大部分为高陡逆断层，兼有少量走滑断层和正断层 [图 1-1（b）]。相比而言，断裂带东侧凹陷区（玛湖凹陷）构造相对简单，其下部古生界（上石炭统和二叠系）由于海西期强烈的构造改造而褶皱变形，发育背斜、断距较小的走滑断层以及鼻状构造；其上部中生界逐层超覆于古生界之上，受构造影响较弱，总体呈宽缓的由山向盆的单斜分布 [图 1-1（b）]。研究区紧邻玛湖凹陷东侧及西南侧还发育三个凸起带（中拐凸起、达巴松凸起及夏盐凸起），为晚古生代继承性古隆起，两侧由断裂控制，凸起带中部分二叠系缺失或遭受强烈剥蚀造成二叠系地层急剧减薄，中生界受影响程度则较弱 [图 1-1（b）]。

准噶尔盆地西北缘的构造演化根本上控制了其沉积地层以及含油气系统的整体特征，其构造演化大致可分为以下三个阶段。

1）古生代盆地形成及洋陆转换阶段

准噶尔盆地是以准噶尔地体为基础所发展演化而形成的复合叠加盆地，准噶尔地体作

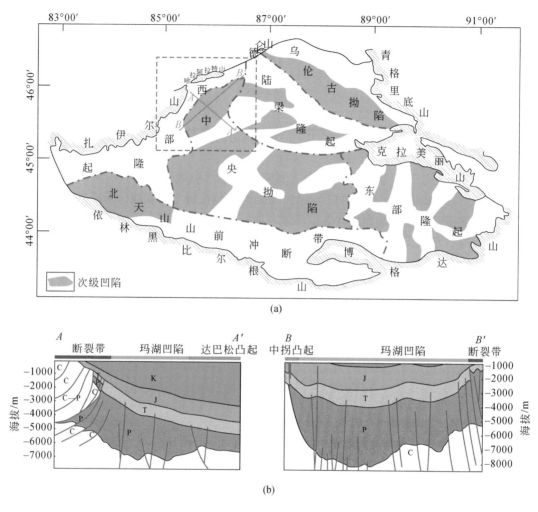

图 1-1　准噶尔盆地地理位置及构造单元分布图 (a) 及沉积地层剖面图 (b)

为古亚洲板块的一部分,早在太古代末期就通过陆核增生的方式形成了具有结晶基地的原始古陆核,至元古代该原始古陆核经大陆拼贴碰撞逐渐演化为具有稳定结构的准噶尔地体。新元古代,古亚洲大陆裂解,准噶尔地体成为散布在裂解大陆边缘的微陆块之一,其周缘为多期小洋盆包围,每期小洋盆演化基本遵循威尔逊旋回模式 (陈新等,2002)。

　　古生代时期,准噶尔地体周缘小洋盆经历了四期洋壳消亡事件,至泥盆纪末到早石炭世末,准噶尔地体分别与西伯利亚板块、塔里木板块拼贴在一起,此时该区已初步形成接近现今盆地范围的地块 (Feng et al., 1989;陈发景等,2005)。中晚石炭世,准噶尔周缘洋盆封闭褶皱之后在块体内部再次发生引张作用,在研究区形成了西准噶尔裂陷槽,并进一步演化为一个大型凹陷——玛湖凹陷 (Carroll et al., 1990)。准噶尔地体周缘洋盆闭合之后,在西准噶尔地区尚存在一个残留海相盆地,研究区此时位于滨海沿岸位置,接受一套海相—陆相过渡沉积 (张义杰等,2007;靳军等,2009;Han and Zhao, 2018)。中石炭世晚期至晚石炭世,海盆由北西向南东方向逐渐萎缩,至石炭纪末海盆闭合,自此准噶尔

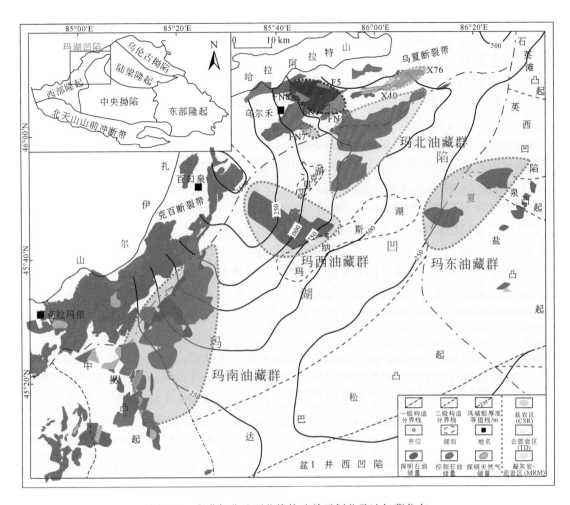

图 1-2 准噶尔盆地西北缘构造单元划分及油气藏分布

盆地进入陆内盆地演化阶段。

2）二叠纪构造强烈改造阶段

早二叠世时期，准噶尔盆地整体处于拉张应力环境，研究区玛湖凹陷为其中一伸展断陷（大陆内裂谷），该期俯冲板片的拆沉作用造成区域岩石圈拉张减薄从而诱发了大量岩浆活动，导致了火山岩的普遍发育以及较高的大地热流值和古地温值（邱楠生等，2002；隋风贵，2015）。这一时期研究区由正断层控制的地堑和半地堑构成，沉积速率较高，下部断陷强烈期沉积了较厚的佳木河组火山岩以及较为粗粒的碎屑岩，其上风城组沉积期断距减弱，以细粒沉积为主，局部发育火山岩。

早二叠世末，应力场发生反转，盆地遭受抬升剥蚀，研究区形成中二叠统与下二叠统不整合面，风城组顶部风化壳发育（蔡忠贤等，2000）。中二叠世盆地边缘挤压应力逐渐增强，在研究区盆山过渡区开始形成一系列逆冲断裂带。这一阶段向盆地内部方向的凹陷区性质为裂谷后期弱伸展拗陷，火山活动逐渐减弱，湖盆范围逐渐扩大，其下部夏子街组至上部下乌尔禾组具有下粗上细的正旋回沉积特征（方世虎等，2006）。晚二叠世至二叠纪末，受海西运动主幕影响，盆地边缘挤压应力达到顶峰，强烈的逆冲活动导致乌夏断裂带、克百断裂带及红车断裂带等一系列重要的高角度逆冲断裂带形成，其边缘二叠系隆起上翘并被严重剥蚀，与上覆三叠系呈明显角度不整合接触（孟家峰等，2009；隋风贵，2015）。这一时期研究区发育由河流、扇三角洲相粗粒碎屑岩组成的上乌尔禾组水退层序。

　　3）三叠纪—白垩纪稳定克拉通内盆地演化阶段

　　三叠纪—白垩纪，准噶尔盆地逐渐演化为稳定克拉通内拗陷，其西北缘构造活动强度也逐渐减弱，这一时期盆地以古地温和大地热流值低、沉积广泛超覆为特征（邱楠生等，2002）。研究区整个三叠系为一正旋回沉积序列，超覆于二叠系因逆冲和抬升形成的边缘隆起之上（陈发景等，2005）。下三叠统（百口泉组）主要由河流和扇三角洲体系构成，中三叠统（克拉玛依组）主要为滨浅湖相组成的湖泊体系，晚三叠世中期湖侵达到高峰，上三叠统（白碱滩组）为一套主要由细粒沉积构成的湖相沉积。研究区三叠纪沉降特征整体较为稳定，但在盆山过渡区仍存在挤压活动，三叠系在同沉积挤压作用下形成了突变式楔形收敛的递进不整合（蔡忠贤等，2000）。三叠纪末，印支运动导致盆地整体抬升，研究区主体区域形成了广泛的三叠系与侏罗系平行不整合，而在盆山过渡区则表现为角度不整合。

　　侏罗纪—白垩纪，准噶尔盆地西北缘构造活动进一步减弱，山前逆冲挤压活动基本终止，地层稳定分布，断裂、褶皱很少发育。研究区下侏罗统（八道湾组和三工河组）为一正旋回沉积体系，超覆于三叠系与侏罗系不整合面之上，至中侏罗统（西山窑组和头屯河组）表现为反旋回特征，逐层退覆遭受递进式削截（陈发景等，2005）。中侏罗世晚期燕山运动强烈的挤压作用使盆地整体抬升，随后的剥蚀准平原化作用导致研究区上侏罗统缺失。白垩系在准平原化后形成的侏罗系与白垩系平行不整合面基础上沉积，其分布范围在研究区相对最广，下部地层为一正旋回序列，上部地层为一反旋回序列。

　　新生代时期，北天山在喜马拉雅I幕构造运动的影响下强烈隆升，由山向盆的冲断负荷使盆地基底南倾挠曲下沉，发展为以南缘为前缘的陆内前陆盆地。准噶尔盆地新生界由南向北呈楔形迅速减薄，至研究区新生界缺失。

第二节　地　层

　　中晚石炭世，准噶尔盆地西北缘以玛湖凹陷为中心开始接受稳定沉积，主要发育石炭系—下白垩统，除石炭系及下二叠统火山岩较为发育外，其上地层基本由沉积岩构成，沉积地层厚度最大约达 8000m［图1-1（b）、图1-3］。各地层形成环境及岩性组成简要介绍如下。

一、石炭系

　　石炭系（C）岩性主要由火山岩、火山碎屑岩以及与火山碎屑岩互层的碎屑岩组成。火山岩构造类型以块状熔岩为主，属亚碱性拉斑玄武岩族，岩石类型主要包括玄武岩和安

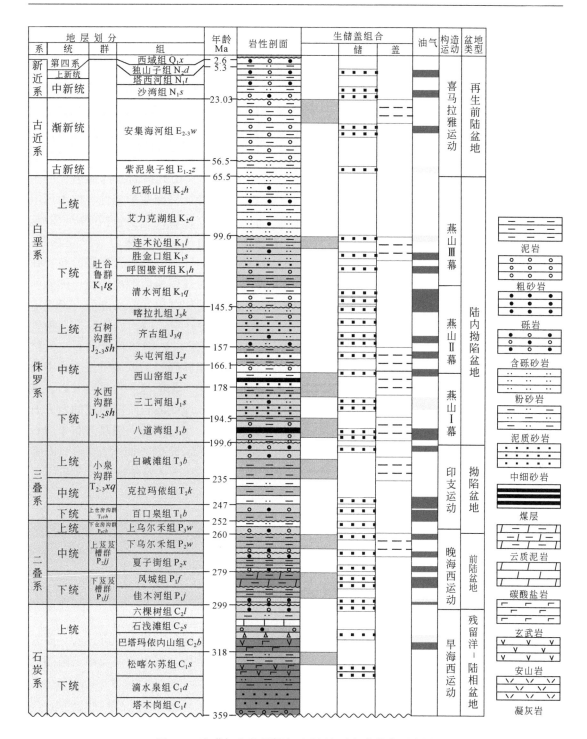

图 1-3　准噶尔盆地玛湖地区地层与油气藏分布示意图

山岩（李军等，2008）。火山碎屑岩主要包括凝灰岩和火山角砾岩。以火山碎屑物为母岩的沉积岩含有岩石类型包括沉凝灰岩、泥岩、砂岩、砾岩以及其过渡岩石类型。研究区石炭系沉积岩主要形成于滨海—浅海环境，不仅发现了大量海相生物化石，也见陆源高等植物相关组分（王绪龙等，2013）。

二、二叠系

二叠系由老至新包括下统佳木河组（P_1j）和风城组（P_1f），中统夏子街组（P_2x）和下乌尔禾组（P_2w），以及上统上乌尔禾组（P_3w）。

佳木河组（P_1j）岩性构成与石炭系类似，发育火山岩、火山碎屑岩及碎屑岩，但剖面上自下而上火山岩组分含量减少而碎屑岩含量增多，变化特征呈交互渐变性。佳木河组火山岩主要沿研究区盆缘断裂带分布，在下亚组分布面积最广，岩性主要包括安山岩、流纹岩及玄武岩，多具块状及气孔构造；火山碎屑岩为火山角砾岩及凝灰岩（匡立春等，2008）。佳木河组碎屑岩主要包括砾岩、砂岩及粉砂质泥岩，与火山碎屑岩互层分布，在乌夏断裂带有厚层黑色泥岩发育。佳木河组沉积时期研究区为残留海或潟湖环境，随着河流注入沉积范围逐渐扩大，广泛接受一套扇三角洲相—滨浅湖相沉积（张义杰等，2007）。

风城组（P_1f）岩性构成以碎屑岩及化学岩为主，包括粉砂岩、白云质粉砂岩、粉砂质泥岩、泥岩、白云质泥岩、白云岩、泥质白云岩，以及蒸发岩矿物如碳氢钠石、天然碱、苏打石等，此外局域发育热液成因的硅质岩和扇三角洲相砂砾岩。风城组云质岩中白云石主要来源于同生、准同生白云石化作用，白云石晶型细小，为泥晶—粉晶白云石，多呈纹理状与细粒碎屑岩互层。除与沉积作用相关的白云石外，埋藏成岩阶段形成的白云石及热液后生白云石也部分可见，其中成岩白云石主要呈自形、半自形粉—细晶散布于岩石中；而热液后生白云石多呈半自形、他形细—中晶沿裂缝及泄水通道分布，这类白云石常与硅硼纳石、碳酸钠钙石、重晶石等矿物伴生（匡立春等，2012）。整体而言，风城组形成于一种较为少见的盐湖（碱湖）沉积环境，沉积过程受物源、机械沉积、化学沉积等作用综合控制，伴随局域发生的热液和火山活动，造就了其极为复杂的岩相组合（曹剑等，2015；Yu et al.，2018）。

风城组与其下部地层相比火山岩发育程度明显降低，其火山岩主要分布于乌夏断裂带和玛南斜坡局部地区，其中乌夏断裂带火山岩发育于风城组下亚组（风一段），底部为分布非常局限的安山岩，其上凝灰岩和火山角砾岩分布相对广泛；相比而言，玛南斜坡火山岩发育于风城组上亚组（风三段），主要由玄武岩组成。

夏子街组（P_2x）岩性构成以较粗粒碎屑岩为主，主要包括砂砾岩、含砾砂岩、砂岩及少量粉砂质泥岩。砂层发育洪积层理、斜层理等，具冲蚀结构，属于河流及扇三角洲平原相沉积。

下乌尔禾组（P_2w）岩性构成以细粒碎屑岩为主，主要发育粉砂岩、粉砂质泥岩、泥岩及砂砾岩等。组内砂泥岩呈薄层互层状分布，发育薄煤层，常可见植物碎屑、炭屑及孢粉等高等植物相关组分。剖面上沉积粒度由下而上先变细后逐渐变粗，构造类型常见冲刷面、交错层理及牵引流构造，属于沼泽、水下扇和浅—半深湖相沉积。

上乌尔禾组（P_3w）碎屑岩粒度较粗，主要发育砾岩、含砾砂岩，夹少量砂岩。该组砂砾岩由多期扇体叠置而成，具有近源、快速堆积的特征，岩石结构成熟度和成分成熟度均较低，非均质性极强，属于冲积扇—浅湖相沉积。

三、三叠系

三叠系由老至新发育下统百口泉组（T_1b），中统克拉玛依组（T_2k），以及上统白碱滩组（T_3b）。

百口泉组（T_1b）主要发育砾岩、含砾砂岩及粉砂质泥岩，主体属于扇三角洲和浅湖相沉积。该组沉积演化经历了一个明显的湖侵过程，砂砾岩构成的扇体向物源方向退积叠置，湖相细粒沉积体系逐渐扩大。

克拉玛依组（T_2k）以砂岩、泥质粉砂岩、泥岩为主，砂砾岩发育较百口泉组明显减少，主要为水下扇及浅湖相沉积。

白碱滩组（T_3b）主要发育细粒沉积。其底部以含砾砂岩、细砾岩为主，向上发育砂岩与砂质泥岩，中上段岩性以深灰色泥岩夹薄层砂岩、粉砂岩及泥质砂岩为主。白碱滩组是三叠系沉积正旋回最大湖侵期序列，为水下扇—湖相沉积，以巨厚湖相泥岩沉积为特征，在准噶尔盆地西北缘含油气系统中为一个重要的区域盖层。

四、侏罗系

侏罗系由老至新发育下统八道湾组（J_1b）和三工河组（J_1s），中统西山窑组（J_2x）和头屯河组（J_2t），上统齐古组（J_3q）和喀拉扎组（J_3k）。

八道湾组（J_1b）岩性以砂砾岩、砂岩和泥岩互层为特征，中夹薄煤层，底部发育底砾岩。八道湾组内部韵律明显，往往以底部砂砾岩起始，向上过渡为砂岩、泥岩，最后以碳质泥岩和薄煤层结束，以此组合构成多个小旋回。该组为河流及湖泊沼泽相沉积，河床相、河漫滩相和沼泽相在剖面上交替出现。

三工河组（J_1s）为一套砂岩、粉砂岩及泥岩的不均匀互层，夹薄透镜体状菱铁矿层。该组不发育煤层，但可见硅化木化石，偶见叠锥灰岩，属于滨浅湖—半深湖相沉积体系。

西山窑组（J_2x）为一套陆相含煤建造，发育多套标志性煤线，主要岩性包括砂岩、粉砂岩、泥岩互层夹褐煤和菱铁矿。该组为辫状河三角洲和湖相沉积体系。

头屯河组（J_2t）为具有上粗下细反旋回特征的碎屑岩沉积。底部发育细粉砂岩以及泥质条带，中部主要发育砂岩、砂质泥岩夹薄层碳质泥岩，上部为含砾砂岩、砂岩、泥岩互层。头屯河组属于河流、扇三角洲、滨浅湖相沉积，其上部在中侏罗世晚期发生的准平原化过程中遭受剥蚀严重，其后上侏罗统因此缺失。

五、白垩系

准噶尔盆地西北缘白垩系仅发育下白垩统吐谷鲁群（K_1tg），岩性构成主要为灰绿色块状砂岩与灰绿色、棕红色泥岩互层的条带层，典型发育平行层理、丘状交错层理。沉积相类型以辫状河、扇三角洲、滨浅湖相为主。

第三节　地　质　结　构

一、玛湖地区二叠系不整合发育特征

1. 石炭系顶部不整合（C/P）

石炭系以火山岩为主，在地震剖面上表现为不连续的杂乱反射或连续性差的层状反射；而上覆二叠系虽然底部夹有火山岩，但总体以碎屑岩沉积为主，在地震剖面上呈连续性好的层状反射。因此，二叠系/石炭系不整合面（P/C）通常为一波阻抗极强的连续反射轴，在区内极易识别和追踪。该不整合面在西部隆起、陆梁隆起、中央拗陷的玛湖凹陷、达巴松凸起和莫索湾凸起处广泛发育，为一区域性不整合。它既可表现为不同时期二叠系向石炭系逐次超覆（即超覆不整合），也可表现为二叠系（佳木河组）或三叠系百口泉组对下伏石炭系的削蚀（如玛湖凹陷和中拐凸起）（即削蚀不整合），但总体以前者为主（图1-4）。

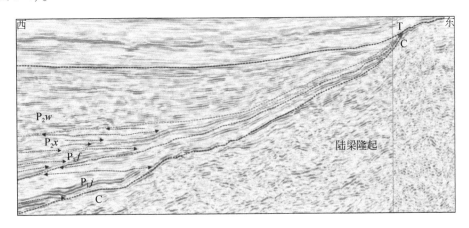

图1-4　陆梁隆起区石炭系顶部、二叠系内部及三叠系底部不整合面特征

2. 下二叠统内部不整合（P_1f/P_1j）

下二叠统内部风城组与佳木河组之间总体为整合接触，但在一些局部区域两者呈不整合接触，为一局部性不整合面。在西部隆起的中拐凸起、陆梁隆起的夏盐凸起/石西凸起、中央拗陷的达巴松凸起等区域，风城组超覆于佳木河组之上，为超覆不整合；而在玛湖凹陷玛2井区附近（玛北背斜区）风城组则对下伏呈背斜形态的佳木河组削截，形成削蚀不整合（图1-5、图1-6）。这些特征表明，在二叠系佳木河组沉积后，风城组沉积前，上述区域发生了明显的构造隆升。

3. 中二叠底部不整合（P_2/P_1）

中二叠统底部是另一个区域不整合，分布非常广泛，在不同区域其表现形式不同。削

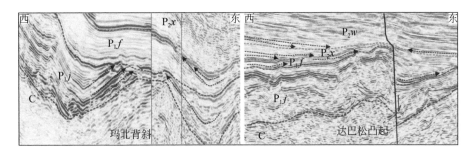

图 1-5　玛湖凹陷（北部）及达巴松凸起石炭系顶部、二叠系内部不整合面特征

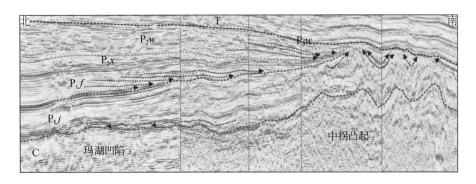

图 1-6　玛湖凹陷及边缘石炭系顶部、二叠系内部及三叠系底部不整合面特征

蚀—上超不整合和削截不整合主要发育在西部隆起区（如克百断裂带、中拐凸起）及邻近的斜坡区（如玛湖凹陷西斜坡），这个区域大体对应同相轴被削截处至风城组尖灭线或边界大断层的范围（图1-7）。除此之外，中央拗陷的莫索湾凸起也发育明显的削截不整合。在陆梁隆起区域，中二叠统底部不整合则表现为单一的超覆不整合。在玛湖凹陷、盆1井西凹陷，中二叠统底部主要为一平行不整合面。这一区域性不整合面表明在早二叠世晚期—中二叠世早期，研究区发生了大范围构造隆升。

4. 中二叠统内部不整合（P_2w/P_2x）

与下二叠统内部不整合相似，中二叠统内部夏子街组与下乌尔禾组之间也发育局部性不整合，主要分布于西部隆起区及凹陷斜坡区。其中，在中拐凸起、克百断裂带南部区域、夏盐凸起西侧的凹陷斜坡区发育明显的上超不整合（图1-7）；而在达巴松凸起可见下乌尔禾组对夏子街组的削截，发育削截不整合；在玛湖凹陷、盆1井西凹陷等中央拗陷区则主要为平行不整合或整合接触关系。

5. 上二叠统底部不整合（P_3/P_2）

上二叠统底部不整合是一个存在争议，同时在构造层序研究中容易被忽视的一个不整合面。存在争议的地方主要在于该不整合是局部性的还是区域性的不整合，以及是否代表了重要构造变革期的产物。本书研究发现，该不整合面为一区域性不整合，它包括两部分：一部分为单一不整合（分布在研究区南部），在中拐凸起一带主要表现为削蚀不整合

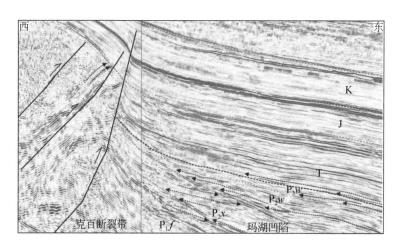

图1-7 克百断裂带—玛湖凹陷二叠系内部、三叠系底部及侏罗系底部不整合面特征

（图1-8），向玛湖凹陷、盆1井西凹陷过渡为平行不整合；另一部分与三叠系底部不整合叠加为叠合不整合（分布在研究区北部）。

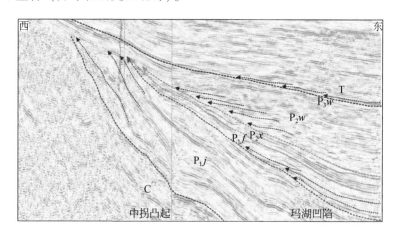

图1-8 中拐凸起—玛湖凹陷石炭系顶部、二叠系内部及三叠系底部不整合面特征

6. 三叠系底部不整合（T/P）

与上二叠统底部不整合相似，三叠系底部不整合也分两个不同的部分：在研究区南部，它与下伏上二叠统上乌尔禾组之间以平行不整合或微角度不整合接触；而在研究区北部，它与上乌尔禾组底部不整合融合为一个叠合不整合（图1-9）。该叠合不整合在西部隆起区及凹陷斜坡区为一削蚀不整合，对下伏二叠系高角度削截；向玛湖凹陷、盆1井西凹陷等中央拗陷区过渡为平行不整合。三叠系底部的叠合不整合以及上二叠统底部不整合共同构成了一个区域性不整合面。

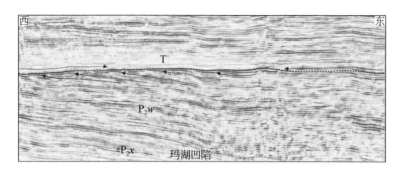

图 1-9　玛湖凹陷（北部）三叠系底部不整合面特征

二、地质结构特征

在不整合面分析的基础上，本次研究利用地震格架大剖面对二叠系、三叠系地质结构进行详细解剖。考虑到不同方向上地质结构的变化性，研究中采用沿构造走向剖面（4条）、垂直构造走向剖面（4条）、与构造走向斜交剖面（1条）进行控制性分析，下面选取其中 2 条代表性剖面进行阐述。

图 1-10 为 1 条与区内主要构造单元走向近垂向的剖面，自西北至东南（剖面中从左到右）分别经过了乌夏断裂带、玛湖凹陷北部、夏盐凸起、三南凹陷和石西凸起，较为清楚地揭示了这一方向二叠系、三叠系的地质结构。上述区域性与局部性不整合在地震剖面上特征明显，在西部断裂带及凹陷斜坡区以削蚀不整合为主，而在东部夏盐、石西等凸起区则主为超覆不整合，总体表现为东削西超的特征。以石炭系顶部、中二叠统底部和三叠系顶底部 4 个区域性不整合面为界，二叠系、三叠系可划分为 3 个构造层。它们自下而上具有从楔状向席状演化的特点：下部下二叠统构造层表现为一向西部山前带增厚的楔形，分布范围局限；中部中二叠统构造层在一定程度上继承了这种形态特征，但其最厚的部位相对于下部构造层而言，有向东迁移的特征；上部三叠系构造层为席状，厚度相对较薄但分布广泛。这些特征表明研究区具有从二叠纪不对称性沉降向三叠纪均衡性沉降转化的特点，并且西部沉降中心（玛湖凹陷）在早中二叠世和晚二叠世—早三叠世经历了不同程度的构造隆升，形成了多期（区域性或局部性）不整合面，而东部隆起则主要为自石炭纪以来的继承性古隆起，被不同时期的二叠系所掩埋。

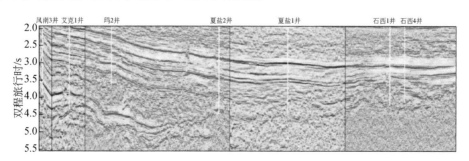

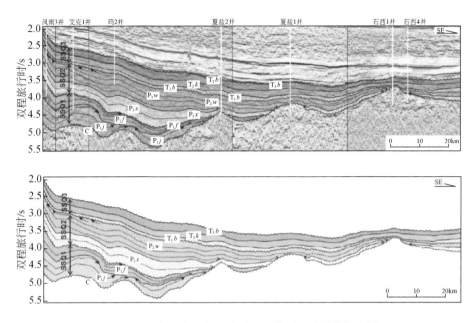

图 1-10　玛湖凹陷北部二叠系—三叠系地质结构解释图

　　图 1-11 为 1 条与区内主要构造单元走向斜交的二维测线，自西至东（剖面中从左到右）分别经过了克百断裂带、玛湖凹陷南部、达巴松凸起和夏盐凸起。该剖面除了具有与图 1-10 中相似的地质结构特征外，还有一些值得注意的信息。佳木河组具有楔状"似斜积体"形态和"视下超"反射，但以三叠系发育稳定泥岩段的白碱滩组底界为标志层拉平剖面，去除后期构造影响后不难发现，这些"视下超"实则为上超反射，代表了佳木河组沉积期的湖进而非前积。另外，在达巴松凸起一带还发育基底卷入正断层和相关的小型箕状凹陷，局部控制了下二叠统佳木河组和风城组的地层形态与分布。此外，相对于北部剖面而言，该剖面中佳木河组更厚，而上覆风城组、夏子街组和下乌尔禾组更薄，反映了沉降中心除了有上述的向东迁移外，还具有向北迁移的特征（图 1-10、图 1-11）。地层形态具有从下二叠统楔状构造层向中二叠统透镜状构造层最后向上二叠统—三叠系席状构造层转变的特点，并且透镜状构造层最厚部位位于楔状构造层较薄的隆起部位之上，反映了该区域早二叠世（可能更早）形成的达巴松凸起在中二叠世发生了构造沉降。该剖面中呈透镜状的下乌尔禾组在图 1-10 中被三叠系底部不整合面大幅度削蚀，而未保存其原始形态，反映了北部（乌夏断裂带）在下乌尔禾组沉积后—百口泉组沉积前发生了较南部更为强烈的隆升变形。

　　图 1-12 为 1 条与区内主要构造单元走向近平行的地震剖面，自西南至东北（剖面中从左到右）分别经过了中拐凸起、玛湖凹陷和乌夏断裂带。佳木河组在中拐凸起一带厚度最大，而上覆风城组、夏子街组和下乌尔禾组最厚处具有向北迁移的特征，佐证了上述关于早二叠世至中二叠世晚期研究区沉降中心向北迁移的解释。风城组向中拐凸起变薄，并超覆于佳木河组之上，表明中拐凸起在早二叠世佳木河组沉积后—风城组沉积前开始形成；而下乌尔禾组在这一带被上乌尔禾组底部不整合较高高角度削蚀，指示中拐凸起在中

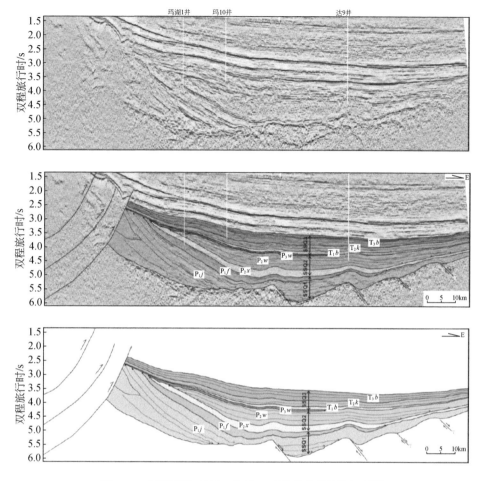

图 1-11　玛湖凹陷南部二叠系—三叠系地质结构解释图

二叠世晚期—晚三叠世早期发生了较为强烈的隆升变形。相比较而言，下乌尔禾组在北部被三叠系底部不整合高角度削蚀，反映中二叠世晚期—早三叠世乌夏断裂带发生了比南部更为强烈的隆升变形。尽管三叠系在这一带超覆变薄，相对二叠系来说，总体仍表现为席状，说明三叠纪沿构造走向沉降特征差异性较小。该剖面也清楚地揭示了上部构造层底界的南北差异性：北部为三叠系底部削截不整合，而在南部为上二叠统底部削截不整合。

图 1-13 为 1 条与区内主要构造单元走向近平行的地震剖面，自西南至东北（剖面中从左到右）分别经过了沙湾凹陷北部、中拐凸起和玛湖凹陷。该剖面除了揭示了与图 1-12 中相似的地质结构外，还有一些值得注意的信息。佳木河组在玛中 1 井至玛东 1 井一线广泛发育"似河道"形态的侵入岩体，说明该时期这一带的火山活动较为强烈；佳木河组内部发育同沉积逆断层，在中拐凸起尤为明显，可能与该凸起的形成密切相关。沙湾凹陷和玛湖凹陷的风城组、夏子街组和上乌尔禾组、下乌尔禾组均具有向中拐凸起超覆变薄的特征，表明这是一个自早二叠世至晚二叠世的长期古隆起。由于该剖面靠近盆地中心，因此被上二叠统底部不整合面和三叠系底部不整合面的削蚀程度较小，从而较好地保存了下伏

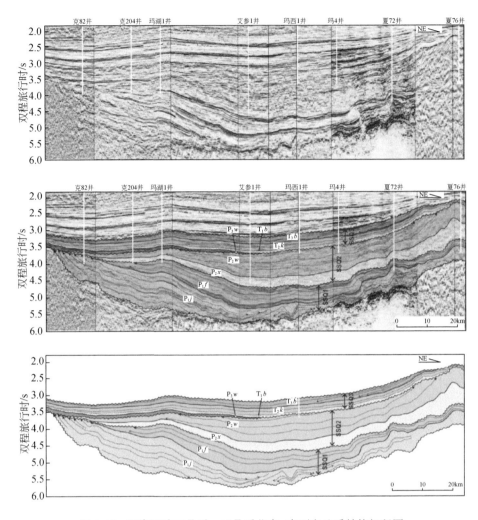

图 1-12　玛湖凹陷二叠系—三叠系北东-南西向地质结构解释图

下乌尔禾组的原始透镜状形态和多期超覆特征。下乌尔禾组最大沉积厚度位于玛 20 井附近（沉降中心），相对于佳木河组沉积时期，向北迁移了近 50km。

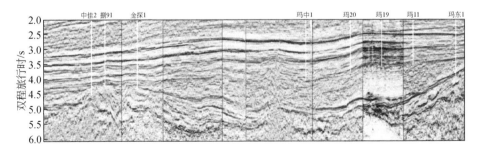

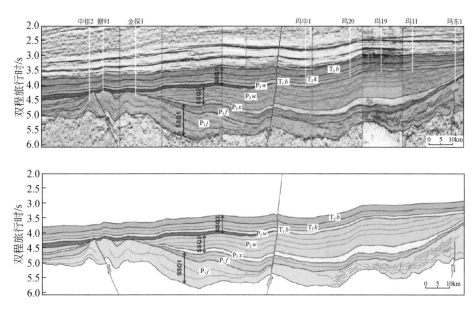

图 1-13 玛湖凹陷二叠系—三叠系东–西向地质结构解释图

上述分析表明,玛湖凹陷二叠系—三叠系地质结构在不同方向上具有一定差异性,但整体反映了以下一些共性特征:自下而上剖面形态总体上具有从楔状/透镜状向席状演化的特点,反映了由早期隆拗相间的分隔性格局向统一开阔平缓型盆地演化的趋势;沉降中心不仅具有向东(向盆内方向)迁移的特点,沿盆缘向北同样发生了较大规模的迁移;在二叠纪盆内不仅发育正断层(如达巴松凸起附近),也发育逆断层(如中拐凸起、玛湖凹陷北部等地区)。

第四节　盆地演化

通过分析和比较不同时期地层厚度图的分布特征,结合上述地质结构研究成果,揭示研究区二叠纪、三叠纪的沉降特征及其对构造作用与盆地演化的启示。

下二叠统佳木河组主要分布在西部隆起、中央拗陷的玛湖、盆 1 井西和沙湾等次级凹陷中,而达巴松凸起和陆梁隆起则是其沉积间断区(图 1-14)。佳木河组沉积时期发育两个沉降中心,包括位于扎伊尔山前的主沉降中心(最大沉积厚度约 3500m),以及盆 1 井西凹陷次级沉降中心,两者被达巴松凸起所分隔。两个沉降中心及达巴松凸起沿西南—东北向近平行展布,反映了它们之间的成因联系,可能受同一构造作用所控制。

特别地,两个沉降中心在与其走向垂直的方向上分布范围几乎一致,进一步指示了两者之间的内在相关性。与佳木河组相似,风城组的地层厚度显示其沉积时期同样发育两个沉降中心,但其主沉降中心向北东方向迁移约 30km 至扎伊尔山与哈拉阿拉特山交汇处(最大沉积厚度约 1500m),并且其沉积范围也扩大到了达巴松凸起和陆梁隆起西部,反映了该时期整体湖进的沉积背景。地层厚度图和地质结构分析表明佳木河组和风城组沉积时

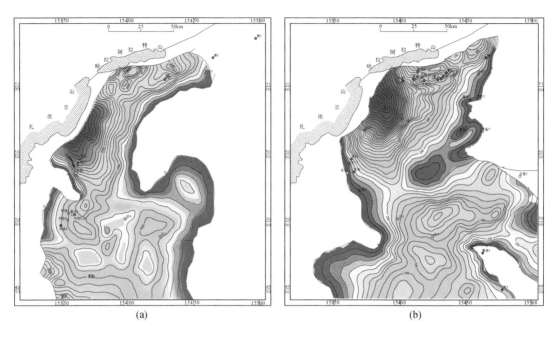

(a)　　　　　　　　　　　　　　　　　　　(b)

图 1-14　下二叠统佳木河组（a）与风城组（b）厚度分布图（单位：m）

期的主沉降中心发育不对称的楔形可容纳空间，巨厚沉积物指示该时期具有很大的可容纳空间增加速率和地层堆积速率。此外，沉积中心沿西部盆缘的迁移指示西部边界构造活动并不均一，随时间有向北东方向增强的趋势。

　　中二叠统夏子街组总体继承了上乌尔禾组的地层分布特征，依然发育两个沉降中心，但主沉降中心向北依然迁移了约 20km 至风城 1 井附近（最大沉积厚度约 1000m）（图 1-15）。除此之外，两个沉降中心的幅度差异及其间的达巴松凸起幅度都有所减小。夏子街组分布范围总体较风城组大，表明在其底部不整合形成后，湖盆范围有较大程度地扩展。除此之外，位于盆 1 井西凹陷的次级沉降中心及其北部的低幅隆起处都具有呈西北–东南展布的部分，即与陆梁隆起的西部近似平行，可能反映了该隆起带及其相关构造活动对这一区域的影响。中二叠统下乌尔禾组沉积时期盆 1 井西凹陷与玛湖凹陷连通构成一个统一的玛湖凹陷。该时期次级沉降中心消失，只在玛湖凹陷发育一个呈西南–东北向展布的沉降中心（最大厚度约 1300m），相对夏子街组沉积时期，该沉降中心具有明显向东迁移的特征。另外，地层厚度图显示达巴松凸起已被完全掩埋，成为重要的沉积区。尽管下乌尔禾组的地层分布范围与夏子街组相似，地质剖面结构分析指示前者代表了中二叠世的重要湖进期。

　　上二叠统上乌尔禾组与下三叠统百口泉组的地层分布特征具有一定的相似性，总体都表现为向北收敛的尖锥形（或弓形）（图 1-16），其沉降中心相对于早二叠世、中二叠世来说，一方面发生了大范围的南移，另一方面在方位上也由之前的西南–东北向展布转变为西北–东南向展布，发生了近 90°的旋转，表明盆地进入了新的演化阶段。这两套地层厚度较薄（一般不超过 300m），且底部都发育大型不整合面，反映了晚二叠世—早三叠世盆地沉降速率较小，实际上可能总体以隆升为主，只有两套地层沉积时期发生了一定规模的

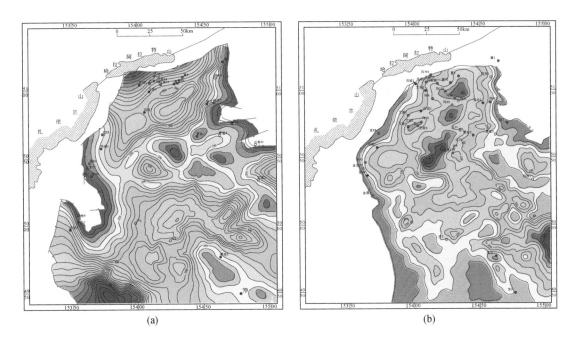

图 1-15 中二叠统夏子街组（a）与下乌尔禾组（b）厚度分布图（单位：m）

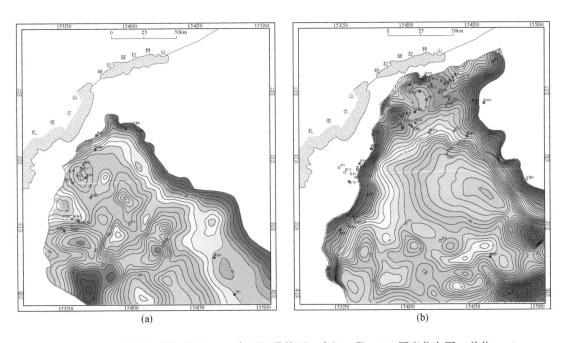

图 1-16 上二叠统上乌尔禾组（a）与下三叠统百口泉组一段（b）厚度分布图（单位：m）

沉降。中三叠统克拉玛依组和上三叠统白碱滩组继承了上述地层分布特征，但周缘隆起部位不同程度地被掩埋，反映了在这两套地层，尤其是白碱滩组沉积时期发生了大规模的湖侵。

综合上述地层厚度分布图分析结果，研究区沉降中心在早二叠世、中二叠世和晚二叠世依次发生了向北、向东和向南的迁移，反映了不同时期构造活动的影响；随着地层的填平补齐（以及某些隆起如达巴松凸起的沉降），二叠纪早期分隔的主沉降中心（玛湖凹陷）和次级沉降中心（盆1井西凹陷）在中二叠世下乌尔禾组时期发生了合并；在二叠系—三叠系区域性不整合的下伏地层沉积时期，发生了大规模湖侵，造成了湖盆大范围扩展，主要包括风城组、下乌尔禾组和白碱滩组三套地层形成时期。

基于上述早二叠世、中二叠世盆地属性的新认识，以及普遍接受的三叠纪拗陷盆地观点，研究区二叠系—三叠系盆地演化可概况为以下三个主要阶段（图1-17）。

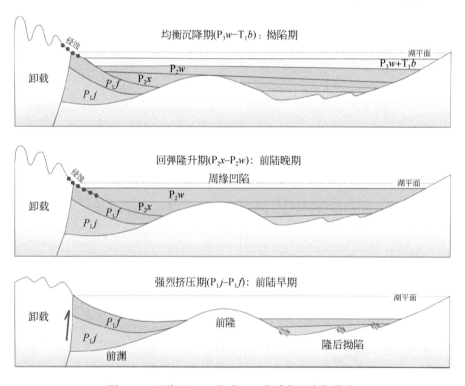

图1-17　玛湖地区二叠系—三叠系盆地演化模式

第一阶段为早二叠世强烈挤压阶段，发育前渊（玛湖凹陷主沉降中心）、前隆（达巴松凸起）、隆后拗陷（盆1井西次沉降中心），并且在前隆区形成了基底卷入型同沉积断裂。这一阶段不对称性沉降在山前形成楔形可容纳空间，并且具有向北迁移的特征；盆地沉降速率大，总体为欠充填状态，粗粒沉积质可能主要分布在盆地边缘。第二阶段为中二叠世回弹隆升阶段，前渊带靠山前部分逐渐隆起，形成前缘斜坡区并上覆地层超覆，而前隆区发生沉降，成为了沉积凹陷区，沉降中心总体具有向盆地迁移的特征。第一阶段分割的前渊凹陷与隆后凹陷合并为统一凹陷，具有透镜形的可容纳空间。这一阶段盆地沉降速率相对减缓，逐渐向过充填状态转化，相对于第一阶段，粗粒沉积物的分布可能向盆内有所迁移。第三阶段为晚二叠世—三叠纪的均衡沉降阶段。这一阶段盆地以均衡性沉降为特征，早期沉降速度较慢，在晚期加快，造成了晚三叠世大规模的湖侵。特别地，上二叠统上乌尔禾组和下三叠统百口泉组在地震剖面上整体呈席状特征，厚度较薄，并且底部发育大型不整合，指示该时期盆地已基本填平补齐，具有坡缓、水浅、可容纳空间低的特征，粗粒沉积物可以向盆内推进很远。

第二章　烃源岩地球化学特征与发育规律

第一节　风城组碱湖烃源岩发育背景

一、碱湖沉积环境

准噶尔盆地西北缘石炭系—白垩系发育多套形成于海相/湖相环境的细粒沉积体系,其中不乏富有机质暗色岩系具有烃源岩形成的物质条件。研究区下二叠统风城组烃源岩形成于碱湖沉积环境(曹剑等,2015),碱湖的沉积与演化大致包含四个阶段(图2-1):成碱预备、初成碱、强成碱和弱成碱/终止演化(郑绵平,2001)。风城组这四个碱湖演化序列发育完整也是其碱湖沉积的重要证据之一。以碱湖沉积中心区风南7井为例,风城组自下而上组成四个沉积组合:低盐度、咸化、淡化、低盐度。成碱预备阶段属于淡水及较低盐度沉积,即湖进组合,主要分布于风一段的下部,如4840~5100m。初成碱阶段位于湖进高峰的晚期和湖退的早期,主要分布于风一段的上部,为含碳酸盐岩类组合沉积,前期以方解石沉积为主,后期以白云石沉积为主。该阶段的重要特征是反映了水体逐渐咸化的白云质岩类含量较高,并且局部已经开始见少量如碳酸钠钙石等过渡型碳酸盐矿物沉积,如4700~4840m。至强成碱阶段,以蒸发岩类及大量的钠碳酸盐矿物出现为特色,主要出现于风二段,如4400~4700m。至最终的弱成碱/终止演化阶段,出现湖进及碱类矿物消失组合,沉积水体的咸化程度逐渐降低,白云质岩类和碱类矿物的含量逐渐减少,主要分布于风三段上部,如4170~4400m。

总之,湖盆中心的盐岩区盐度较高,碱湖序列演化完整:总体上,风一段上部为初成碱阶段,出现少量碳酸钠钙石等过渡型碳酸盐矿物;风二段为强成碱阶段,大量出现天然碱、苏打石、碳氢钠石等钠碳酸盐矿物;风三段为强成碱—弱成碱/终止演化阶段,钠碳酸盐和过渡型碳酸盐矿物逐渐减少。至过渡的云质区,盐度略高,但只有部分样品出现零星的碱类矿物,处于成碱预备—初成碱阶段。而属于湖盆边缘的风城组凝灰岩—泥岩区因盐度较低,一直处于成碱预备阶段。

二、复杂时空变化

如图2-2所示,风城组(F)自下而上分为风一段(F_1)、风二段(F_2)和风三段(F_3)。风一段为风城组与下伏佳木河组火山岩地层之间的过渡段,厚度一般在103~535m,为白云质泥岩、泥质白云岩与粉砂岩互层,火山岩含量在三段中最高,局部含位移性蒸发盐矿物(displacive evaporite minerals)。风二段主要为韵律状白云岩和蒸发岩,碳酸

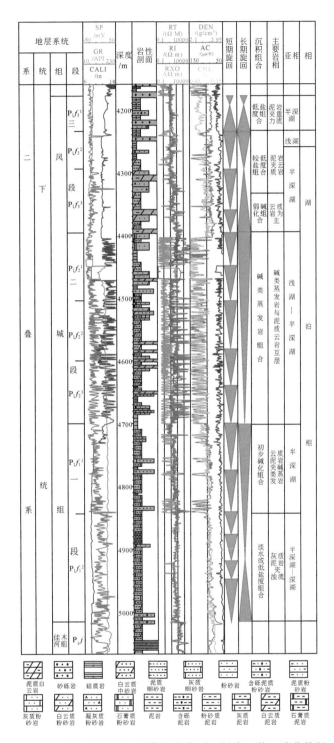

图 2-1　玛湖凹陷风城组碱湖沉积序列（风南 7 井）演化特征

注：1ft＝12in＝0.3048m

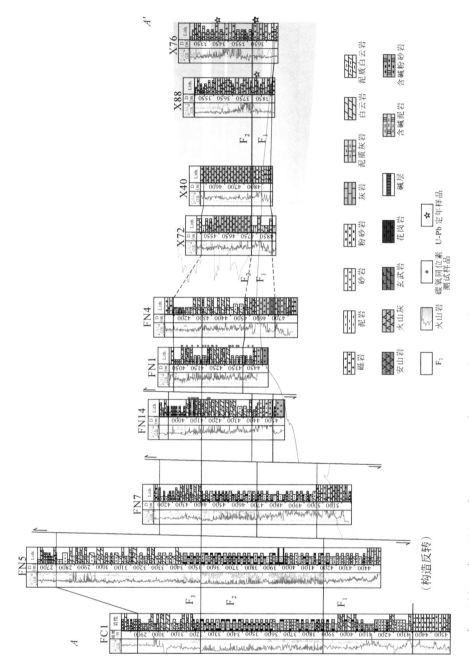

(a)

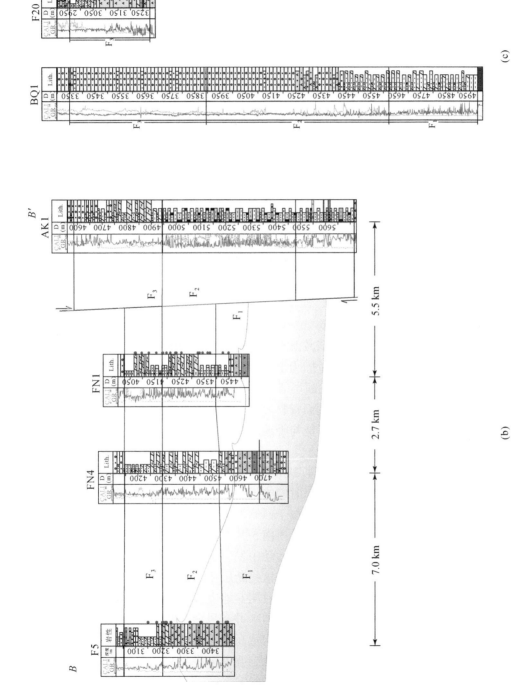

图2-2 准噶尔盆地玛湖凹陷风城组地层学特征剖面 AA'(a)(百泉1井远离其他井，未包含在该图中)；剖面 BB'(b)(两条剖面位置见图3-1)及百泉1井和风20井(c)

盐含量高，泥岩相对少，火山岩少有发现，碱层发育，厚度在 217 ~ 650m。风三段和风一段相似，主要由白云质、灰质泥岩组成，火山岩含量较风一段低，地层厚度在 153 ~ 784m，蒸发岩只出现在了风三段（F20 井）的底部，并且突然消失。在风三段内，自下而上碳酸盐含量呈现降低趋势。

平面上，研究区根据岩性特征可以分为碎屑岩区（边缘区）、盐岩区（中心区）、云质岩区（过渡区）、火山岩区（边缘区）。如图 2-2 所示，碎屑岩区（BQ1）靠近山前带，在研究区的西南边缘，主要为砂砾岩、砂岩、粉砂岩等粗粒碎屑岩。盐岩区即中心区（F20、FN5、FN7、AK1）接近玛湖凹陷的沉积中心区，凹陷内的钠碳酸盐蒸发岩均集中在这一区域，主要发育蒸发岩、泥质白云岩、白云质泥岩。云质岩区即过渡区（FN1、FN4、FN14、F5）是沉积中心区到边缘的碎屑岩区和火山岩区之间的过渡相带，主要发育互层的白云质泥岩、泥质白云岩和混积岩，白云石的普遍发育是该区的典型特征。火山岩区即边缘区（X76、X72、X88、X201）位于研究区的东北部，凝灰岩、火山碎屑岩与白云质泥岩互层。根据其距火山口的距离，火山岩区又可进一步分为近火山口相和远火山口相。与火山口的距离主要通过火山岩的类型加以区分，角砾岩、隐爆角砾熔岩等粗粒火山碎屑岩代表近火山口相；而以凝灰岩为主的细粒火山碎屑岩指示远火山口相（何衍鑫等，2018）。夏 72 井和夏 201 井主要为近火山口相，发育凝灰质火山角砾岩等粗粒的火山碎屑岩；夏 76 井、夏 88 井主要为远火山口相，发育细粒凝灰岩。

三、地层连井对比

风城组的地层厚度从西南向东北逐渐减薄，在较小的地理尺度上，风城组的沉积厚度变化很大，以风二段为例，其厚度变化范围为 164 ~ 650m，且在相邻的井之间亦出现陡变（图 2-2），这很可能归因于沉积过程中的断层活动。这些断层的方向（包括活动方向）不能仅从测井剖面中确定，但区域的地震剖面资料表明，晚期的逆冲断层主导了研究区目前的变形，而风城组沉积时期的这些断层可能与晚期的逆冲断层呈大角度斜交（Liang et al.，2020）。从地层厚度的变化和前人报道的地震剖面特征来看，研究区至少存在两个阶段的构造运动。例如，风南 5 井约在风南 7 井 4.3km 外，风南 5 井的风城组沉积厚度大约是风南 7 井的两倍。这就意味着风南 5 井在沉积时期位于一个活动断层的下降盘，而这个断层的活动增加了其西侧的可沉积空间，造成了位于西侧下降盘的风南 5 井的沉积厚度远大于上升盘的风南 7 井。而目前测定的埋藏深度，风南 5 井要比风南 7 井浅几百米，这就说明了原先的断层活动在沉积后期的第二阶段构造运动中发生了构造反转［图 2-2（a）］。

风城组沉积时期盆地发育多个陡倾断层，且这些断层在沉积过程中十分活跃，造成了局部可容空间的增大，沉积地层增厚。由于同一时期盆地边缘区发育大量火山岩，这一系列的断层活动很可能与火山活动密切相关。而风南 5 井和风南 7 井间的构造反转［图 2-2（a）］发生的具体时间目前还无法确定，但这种构造反转可能与 Liang 等（2020）通过玛湖凹陷及其周缘地区的多条地震剖面分析提出的晚二叠世构造反转比较一致。这一时期构造变化导致沉积中心向凹陷内转移（Liang et al.，2020）。

四、岩石学组成

通过镜下显微观察对准噶尔盆地西北缘玛湖凹陷风城组碱湖烃源岩的岩石学特征进行分析。风城组在碱湖演化过程中于其沉积中心区域形成了大量以白云石、碱性蒸发岩矿物和富有机质黏土单元为主的烃源岩，这类岩石中深色富有机质泥岩或呈纹层状与碳酸盐互层产出［图2-3（a）、（b）］，或呈团块状与碳酸盐紧密伴生。层状藻类体构成了风城组烃源岩中最主要的有机质集合，其来源于小的单细胞藻、薄壁浮游藻类或底栖藻类群体，在透射光下呈暗色纹层状，在蓝光激发下则会发出明亮的黄色荧光［图2-3（c）、（f）］。同时，在这些藻席中往往会发现丰富的黄铁矿晶体［图2-3（g）］。在风城组一些烃源岩样品薄片中，可以观察到云雾状分布的分散有机质微颗粒，通过背散射扫描电镜（BSE-SEM）观测分析表明，其主要由细菌构成，呈球形聚集附着在矿物表面，尺寸在2~3μm之间［图2-3（h）、（i）］。

风城组沉积中心地区还发现了非常丰富的碱类矿物，这些碱类矿物的存在对风城组沉积环境具有重要的指相意义（曹剑等，2015；Yu et al.，2018）。碱类矿物中分布较多的主要包括碳酸钠钙石（$Na_2CO_3 \cdot 2CaCO_3$）、硅硼钠石（$NaBSi_2O_6$）、氯碳钠镁石（$Na_2CO_3 \cdot MgCO_3 \cdot NaCl$）、苏打石（$NaHCO_3$）、碳氢钠石（$Na_2CO_3 \cdot 3NaHCO_3$）等。如图2-3（a）所示，与藻纹层伴生的碳酸盐夹层里可见碳酸钠钙石与白云石共同产出，碳酸钠钙石在单偏光下无色或呈浅黄色，但在正交偏光下最高可具二级顶干涉色，常与方解石、白云石、黄铁矿以及其他碱类矿物如硅硼钠石、天然碱、氯碳钠镁石等共生。碳酸钠钙石被认为主要形成于卤水与方解石—白云石软泥相互作用，或在早成岩阶段（<40℃）在适合的条件下形成（Jagniecki et al.，2015）。

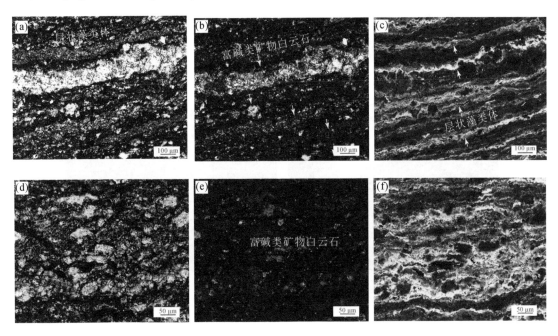

图2-3　准噶尔盆地西北缘下二叠统风城组烃源岩典型镜下显微特征

（a）、（b）、（c）分别为风南8井，3595m，白云质泥岩的单偏光、正交偏光、荧光照片；（d）、（e）、（f）分别为风南8井，3598m，泥质白云岩的单偏光、正交偏光、荧光照片；（g）风南7井，4595m，泥质白云岩反射光照片；（h）和（i）为风26井，3298.1m，泥质白云岩 BSE-SEM 图像

　　如图2-4（b）与图2-4（c）所示，碳酸钠钙石与硅硼钠石、方解石、白云石一同产出于藻纹层中，其中硅硼钠石在单偏光下无色，在正交偏光下最高干涉色为一级黄至褐黄色，矿物晶形常呈楔状、菱面体状或菱板状，有时可见蝴蝶状双晶。硅硼钠石这类富硼矿物的出现预示着相关岩石的成因与火山或热液活动息息相关（Wunder et al.，2013）。

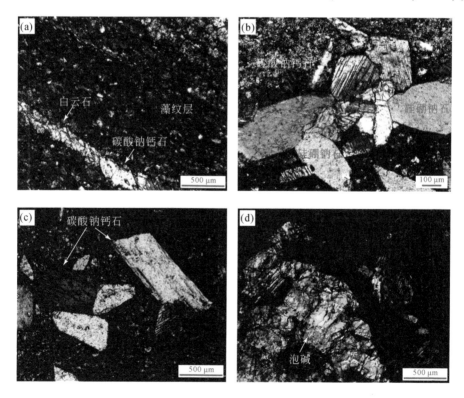

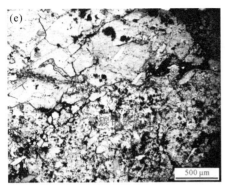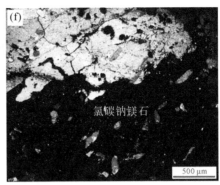

图 2-4 准噶尔盆地西北缘下二叠统风城组烃源岩典型镜下显微岩石矿物学组成特征

（a）艾克 1 井，5669m，含碳酸盐脉泥岩，正交偏光；（b）风南 7 井，4590m，泥质白云岩，正交偏光；（c）风南 7 井，4595m，泥质白云岩，正交偏光；（d）艾克 1 井，5662.3m，盐质泥岩，正交偏光；（e）和（f），风南 5 井，4068.9m，盐质泥岩，单偏光与正交偏光照片

图 2-4（d）中矿物在正交偏光下呈现出鲜艳的三级干涉色（绿—黄—粉），可排除为硬石膏（最高三级绿），与泡碱（Na_2CO_3）光性特征一致。氯碳钠镁石在单偏光下无色 [图 2-4（e）]，在正交偏光下为均质体，全消光，与碳酸钠钙石共生 [图 2-4（f）]。氯碳钠镁石主要形成于高含镁的淤泥卤水晶出或通过白云石与石盐、碳酸钠相互作用而形成（Jagniecki and Lowenstein，2015）。

第二节 风城组碱湖烃源岩生烃母质特征

碱湖水体环境特殊，较强的碱性导致其生物组成相对单一，却具有极高的初级生产力（Jones et al.，1998）。因此，形成于碱湖沉积环境的风城组烃源岩，其生烃母质具有很强的特殊性，藻类丰度高、种类多，细菌普遍发育，高等植物相对不发育，由藻类、细菌、无定形体组成了优质生烃的三大物质基础。具体而言，通过显微观察，风城组的生烃母质其丰度从高到低依次为：无定形有机物（菌解无定形体）、藻类体、细菌和高等植物。

一、生烃母质类型

1. 无定形有机质

无定形体是风城组最主要的母质来源 [图 2-5（a）]，与同样沉积于碱湖环境的美国绿河组相似（尤其是绿河组的 Laney Shale 段）。无定形有机质大多没有固定的形状和清晰的边界，但其中的一部分保留了藻类残留的结构，部分观察到残留的细胞空腔、细小纹孔或交织成网的管状体 [图 2-5（b）]，在蓝光激发下具黄色荧光，表现出良好的生油性。

2. 藻类

在风城组的样品中还观察到了各种藻类，主要包括宏观底栖藻和绿藻。宏观底栖藻的红藻呈树枝状，叶状体具有外部皮层和内侧髓部的分化［图 2-5（b）］，其典型特征为四分孢子囊。此外还发现了一些绿藻和疑源类。由于水体中的细菌活动和热演化作用，藻类的结构遭到了较严重的破坏，难以确定其属种。Xia 等（2021）报道了风城组碱湖具绿藻"超前演化"特征，这种特征可能与耐盐藻类杜氏藻的暴发相关。疑源类是一种单细胞孢囊，其分类位置不明，以具圆口为典型特征。

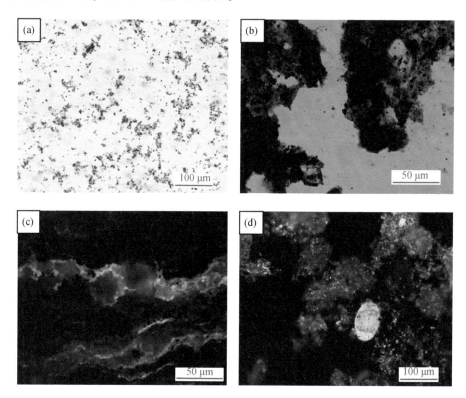

图 2-5　准噶尔盆地玛湖凹陷风城组生烃母质显微照片

（a）干酪根透光照片，菌解无定形体，FN7 井，4590.78m，F_2；（b）干酪根透光照片，藻类残片，FN7 井，4595.0m，F_2；（c）岩石薄片荧光照片，藻席，FN8 井，3595m，F_3；（d）干酪根荧光照片，无定形体和具气囊孢粉，FN1 井，4097.0m，F_3

3. 细菌

　　细菌的发育是碱湖的显著特征，耐碱耐盐的细菌是风城组的重要生烃母质。其中蓝细菌直接与产烃相关，也是现代碱湖中最主要的生物，常形成微生物岩或微生物席（López-García et al.，2005）。蓝细菌有胶束菌落、藻垫，无鞭毛，是典型的原核生物，没有真正的核，只有位于细胞中心的核质。在风城组的样品中观察到蓝藻藻席，在矿物颗粒之间呈层状分布，在蓝光激发下显示出明亮的黄色荧光［图 2-5（c）］，发现了胶鞘保存完好的色球藻目蓝细菌［图 2-6（a）］，而现代碱湖中常见的节旋藻未有发现。

　　除此之外，在风城组中还发现了大量的碳硅质细菌状化石［图 2-6（b）］，它们本身可能并不具备显著的产烃能力，但在烃源岩的形成和演化过程中也发挥了重要作用。在对

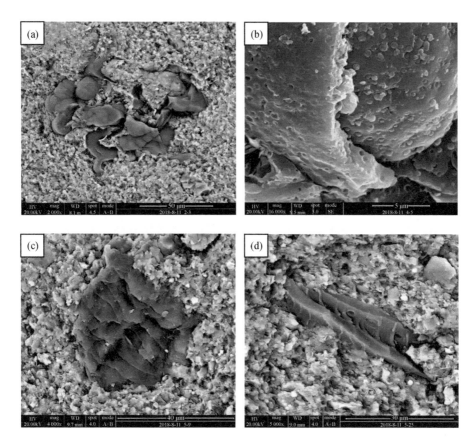

图 2-6 准噶尔盆地玛湖凹陷风城组生烃母质场发射扫描电镜二次电子像

(a) 正色球藻目蓝藻，夏 76 井，3455.5m，F_3；(b) 碳硅质细菌状化石，风南 7 井，4590.78m，F_2；

(c) 多沟孢粉，风 5 井，3250.0m，F_2；(d) 高等植物残片，夏 76 井，3455.0m，F_3

干酪根的观察中发现，当碳酸盐含量较低，即水体盐度较低时，藻类的结构保存相对清晰、完整。而沉积环境盐度、碱度增加后，藻类的结构被破坏，无定形有机物含量显著增加。对这一现象的解释可能是沉积环境碱化、微生物活性增强，加强了对原始有机质的改造。因此，一些种属的细菌虽然不直接参与生烃，但对其他生烃母质的改造作用，对整个生烃过程也尤其重要。

4. 高等植物

高等植物在风城组的生烃母质中只占很小一部分，以裸子植物孢粉为主，多为双气囊花粉 [图 2-5 (d)]，也含单气囊花粉和具肋纹花粉 [图 2-6 (c)]，偶见高等植物残片 [图 2-6 (d)]。高等植物残片也多与藻类相似，结构不完整，可能与细菌改造作用相关，双气囊花粉的大量出现，表明沉积位置距岸较远。

总体而言，风城组有机质来源复杂，以藻类、细菌及大量菌解无定形体为特征，高等植物含量低。

二、生烃母质分布及特殊性

风城组不同类型的生烃母质在分布上也存在一定特点。平面上，蒸发岩发育的中心区，其生烃母质主要为降解严重的藻类（无定形体）以及与藻类降解相关的细菌；过渡区主要为蓝细菌、孢粉和少量高等植物残片；边缘区主体为孢粉和蓝细菌，并且高等植物含量上升。纵向上，生烃母质类型也与碱湖发育阶段相关。根据碱湖的演化阶段，成碱预备期（风一段底部）主要为结构藻类体、保存较好的孢粉、高等植物等；初成碱阶段（风一段主体）结构藻类体含量降低，蓝细菌及降解形成的无定形体含量显著升高；强成碱阶段（风二段主体）主体为菌解无定形体，少量具结构特征的藻类和蓝细菌保存下来；演化终止阶段（风三段主体），结构藻类体、孢粉、高等植物含量升高，无定形体含量逐渐降低。由此可见，在风城组沉积过程中，无定形体含量的变化和水体的碱度呈一定的相关性，水体碱度越强，无定形体含量越高，这很可能与微生物的活动相关。蓝细菌含量随着水体盐度、碱度的升高，呈现先升高后降低的趋势，盐度碱度最高时，蓝细菌含量降低，生烃母质以耐盐藻类（可能为杜氏藻）以及菌解无定形体为主。

除特殊的碱湖烃源岩外，常见的湖相烃源岩可以分为湖沼相、淡水湖相、咸水湖相、硫酸盐盐湖相，其主要生烃母质为高等植物、水生藻类（淡水、咸水）、浮游生物等（王小军等，2018）。与其他湖相烃源岩相比，风城组的生烃母质特征明显，以藻菌类为主，并且细菌对其他类型的生烃母质进行改造，形成了大量菌解无定形体。

风城组这种碱湖烃源岩独特的生烃母质组成，可能是研究区稀缺环烷基原油形成的物质基础（林等忠，1980）。如图 2-7 所示，通过红外光谱对研究区的原油进行分析，发现

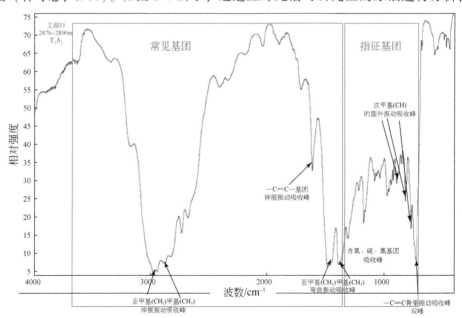

图 2-7　准噶尔盆地玛湖凹陷风城组烃源岩所生原油红外光谱图

$700 \sim 720 \mathrm{cm}^{-1}$ 吸收峰为—$(\mathrm{CH}_2)_n$—中 C—C 骨架振动吸收峰，谱图中为双峰，表现为陆相原油特点。$1350 \mathrm{cm}^{-1}$、$1460 \mathrm{cm}^{-1}$ 为甲基（CH_3）、亚甲基（CH_2）的弯曲振动吸收峰，与其他地区原油相比，研究区原油的 $1350 \mathrm{cm}^{-1}$ 和 $1460 \mathrm{cm}^{-1}$ 吸收峰更强，表明研究区原油更为轻质。$730 \sim 900 \mathrm{cm}^{-1}$ 为芳香烃、缩合芳香烃次甲基（CH）的面外振动吸收峰，一般出现三个比较明显的吸收峰：$740 \sim 760 \mathrm{cm}^{-1}$ 为芳烃或缩合芳烃有 $4 \sim 5$ 个相邻氢原子的吸收峰，$800 \sim 810 \mathrm{cm}^{-1}$ 为芳烃或缩合芳烃有 $2 \sim 3$ 个相邻氢原子的吸收峰，$860 \sim 880 \mathrm{cm}^{-1}$ 为芳烃或缩合芳烃有 $1 \sim 2$ 个相邻氢原子的吸收峰。图中 $740 \sim 760 \mathrm{cm}^{-1}$ 强于 $800 \sim 810 \mathrm{cm}^{-1}$ 强于 $860 \sim 880 \mathrm{cm}^{-1}$，表明原油取代基较少，进一步证明了原油的轻质。此外，$1000 \sim 1300 \mathrm{cm}^{-1}$ 吸收峰的出现，指示了原油具有一定含量的氧、硫、氮基团。这些都是风城组环烷基原油的基本特征。

第三节　风城组碱湖烃源岩地球化学特征

一、基础地球化学

从有机质丰度、有机质类型和有机质成熟度三个方面较为详细地讨论风城组碱湖烃源岩的基本特征（表 2-1）（曹剑等，2015；支东明等，2016；王小军等，2018）。在准噶尔盆地玛湖凹陷，风城组总体上都达到了 Fair-Good 烃源岩的标准（支东明等，2016；Yu et al.，2017）。TOC、S_1+S_2 和氯仿沥青含量都指示有机质丰度风二段最高，风三段其次，风一段最低（王小军等，2018）。曹剑等（2015）认为风城组生烃母质以菌藻类为主，有机质类型以 II_1 型为主，更倾向于生油。$\delta^{13}\mathrm{C}_{\text{干酪根}}$、HI、OI、$T_{\max}$ 和生烃母质组成，风城组有机质类型 I—III 型均有分布（Yu et al.，2017；王小军等，2018）。其中，风二段主要为 I—II 型，有机质类型最好，总体表现出风二段有机质类型优于风三段，风三段优于风一段的特征。从有机质成熟度来看，目前所分析的样品大多处于低成熟—成熟阶段（支东明等，2016；Yu et al.，2017），但风城组在盆地深凹区（>5000 m）可能已经进入高成熟阶段（王小军等，2018）。总体而言，风城组碱湖优质烃源岩有机质丰度高、类型好、低熟—高成熟，生烃能力强，具备大油气田形成的物质基础（曹剑等，2015）。

表 2-1　准噶尔盆地玛湖凹陷风城组碱湖烃源岩基础地球化学特征

层位	TOC/%	S_1+S_2 /(mg/g)	氯仿沥青含量/‰	$\delta^{13}\mathrm{C}_{\text{干酪根}}$/‰	HI /(mg/g)	OI /(mg/g)	$T_{\max}$ /℃
$\mathrm{P}_1 f_1$	$\dfrac{0.03 \sim 1.8}{0.8\ (21)}$	$\dfrac{0.02 \sim 17.5}{3.6\ (21)}$	$\dfrac{0.01 \sim 4.6}{1.1\ (17)}$	$\dfrac{-27 \sim -23}{-25\ (5)}$	$\dfrac{22 \sim 794}{241\ (21)}$	$\dfrac{5 \sim 138}{59\ (8)}$	$\dfrac{413 \sim 489}{432\ (19)}$
$\mathrm{P}_1 f_2$	$\dfrac{0.3 \sim 3.6}{1.0\ (67)}$	$\dfrac{0.06 \sim 24.6}{5.4\ (67)}$	$\dfrac{0.06 \sim 11.1}{2.0\ (59)}$	$\dfrac{-31 \sim -23}{-27\ (43)}$	$\dfrac{4 \sim 982}{363\ (67)}$	$\dfrac{4 \sim 187}{37\ (40)}$	$\dfrac{401 \sim 450}{430\ (66)}$

续表

层位	TOC/%	S_1+S_2 /（mg/g）	氯仿沥青 含量/‰	$\delta^{13}C_{\text{干酪根}}$/‰	HI /（mg/g）	OI /（mg/g）	T_{max} /℃
P_1f_3	$\dfrac{0.1 \sim 2.7}{0.8\ (73)}$	$\dfrac{0.01 \sim 25.3}{4.1\ (73)}$	$\dfrac{0.03 \sim 6.8}{1.2\ (66)}$	$\dfrac{-28 \sim -20}{-26\ (34)}$	$\dfrac{3 \sim 801}{271\ (71)}$	$\dfrac{3 \sim 107}{32\ (20)}$	$\dfrac{407 \sim 454}{438\ (21)}$

注：HI $=S_2/\text{TOC} \times 100$；OI $=S_3/\text{TOC} \times 100$；$\dfrac{0.03 \sim 1.8}{0.8\ (21)}$为$\dfrac{\text{最小值} \sim \text{最大值}}{\text{平均值（样品数）}}$

对于有机质成熟度，通过镜质组反射率（R_o）进行分析。风城组在凹陷区由于埋深较大，目前钻遇的地区主要在断裂带较浅部位，因此本次研究所采样品的 R_o 值并不能反映其在凹陷深埋区的热演化程度（图2-8）。根据风城组烃源岩 R_o 值随深度的变化趋势，在其埋深最大的玛湖凹陷地区（~7000m），这套烃源岩的 R_o 值可达 2.2%，达到了过成熟程度（图2-8）。从不同地区来看，构造演化及现今构造格局差异导致风城组烃源岩系在研究区的埋藏特征差异较大，其中玛湖凹陷西侧的断裂带及中拐凸起地区由于早期构造抬升，地层整体埋深较浅导致其热演化程度较低〔图2-8（a）〕；相比而言，玛湖凹陷及其东侧构造单元的地层埋深普遍较大而热演化程度较高〔图2-8（b）〕。对这些地区进行地层埋藏—热演化史模拟，其模拟结果与上文根据 R_o 值所得出的研究区风城组烃源岩整体热演化范围非常吻合。

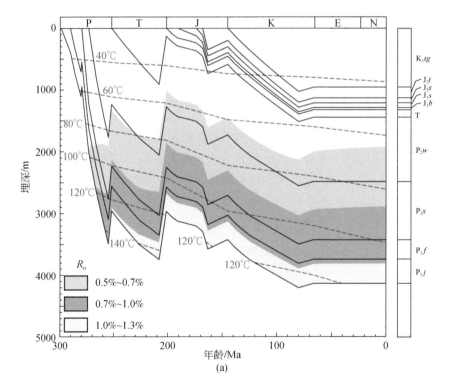

(a)

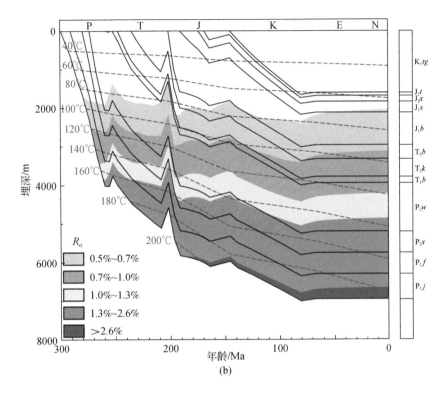

图 2-8　准噶尔盆地西北缘地层埋藏—热演化史模拟

（a）断裂带抬升地区（模拟井夏 76 井）；（b）玛湖凹陷深埋地区（模拟井玛 18 井），

埋藏—热演化史模拟所用地温梯度数据参考自邱楠生等（2002）

二、生物标志化合物地球化学

为进一步确定烃源岩有机质输入特征及其源相环境，对研究区风城组烃源岩中可溶组分的代表性生物标志化合物特征进行分析。一些无环类异戊二烯烃与其相邻正构烷烃的比值（Pr/n-C$_{17}$、Ph/n-C$_{18}$）可反映沉积环境信息，通过 Pr/n-C$_{17}$ 和 Ph/n-C$_{18}$ 相关关系可见 [图 2-9（a）]，风城组烃源岩整体表现为还原—强还原沉积环境，大多数样品形成于盐度较高的沉积水体环境。

研究区烃源岩另外两个反映源相特征相关性较强的参数是 Pr/Ph 值与伽马蜡烷指数（伽马蜡烷/C$_{30}$霍烷），其中伽马蜡烷指数对判识有机质沉积水体盐度有较强的专属性，高伽马蜡烷含量通常与水柱分层（高盐度所致）有关（Fu et al.，1986；Moldowan and McCaffrey，1995）。风城组烃源岩伽马蜡烷指数与 Pr/Ph 值表现出较好的非线性负相关 [图 2-9（b）]，这指示了相关沉积环境的氧化还原条件与水体盐度具有较强的相关性。风城组烃源岩具有整体较低的 Pr/Ph 值（范围 0.5 ~ 1.2，平均 0.8）和较高的伽马蜡烷指数（范围 0.14 ~ 1.46，平均 0.53），这反映了风城组烃源岩整体形成于强还原的高盐度沉积环境。需要注意的是，风城组烃源岩反映盐度的指标显示了一个很大的盐度变化范围，指示了风城组碱湖系统从半咸水到超盐条件的演化过程，反映了其复杂的沉积环境特点 [图 2-9 (b)]。

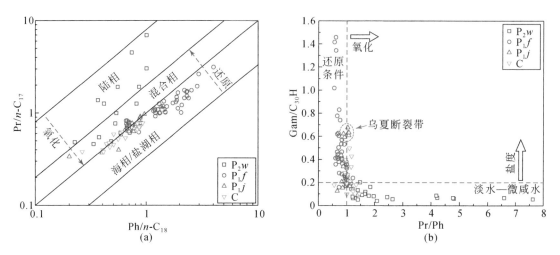

图 2-9 准噶尔盆地西北缘四套烃源岩代表性生物标志化合物特征 （a）Pr/n-C₁₇-Ph/n-C₁₈ 相关图
（底图据 Shanmugam，1985）；（b）伽马蜡烷/C₃₀霍烷 Pr/Ph-相关性图

对于烃源岩的有机母质输入特征，规则甾烷 C_{27}、C_{28} 和 C_{29} 相对组成可作为有效的判识指标（Huang and Meinschein，1979；Volkman，1986；Czochanska et al.，1988）。风城组烃源岩 C_{28} 规则甾烷相对含量为 30.4%~45.5%，平均为 36.7%，C_{29} 规则甾烷相对含量为 48.3%~60.7%，平均为 53.9%，反映了以湖相藻类和浮游生物为主的有机母质组成 [图 2-10 （a）]。

研究区烃源岩的三环萜烷化合物含量呈现出较强的规律性，具体表现为 $(C_{19}+C_{20})$/C_{23} 值与 C_{21}/C_{23} 值具有良好的线性正相关关系 [图 2-10 （b）]。风城组烃源岩中这三类化合物丰度相对较低，而 C_{23} 三环萜烷含量相对较高。三环萜烷的这种分布特点反映了烃源岩有机母质中高等植物和藻类的贡献程度，其中低碳数三环萜烷丰度越高代表高等植物的输入比例越大，反之 C_{23} 三环萜烷丰度越高则代表藻类输入程度越高（Noble et al.，1986）。风城组烃源岩的 C_{21}/C_{23} 值均小于 1.1，同时其 $(C_{19}+C_{20})$/C_{23} 值均小于 2 [图 2-10 （b）]。

此外，准噶尔盆地西北缘烃源岩中还检出了罕见的高丰度 β-胡萝卜烷，并且尤以风城组烃源岩最为典型，在有些样品中 β-胡萝卜烷甚至成为饱和烃的最主要组分（图 2-11）。β-胡萝卜烷来源于其生物前驱物中各种高度不饱和的 C_{40} 化合物（类胡萝卜素），由于不饱和的类胡萝卜素极易被氧化，因此这类化合物仅在强还原条件下才可在沉积物中得以有效保存（Peters et al.，2005）。沉积有机质中 β-胡萝卜烷的发现主要与缺氧的盐湖相或高局限性海相环境有关，杜氏藻属（*Dunaliella*）这类耐盐藻类在这样的环境中会成为主要的生物群落，它们通过大量合成 β-胡萝卜烯以阻止光抑制作用发生（Fu et al.，1990；Irwin and Meyer，1990）。

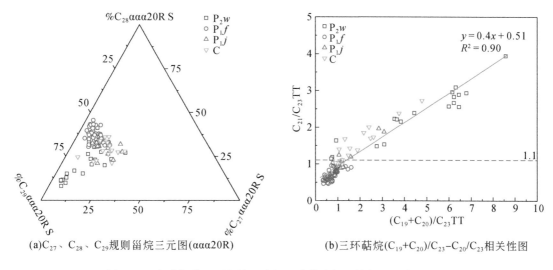

(a)C₂₇、C₂₈、C₂₉规则甾烷三元图(ααα20R)　　　　(b)三环萜烷(C₁₉+C₂₀)/C₂₃−C₂₀/C₂₃相关性图

图 2-10　准噶尔盆地西北缘四套烃源岩代表性生物标志化合物特征

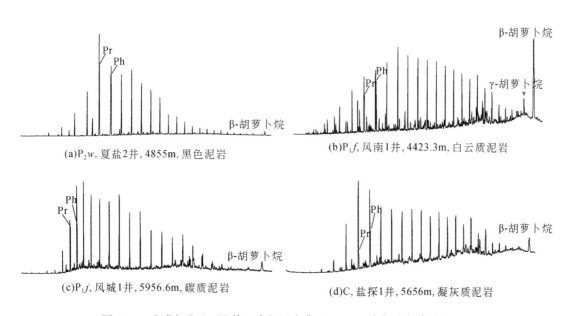

(a)P₂w, 夏盐2井, 4855m, 黑色泥岩　　　　(b)P₁f, 风南1井, 4423.3m, 白云质泥岩

(c)P₁j, 风城1井, 5956.6m, 碳质泥岩　　　　(d)C, 盐探1井, 5656m, 凝灰质泥岩

图 2-11　准噶尔盆地西北缘四套烃源岩典型 GC-MS 总离子流谱图（TIC）

该图显示了化合物中 β-胡萝卜烷含量特点

三、烃源岩沉积环境及生烃潜力

烃源岩作为油气生成的物质基础，其有机质数量、质量、热演化程度以及分布规模直接决定了相关烃类的生成总量（Tissot and Welte, 1984）。通过上文针对准噶尔盆地西北缘研究区风城组烃源岩有机质丰度、类型、成熟度的分析，首先可以发现，相对高的热演

化程度显著降低了相关烃源岩的现今有机质参数指标，这从另一个角度反映了目前深埋区有机质丰度较低的烃源岩在热演化过程中经历了大规模的生排烃过程（Katz，1995）。风城组烃源岩有机质类型较好，其干酪根以Ⅱ型、Ⅰ型为主，并且普遍具有很高的生烃潜力以及生油潜势 HI，表明风城组是一套质量极好的生油岩。

　　然而，因为成熟度的影响，这些结果实际上并不能完全代表烃源岩的原始真实生烃能力，因此结合沉积环境特征进行分析。前述分析发现，岩石学与多种指征生物标志化合物指标所反映的风城组烃源岩形成环境具有非常一致的结果，并且可与烃源岩 Rock-Eval 热解参数、干酪根稳定碳同位素特征所划分的有机质类型良好对应。

　　风城组烃源岩的生物标志化合物特征表明这套烃源岩主要形成于高盐度的还原—强还原沉积环境，这与风城组中所发现的大量碱类矿物特征具有良好的对应关系（图 2-4）。生物标志化合物与岩石学特征都反映了风城组烃源岩的有机母质以藻类与细菌为主，在干旱高盐的碱湖环境中这些耐盐生物发育繁盛，同时较为缓慢的沉积速率与水体底部强烈的还原环境使得死亡生物在沉积物中得以大量有效保存，这些因素的共同作用使得风城组碱湖烃源岩具有比一般湖相烃源岩更高的生烃潜力（Platt and Wright，1991；Horsfield et al.，1994；Carroll and Bohacs，2001；曹剑等，2015；Yu et al.，2018）。值得注意的是，风城组烃源岩中反映盐度的指标还显示了一个较大的盐度变化范围（半咸水—超盐），这实际上是风城组碱湖系统复杂的演化过程在沉积水体盐度特征上的一种体现。

第四节　风城组碱湖烃源岩发育规律

一、烃源岩发育规律

　　如前所述，三类风城组烃源岩地球化学的多样性反映了源相特征的差异，这表明风城组的沉积演化具有很强的分异性特点。垂向上，P_1f-Ⅰ类烃源岩（泥质烃源岩）主要发育于风三段上部，相比而言，P_1f-Ⅱ类和 P_1f-Ⅲ类烃源岩（白云质烃源岩）主要分布于风二段整段及风三段下部，少数分布于风一段下部。

　　风城组三类烃源岩垂向分布特征与连井岩性剖面所反映的风城组碱湖沉积演化特点基本吻合（图 2-12）。根据前文烃源岩分析，早二叠世佳木河组沉积时期研究区于乌夏断裂带地区发育一个小范围残留海（潟湖），水体盐度较高，至该区风城组沉积时期，沉积水体继承了佳木河组残留海（潟湖）高盐度特征。风城组地层剖面岩相分布特征表明，风城组在风一段上部首先经历了一个小规模湖进振荡期，其间水体盐度有所下降，但紧接着就进入了持续时间更久的湖退序列（风二段至风三段下部），其间沉积水体盐度迅速增高，直到上部沉积旋回湖进期（风三段中部）水体才又一次淡化（图 2-12）。风城组云质岩类（白云质粉砂岩、白云质泥岩及泥质白云岩）在其沉积中心区域大规模沉积，并且随沉积演化表现出规律性分布（图 2-12）；大规模的碱类矿物形成于其沉积中心核部位湖退序列中，剖面上主要分布于风二段（图 2-12）；泥质岩的岩性以粉砂质泥岩为主，在风一段与风二段零星分布，但在风三段中上部（湖进期）在研究区中广泛沉积（图 2-12）；火山岩受火山活动范围制约，主要分布于乌夏断裂带夏子街地区（图2-12）。整个风城组沉积演化特点及岩相分布规律与实际三类烃源岩产出特征非常一致。

平面上，由于 P_1f-Ⅱ类及 P_1f-Ⅲ类烃源岩主要形成于湖退期，其平面发育规模相比 P_1f-Ⅰ类烃源岩较小，且 P_1f-Ⅲ类烃源岩应较 P_1f-Ⅱ类更局限地分布于风城组沉积中心区域（乌夏断裂带风城地区、玛北斜坡、玛西斜坡）。相比而言，P_1f-Ⅰ类烃源岩形成于湖进期间，其分布范围涵盖了整个研究区风城组的沉积区域。由此可见，风城组烃源岩平面分布差异与前文所分析的风城组三类原油分布特点也相吻合。但从垂向上看，P_1f-Ⅰ类烃源岩发育时间最短，主要发育于风三段上部，其岩系厚度要小于前两者（图2-12），故从总体生烃潜力来看，云质烃源岩类（P_1f-Ⅱ及 P_1f-Ⅲ）要高于泥质烃源岩类（P_1f-Ⅰ），特别是在碱湖的沉积中心区域。

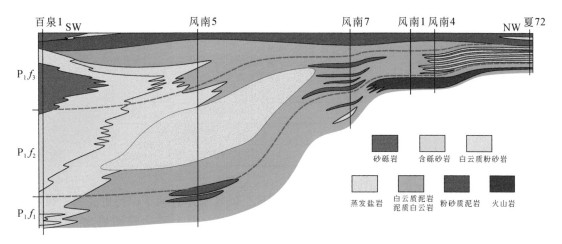

图 2-12　准噶尔盆地西北缘乌夏断裂带地区风城组 SW–NW 向地层剖面及岩相分布特征

二、有机质聚集机制

碱湖沉积环境往往形成有机质聚集，如在澳大利亚 Officer 盆地的 Observatory Hill Beds 地层中，含钠碳酸盐蒸发岩的方解石假晶地层内见油苗显示，富有机质泥质碳酸盐岩发育（McKirdy and Kantsler，1980；White and Youngs，1980）。美国始新世绿河组碱湖沉积形成了 TOC 高达 1%～20% 的烃源岩（Tissot et al.，1978），并在皮申思盆地、尤他盆地和绿河盆地形成了总储量超过 2130 亿 t 的油页岩资源量（Dyni，2003）。我国河南安棚碱矿也与高质量的核桃园组烃源岩共生（Xia et al.，2019a）。以马加迪湖为代表的现代碱湖，微生物种类繁多，也具有极高的初级生产力（Hammer，1981）。

风城组也发育了与碱类矿物共生的优质烃源层系。有机质丰度总体都达到了中等到好的标准，有机质类型以 Ⅱ 型为主，倾向生油，凹陷中心达到了成熟—高熟阶段，为准噶尔盆地西北缘两大百里油区奠定了资源基础。此外，风城组的沉积环境根据其时空演化特征，可以细分为六个亚相，不同亚相之间的沉积环境存在差异（详见第五章），但有机质聚集程度差异不显著。

　　沉积有机质富集受到初级生产力、有机质破坏（保存环境）以及无机沉积物稀释（沉积速率）的共同影响，而这三个变量之间存在复杂、非线性相互作用（Bohacs et al.，2005）。尽管少数有机质富集主要受控于其中的某一因素，大多数有机质聚集均是三个变量相互作用而形成的优化结果（Bohacs et al.，2005）。风城组六个亚相的初级生产力、保存环境和沉积速率存在明显的差异（表2-2）。

表2-2　风城组不同沉积环境的有机质聚集机制

亚相	因素	中心区	过渡区	边缘区
风三段	初级生产力	高	中—低	高—中—低
	保存环境	还原	还原	半氧化—半还原
	沉积速率	中—高	中	中—低
	聚集模式	沉积速率主控+保存环境控制	初级生产力主控	保存环境主控+初级生产力
风一段、风二段	初级生产力	高	中	高—中—低
	保存环境	强还原	强还原	强还原
	沉积速率	高	中	中—低
	聚集模式	沉积速率主控	初级生产力主控	初级生产力主控

　　在初级生产力方面，与pH为中性的水体相比，碱性水体有助于保持更高的初级生产力水平，因为除了大气中的CO_2外，植物还可以吸收水中大量的碳酸根离子（Kelts，1988）。而火山和热液作用也对水体的初级生产力存在复杂的影响。综合沉积环境、生烃母质特征和有机地球化学特征来看，风城组中心区的风一段和风二段初级生产力最高，碱性水体和热液带来的营养元素共同促进了生产力的升高。虽然中心区风三段总体碱度和盐度下降，但仍然保持了中等的生产力水平。边缘区受到火山活动的强烈影响，一方面火山活动带来了营养物质，另一方面火山活动也可能带来毒性物质和局部高温，影响生物的蓬发，总体而言，初级生产力变化较大。过渡区的初级生产力低于其他两个地区。

　　在保存环境方面，风城组整体均处于水体分层的还原环境，风三段相较于风一段和风二段，水体中的含氧量增加，尤其是在边缘区，自由氧含量更高造成局部的水体分层被打破，形成弱氧化环境。

　　在沉积速率方面，这里主要是指非富氢物质对有机质的稀释，是有机质富集的重要控制因素，相比其他两个变量可以在更大范围内变化。其估算相对容易，可以利用地震、层序地层学特征，以及合理的年龄进行估算（Mitchum et al.，1977，1993；Bessereau and Guillocheau，1995）。从风城组的地层厚度特征来看（图2-2），中心区，尤其是中心区风一段和风二段的沉积速率远高于其他地区，部分达到了边缘区的3倍以上，中心区风三段的沉积速率较低，但仍高于其他地区。过渡区和边缘区的沉积速率均适中且相对稳定。

　　总体来看，初级生产力、保存环境、沉积速率这三大因素均对风城组的有机质聚集起到影响，但不同亚相的主控因素不相同。中心区风一段和风二段的初级生产力极高，沉积于还原环境，其有机质聚集主要受控于沉积速率，中心区风三段水体还原性降低，受沉积速率和保存环境的共同作用；过渡区水体环境还原，沉积速率适中，有机质的聚集主要受控于初级生产力；边缘区火山活动造成了初级生产力的复杂变化，风一段、风二段的有机质聚集受到初级生产力变化的限制，风三段含氧量显著增加，有机质受到保存环境和初级生产力的综合影响。

而钠碳酸盐蒸发岩所代表的碱湖沉积环境对有机质富集的影响应该是双向的：一方面，碱湖的极高初级生产力和底层水体缺氧的保存环境都为古代碱湖的有机质聚集提供了极佳的条件，有利于形成优质碱湖烃源岩（Jones et al.，1998；Deocampo and Jones，2014；Warren，2016）；另一方面，由于在湖泊的低水位期存在沉积物暴露的可能性，沉积有机质可能遭到破坏（Carroll and Bohacs，2001），但风城组中未发现局部暴露的证据，碳酸盐沉积也可能在湖泊内或周围的干盐湖中快速堆积（Lowenstein et al.，2003），增加无机沉积物的稀释作用。因此，快速的碳酸盐岩沉积（包括中心区蒸发岩的快速堆积）所导致的快速稀释作用可能是风城组 TOC 不高的重要原因。

实际上，虽然风城组的有机质丰度与传统湖相烃源岩相比优势不显著，但其有机质类型好，转化率高，多期生烃，生油量巨大（曹剑等，2015；支东明等，2016；王小军等，2018）。由此，除了影响烃源岩形成外，碳酸盐矿物尤其是钠碳酸盐矿物的存在，也会对烃源岩的生排烃过程产生影响，这也是一个很复杂过程，值得后期更深入地探讨。

第三章 原油成因与分布规律

第一节 原油成因

碱湖含油气系统中的原油主要来源于云质岩类和泥质岩类，这实际上取决于碱湖烃源岩不同源相的发育背景，因此复杂。为研究风城组含油气系统中的复杂原油成因问题，本次工作采用了两种新方法进行探索，补充传统的有机地球化学方法（碳同位素和生标），一是 t-SNE 机器学习算法，二是杂原子地球化学方法。

一、t-SNE 机器学习算法研究

风城组烃源岩依地球化学特征差异可划分为三类（P_1f-Ⅰ、P_1f-Ⅱ、P_1f-Ⅲ），三类烃源岩生物标志化合物参数相对关系如图 3-1 所示。P_1f-Ⅰ类烃源岩为泥质岩，形成于中低盐度、弱还原沉积环境；P_1f-Ⅱ类烃源岩为白云质泥岩，形成于高盐度、还原沉积环境；P_1f-Ⅲ类烃源岩为泥质白云岩，形成于超盐、强还原沉积环境。

为进一步解释风城组烃源岩的聚类结果，确定这三类烃源岩的特征，选取了一些地质意义较为明确的生物标志化合物参数进行分析，如降藿烷/藿烷（$C_{29}/C_{30}H$）与升藿烷指数（$C_{34}S/C_{35}SH$）的相关关系可用于有效区分泥页岩和碳酸盐岩来源的烃类（Peters et al.，2005）。如图 3-2（a）所示，风城组烃源岩这两组藿烷指标的变化规律可通过玻尔兹曼拟合进行有效描述，其结果与 Peters 等（2005）基于全球大量确定来源的烃类数据所做图版的特征基本一致。具体而言，P_1f-Ⅰ类烃源岩指标符合泥页岩烃源岩特征，而 P_1f-Ⅱ类与 P_1f-Ⅲ类烃源岩指标特征处于泥页岩向碳酸盐岩渐变的区间中，P_1f-Ⅱ类烃源岩特征更接近泥页岩，P_1f-Ⅲ类烃源岩特征更接近碳酸盐岩，但并未见纯碳酸盐岩特征的烃源岩样品［图 3-2（a）］。综合以上分析，认为 P_1f-Ⅰ类烃源岩代表了风城组中泥质岩类烃源岩特点，P_1f-Ⅱ类烃源岩代表了风城组中白云质泥岩烃源岩的特点，而 P_1f-Ⅲ类烃源岩代表了风城组中泥质白云岩烃源岩的特点。

Pr/Ph 及 β-胡萝卜烷丰度作为指示沉积环境氧化还原条件和沉积水体盐度的指标（Powell and McKirdy，1973；Irwin and Meyer，1990；Fu et al.，1990）在样品中表现出很强的相关性，具体表现为 P_1f-Ⅰ、P_1f-Ⅱ、P_1f-Ⅲ三类烃源岩 Pr/Ph 值依序降低，而 β-胡萝卜烷/n-C_i（正构烷烃主峰）值则依序增大，其 β-胡萝卜烷/n-C_i 值最大可达 3.43，对应指示超盐沉积水体特征［图 3-3（a）］。此外，对于另一个指示沉积水体分层（通常为高盐度所致）的有效指标伽马蜡烷/C_{30}藿烷值（Moldowan et al.，1985），其与 Pr/Ph 值也呈现出基本一致的关系，其中伽马蜡烷指数最大可达 1.42［图 3-3（b）］。以上特征表明，

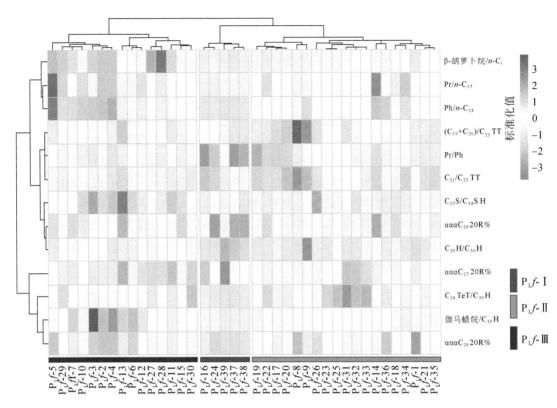

图 3-1　准噶尔盆地西北缘下二叠统风城组烃源岩样本（X 轴）和生
物标志化合物参数（Y 轴）可视化聚类热图

样本参数距离矩阵编码基于 Bray-Curtis 相异性指数（Tao et al.，2020）

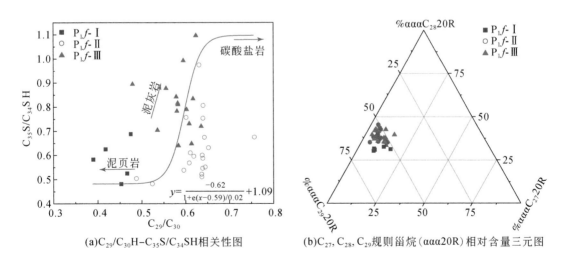

(a)$C_{29}/C_{30}H$–$C_{35}S/C_{34}SH$相关性图　　　(b)C_{27}, C_{28}, C_{29}规则甾烷（$\alpha\alpha\alpha20R$）相对含量三元图

图 3-2　准噶尔盆地西北缘下二叠统风城组烃源岩岩性和有机质组成典型生物标志物

P_1f-Ⅰ、P_1f-Ⅱ、P_1f-Ⅲ三类烃源岩所形成的沉积水体盐度依序增高，对应的还原条件也依序增强。综合对比 Pr/n-C_{17}–Ph/n-C_{18}源相划分图版（Shanmugam，1985），表明 P_1f-Ⅰ、P_1f-Ⅱ、P_1f-Ⅲ三类烃源岩分别形成于半咸水—弱还原环境、咸水—还原环境、超盐—强还原环境中［图3-3（c）］。

反映烃源岩有机母质输入的指标，如 C_{27}~C_{29}规则甾烷分布在 P_1f-Ⅰ、P_1f-Ⅱ、P_1f-Ⅲ三类烃源岩中也表现出了差异，特别是 C_{28}甾烷的相对含量，具体表现为 P_1f-Ⅰ类 C_{28}甾烷相对含量（平均31.37%）小于 P_1f-Ⅱ类（平均38.59%）和 P_1f-Ⅲ类（平均38.65%）［图3-2（b）］，这可能指示了 P_1f-Ⅰ类烃源岩母质中某些组分（如高盐藻类）的输入比例要小于 P_1f-Ⅱ类和 P_1f-Ⅲ类烃源岩（Kodner et al.，2008；Hoffmann-Sell et al.，2011）。总体而言，风城组烃源岩中规则甾烷 C_{27}、C_{28}及 C_{29}相对含量分别为3.46%~17.07%（平均8.41%）、30.35%~45.54%（平均37.69%）、45.51%~60.73%（平均53.90%），指示烃源岩有机母质以藻类和浮游生物为主，这类生烃母质利于生油（Huang and Meinschein，1979；Czochanska et al.，1988）。

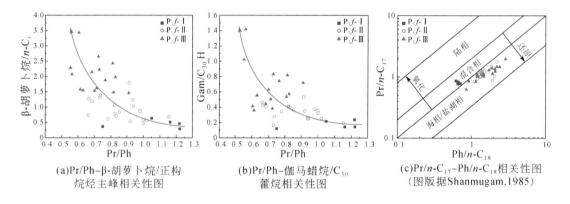

(a)Pr/Ph–β-胡萝卜烷/正构　　　　(b)Pr/Ph–伽马蜡烷/C_{30}　　　　(c)Pr/n-C_{17}–Ph/n-C_{18}相关性图
　　烷烃主峰相关性图　　　　　　　　藿烷相关性图　　　　　　　　（图版据Shanmugam，1985）

图3-3　准噶尔盆地西北缘下二叠统风城组烃源岩沉积环境典型生物标志物

利用 t-SNE 机器学习算法，基于上文烃源岩地球化学多样性分析所选定的生源有效判识指标，解析风城组原油与风城组三类烃源岩的亲缘关系。通过对比烃源岩与原油地球化学参数的 t-SNE 二维嵌入映射关系，发现43件风城组原油的油源贡献均来自风城组烃源岩，且其中约5%的样品来源于 P_1f-Ⅰ类烃源岩（Family Ⅰ），约47%的样品来源于 P_1f-Ⅱ类烃源岩（Family Ⅱ），约40%的样品来源于 P_1f-Ⅲ类烃源岩（Family Ⅲ），除此之外还有少量混合成因原油（8%），分别为 Family Ⅰ 与 Family Ⅱ 的混合原油及 Family Ⅱ 与 Family Ⅲ 的混合原油（图3-4）。

进一步选取地质意义较为明确的参数对 t-SNE 结果进行表征分析。反映沉积水体盐度的有效指标 β-胡萝卜烷/n-C_i值显示为 Family Ⅰ 至 Family Ⅲ 烃类（原油及烃源岩抽提物），所代表的烃源岩沉积水体盐度逐渐升高［图3-5（a）］，Pr/Ph 值则显示出一个烃源岩沉积环境还原条件逐渐增强的变化过程图3-5（b），两者对应关系良好。此外，C_{34}S/C_{35}S H

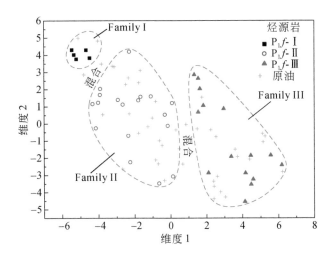

图 3-4 准噶尔盆地西北缘下二叠统风城组原油成因 t-SNE 图
坐标轴不代表任何测量参数，而是反映高维数据结构关系的二维嵌入映射

指数则显示 Family Ⅱ 及 Family Ⅲ 烃类较之 Family Ⅰ 烃类具有明显更强的碳酸盐岩所生烃类特征 ［图 3-5（c）］。综合以上分析结果表明，t-SNE 机器学习算法不仅验证了上文基于 Bray-Curtis 相异性指数的烃源岩聚类特点（图 3-1），还将三类烃源岩及原油有关源相的相关关系进行了直观地表达。

根据上述分析，风城组原油绝大部分来源于咸水—超盐、还原—强还原沉积环境所形成的烃源岩，即与碳酸盐岩（白云石）沉积有关的烃源岩（P_1f-Ⅱ 和 P_1f-Ⅲ）。对于平面上三种类型原油的分布特点，Family Ⅰ 和 Family Ⅱ 原油在乌夏断裂带、克百断裂带及中拐凸起均有分布，但 Family Ⅱ 原油中来自乌夏断裂带的样品所占比例要明显大于 Family Ⅰ 原油，相比而言，Family Ⅲ 原油则仅发现于乌夏断裂带。

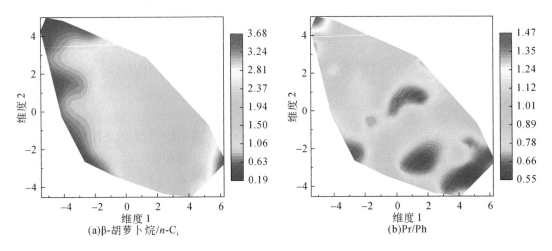

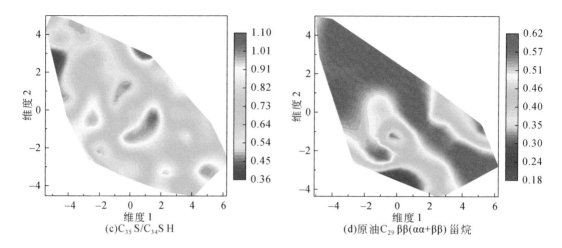

图3-5　准噶尔盆地西北缘下二叠统风城组烃源岩及原油 t-SNE map 的特定生物标志化合物参数表征

坐标轴不代表任何测量参数，而是反映高维数据结构关系的二维嵌入映射

二、杂原子地球化学方法研究

（一）原油杂原子地球化学组成

玛湖凹陷研究区原油中主要检出的杂原子化合物主要有 N_y、N_yO_x、O_x 和 S_zO_x 四类，其中 N_y 和 O_x 占总单同位素离子丰度（total mono-isotopic ion abundance，TMIA）的 70.2% ~ 99.1%（平均为 89.8%）。同时，N_y 和 O_x 化合物的相对含量在不同样品之间变化很大，其数值分别分布于 29.8% ~ 92.3% TMIA（平均为 67.3% TMIA）和 2.1% ~ 69.3% TMIA（平均为 22.6% TMIA）。在 N_y 和 O_x 的化合物组成中，N_1、O_1 和 O_2 化合物占主导，其相对含量占 70.2% ~ 99.1% TMIA（平均为 88.6% TMIA）。这三类化合物在不同原油样品间的相对含量变化较大，其数值的分布范围分别为 N_1 = 29.8% ~ 92.3% TMIA（平均为 66.2% TMIA），O_2 = 1.3% ~ 34.7% TMIA（平均为 13% TMIA）和 O_1 = 0.01% ~ 57.4% TMIA（平均为 9.4% TMIA）。

1. N_1 化合物

N_1 馏分是原油中检出的最为丰富的杂原子化合物，其不饱合度（又称双键相等数，double bonel equival-ents，DBE）分布在 6 ~ 22，碳原子数分布在 13 ~ 62。在大多数原油样品的 N_1 化合物中，占主导的 DBE 是 9、10、12 和 15［图3-6（a）］。DBE 为 9、12 和 15 的 N_1 化合物的最低碳原子数分别为 12、16 和 20［图3-6（b）~（d）］，表明其可能属于咔唑家族化合物，即分别对应于咔唑（DBE 9；$C_{12}H_9NR$）、苯并咔唑（DBE 12；$C_{16}H_{11}NR$）和二苯并咔唑（DBE 15；$C_{20}H_{13}NR$）（Hughey et al.，2004；Poetz et al.，2014）。这些化合物是由一个咔唑核部结构单元以领位稠合形式依次形成的大分子化合物（+DBE 3）。此外，DBE 是 9、12 和 15 的 N_1 化合物中占主导的化合物为中链（$C_{6 ~ 14}$）和长链（$C_{15 ~ 35}$）

烷基化同系物［图 3-6（b）~（d）］。同时，由于只有吡啶 N 可以被（﹣）ESI 模式电离，因此，DBE 10 化合物可能是苯基吲哚，其与咔唑具有相近的化学性质（Ziegs et al., 2018）。

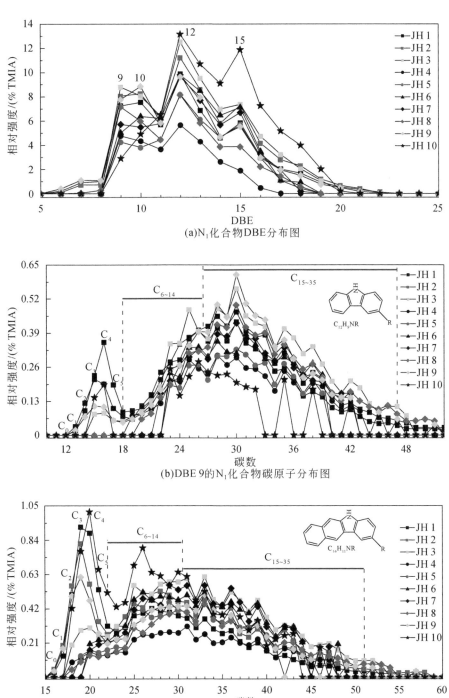

(a)N₁化合物DBE分布图

(b)DBE 9的N₁化合物碳原子分布图

(c)DBE 12的N₁化合物碳原子分布图

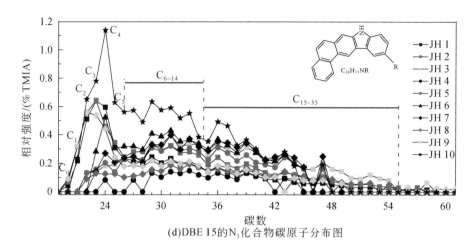

(d)DBE 15的N_1化合物碳原子分布图

图 3-6　原油中 N_1 化合物的 DBE 和碳原子分布图

2. O_1 化合物

原油中检出的 O_1 化合物的 DBE 分布在 4 ~ 14，碳原子数分布在 12 ~ 47。该化合物中占主导的馏分为 DBE 4 O_1 化合物，其次是 DBE 5、6 和 7 O_1 化合物 [图 3-7（a）]。DBE 4 O_1 馏分的核部结构可能是苯酚（Phenol）及其烷基化同系物（Shi et al., 2010；Pan et al., 2013；Ziegs et al., 2018），DBE 5 和 6 O_1 馏分可能分别是茚满醇（Indanols）和茚三醇（Indenols）（Pan et al., 2013；Ziegs et al., 2018），而 DBE 7 O_1 馏分可能对应于萘酚（Naphthols）（Geng et al., 2012）。然而，DBE 4、5 和 7 O_1 馏分也可能分别对应于非芳族、单芳族和三芳族固醇（Ziegs et al., 2018）。

3. O_2 化合物

O_2 是原油样品中相对含量第二丰富的杂原子化合物，也是相对丰度最高的含氧化合物，其 DBE 分布于 1 ~ 11，碳原子数分布在 10 ~ 41 [图 3-7（b）~（c）]。O_2 化合物中以 DBE 1 O_2 馏分的相对含量最高 [图 3-7（b）]，其次是 DBE 5 O_2 馏分。原油中的 O_2 化合物对应于羧酸，其中 DBE 1 O_2 是饱和的脂肪酸（Pan et al., 2013），DBE 5 O_2 可能是芳香酸 [图 3-7（b）]（Poetz et al., 2014）。此外，DBE = 2 ~ 4 O_2 萘酸也被检出 [图 3-7（b）]（Poetz et al., 2014）。DBE 1 O_2 化合物的碳原子数分布于 10 ~ 40，其中 C_{16} 和 C_{18} 的相对丰度最高 [图 3-7（c）]。同时，样品 JH4 ~ 8 含相对高丰度的 C_{20}、C_{22}、C_{24}、C_{26}、C_{28} 和 C_{30}。此外，在所分析的大多数原油样品中碳原子数在 12 ~ 30 具有明显的偶数碳优势分布特征 [图 3-7（c）]。

（二）油源对比

油源对比是分析原油形成和充注机制的前提，其首先可以通过生物标志化合物参数来加以限制（Peters et al., 2005）。需要注意的是，研究区两套油源岩，即风城组和下乌尔禾组，在沉积环境和有机质输入方面有显著差异。

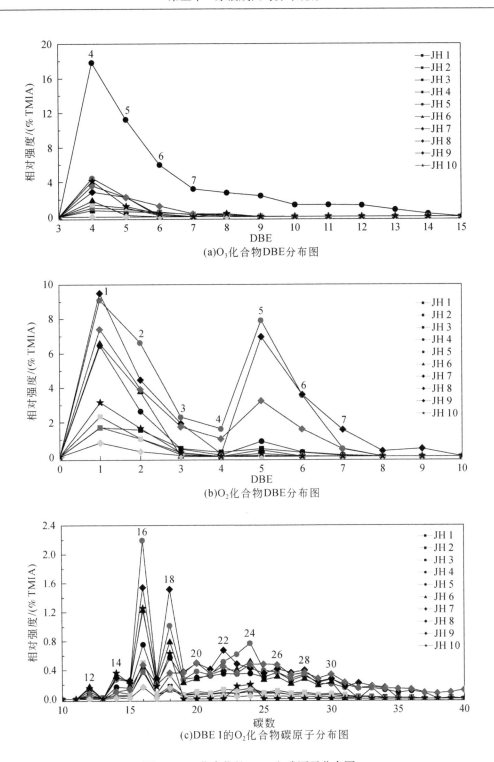

(a)O_3化合物DBE分布图

(b)O_2化合物DBE分布图

(c)DBE 1的O_2化合物碳原子分布图

图 3-7 O_x化合物的 DBE 和碳原子分布图

1. 烃源岩沉积环境

伽马蜡烷/C_{30}H 和 Pr/Ph 可以用来评估烃源岩沉积时的古盐度和氧化还原环境（Fu et al.，1986；Moldowan and McCaffrey，1995）。所分析烃源岩样品（P_1f 和 P_2w）中，伽马蜡烷/C_{30}H 和 Pr/Ph 呈负相关分布［图 3-8（a）］。其中，下乌尔禾组烃源岩有高 Pr/Ph 值（1.75~1.94）和低伽马蜡烷/C_{30}H 值（<0.10）；相比而言，风城组烃源岩具有低 Pr/Ph 值（0.63~0.86）和高伽马蜡烷/C_{30}H 值（0.40~0.55）。此外，β-胡萝卜烷与缺氧、高盐度的湖相沉积古环境密切相关（Peters et al.，2005），其主要在风城组烃源岩中检出，表明风城组沉积于高盐、还原的湖相环境［图 3-8（b）］。相反，下乌尔禾组烃源岩可能沉积于偏氧化的淡水湖相。

C_{29}/C_{30}-C_{35}S/C_{34}SH 的交汇图可以用来区别泥岩和碳酸盐型有机质（Peters and Moldowan，1991；Peters et al.，2005）。本次研究中，风城组白云质烃源岩以其高比值的 C_{29}/C_{30} 和 C_{35}S/C_{34}SH，与下乌尔禾组泥岩相区别［图 3-8（c）］。此外，风城组烃源岩有机质中检出丰富的藿烷，指示以前存在大量的微生物（Ourisson et al.，1979）。然而，其 $C_{31~35}$ 藿烷同系物并未显示出 C_{34}/C_{35}>C_{32}/C_{33}［图 3-8（d）］，表明其有机质不同于硫酸盐型湖相来源的微生物类型（朱光有等，2004；Cao et al.，2020）。这与风城组白云质烃源

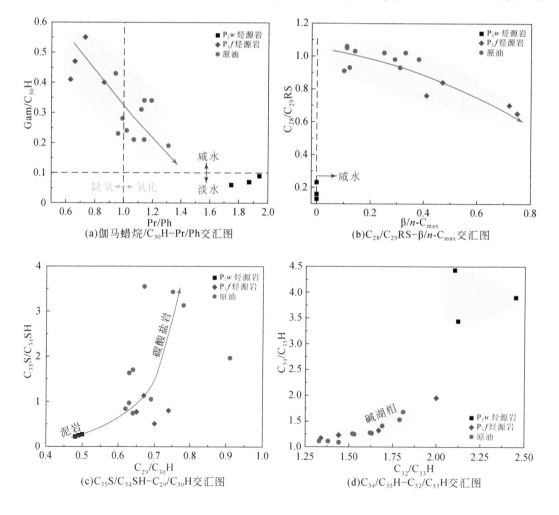

(a)伽马蜡烷/C_{30}H–Pr/Ph交汇图

(b)C_{28}/C_{29}RS–β/n-C_{max}交汇图

(c)C_{35}S/C_{34}SH–C_{29}/C_{30}H交汇图

(d)C_{34}/C_{35}H–C_{32}/C_{33}H交汇图

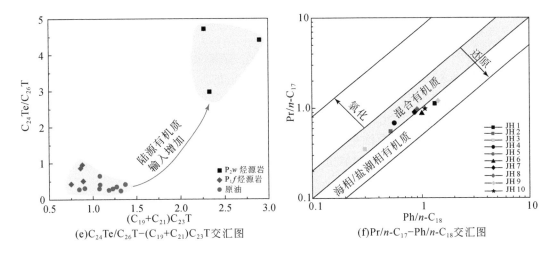

图3-8　油源对比相关参数图版

岩的岩相学特征一致，其包含丰富的碱类矿物，如天然碱（曹剑等，2015），表明其为典型的碱湖相沉积（Cao et al., 2020；Xia et al., 2021）。

2. 烃源岩有机质输入类型

β-胡萝卜烷被认为主要来源于蓝细菌或藻类（Peters et al., 2005）。风城组烃源岩具有高 $\beta/n\text{-}C_{max}$ 值（0.41~0.75）[图3-8（b）]，表明其有机质输入中包含丰富的细菌或藻类相关的物质。这与前人的研究一致，其表明在风城组烃源岩中发现的生物化石主要为细菌和藻类，而高等植物相关的化石丰度极低，甚至缺失（Tao et al., 2019；Cao et al., 2020）。此外，$C_{27~29}$ 规则甾烷的分布特征也可以用来判断烃源岩有机质的输入类型（Huang and Meinschein, 1979；Volkman, 1986）。通常，C_{27} 和 C_{28} 规则甾烷来源于浮游植物（Grantham and Wakefield, 1988），而 C_{29} 规则甾烷来源于高等植物（Moldowan et al., 1985）或特殊的水生生物，如藻类（Grantham, 1986）。

在分析风城组和下乌尔禾组烃源岩中，占主导的规则甾烷是 C_{28} 和 C_{29}，然而 C_{28}/C_{29} 规则甾烷比值在这两套烃源岩中差异显著[图3-8（b）]。显然，风城组烃源岩具有更高的 C_{28}/C_{29} 规则甾烷比值（0.65~0.84），而下乌尔禾组烃源岩的该比值较低（0.13~0.23），表明风城组有机质输入中浮游植物所占比例更大。由于风城组烃源岩有机质类型以 II_1 型为主，且缺少高等植物相关的生物前驱物（曹剑等，2015），因此这套烃源岩中丰度相对较高的 C_{29} 规则甾烷应该代表藻类的输入，同时可能混有少量的高等植物相关物质（Grantham, 1986）。

相比而言，下乌尔禾组烃源岩的有机质类型主要是 II–III 型，含丰富的高等植物化石，如孢粉和植物碎片（Tao et al., 2019）。因此，下乌尔禾组烃源岩中相对高丰度的 C_{29} 规则甾烷可能指示高等植物相关物质的输入。这一点可以被陆源有机质相关的生物标志化合物地球化学参数进一步证明，如 $(C_{19}+C_{20})/C_{23}T$ 和 $C_{24}Te/C_{26}T$（Peters et al., 2005；Zhang G et al., 2019）。这两个参数呈正相关，且在乌尔禾组烃源岩中比值更高，表明其高等植物相关输入的比例更大［图 3-8（e）］（Zhang G et al.，2019）。

3. 油源对比

在以上分析的基础上，开展了详细的油源对比，结果表明所研究的原油主要来源于风城组白云质烃源岩（图 3-8）。具体而言，本次分析的原油样品具有高伽马蜡烷/$C_{30}H$（0.19 ~ 0.43）和 β/$n\text{-}C_{max}$（0.10 ~ 0.38）值，表明其油源岩沉积于高盐、缺氧的湖湘环境［图 3-8（a）、（b）］。此外，C_{29}/C_{30} 和 $C_{35}S/C_{34}S$ 藿烷比值表明其油源岩为白云质烃源岩［图 3-8（c）］。同时，原油中 C_{31-35} 藿烷同系物并未显示出 $C_{34}/C_{35} > C_{32}/C_{33}$［图 3-8（d）］。这些特征参数均表明油源岩沉积于碱湖相沉积环境，即对应于风城组白云质烃源岩［图 3-8（a）~（d）］。

高比值的 C_{28}/C_{29} 规则甾烷、β/$n\text{-}C_{max}$ 和低比值的（$C_{19}+C_{20}$）/$C_{23}T$ 和 $C_{24}Te/C_{26}T$ 也与风城组烃源岩相一致，表明其有机质输入以水生生物为主，如藻类和细菌［图 3-8（b）、（e）］。此外，高分子量的饱和脂肪酸（>$n\text{-}C_{20}$）［图 3-8（c）］（Jaffé and Gallardo，1993；段毅等，2001；Wan et al.，2017），正构烷烃（>$n\text{-}C_{20}$）（Peters et al.，2005）和 Pr/$n\text{-}C_{17}$ 与 Ph/$n\text{-}C_{18}$ 交汇图［图 3-8（f）］（Shanmugam，1985），均表明其混有少量的陆源有机质，如高等植物相关的物质。

此外，Pr/Ph 和 C_{28}/C_{29} 规则甾烷比值从风城组烃源岩到其原油样品呈系统性的增加［图 3-8（a）、（b）］，可能反映增加的热演化，因为 Pr 和 C_{28} 规则甾烷相对而言具有更高的抗热蚀变能力（Seifert and Moldowan，1978；Wenger and Isaksen，2002）。而原油样品具有更高的 C_{29}/C_{30} 和 $C_{35}S/C_{34}SH$ 值，表明它们可能来源于碱湖相沉积的更深/中心位置的有机质（Peters and Moldowan，1991）。相反，伽马蜡烷/$C_{30}H$ 和 β/$n\text{-}C_{max}$ 值由烃源岩向原油呈系统性降低［图 3-8（a）、（b）］。由于伽马蜡烷和 β-胡萝卜烷具有更高的抗热蚀变能力（Wenger and Isaksen，2002），因此，这种变化可能反映原油从烃源岩排出过程中所发生的分馏效应。

综上所述，风城组白云质烃源岩是本次研究中所分析原油的主要油源。

第二节　碱湖烃源岩生油规律与机制

风城组烃源岩的有机质热演化涵盖了从低熟到高熟的不同演化阶段（曹剑等，2015）。因此理论而言，该烃源岩应该具备多阶段生烃属性（Cao et al.，2020）。

一、多阶段原油充注

基于原油不同组分（饱和烃、芳香烃和杂原子）的成熟度判识结果不一致，较好指示了多阶段原油充注和混源特征，这可以通过杂原子化合物的相对分布来进一步约束（图 3-9）。

（一）N_1–O_1–O_2 化合物的分布

所分析原油样品中占主导的杂原子化合物为 N_1、O_1 和 O_2，其占总量的 70.2% ~ 99.1% TMIA（平均为 88.6% TMIA）。然而，这三种化合物在不同原油样品中变化很大，

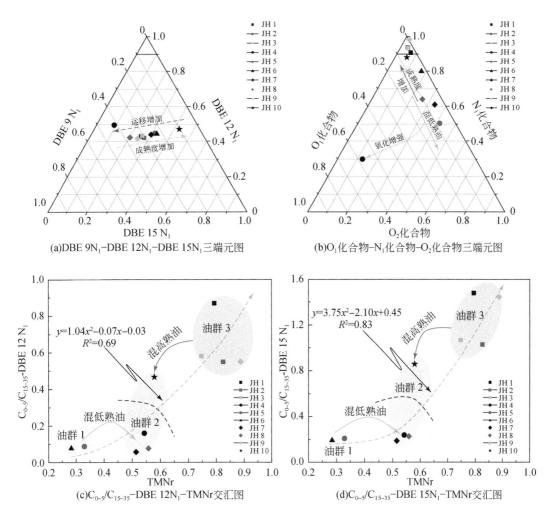

图 3-9 杂原子化合物成熟度参数图版

其中 $N_1 = 29.8\% \sim 92.3\%$ TMIA（平均为 66.2% TMIA），$O_2 = 1.3\% \sim 34.7\%$ TMIA（平均为 13.0% TMIA），$O_1 = 0.01\% \sim 57.4\%$ TMIA（平均为 9.4 TMIA%）。由于所分析原油样品具有相似的油源，即均来自风城组白云质烃源岩，所以这种杂原子化合物的相对丰度变化可能是不同成熟度原油的混合所致。

通常而言，随着成熟度增加，含氧化合物（即 O_1 和 O_2）的相对丰度会降低，相反，含氮化合物，尤其是 N_1 化合物的相对丰度会增加（Poetz et al., 2014；Ziegs et al., 2018）。高熟原油群 3，包括样品 JH1、JH2、JH3 和 JH9，含最高含量的 N_1 化合物（75.59% ~ 92.30% TMIA）和最低含量的含氧化合物（1.29% ~ 7.78% TMIA）[图 3-9（b）]。因此，油群 3 以晚期的高熟原油为主。

然而，成熟油群 2 包括样品 JH4、JH7、JH8 和 JH10，其 N_1、O_1 和 O_2 化合物的组成相比油群 3 复杂。首先，样品 JH10 具有高丰度的 N_1 化合物（86.80% TMIA）和低丰度的含氧化合物（11.47% TMIA），这与油群 3 相似，表明其混有高熟油 [图 3-9（b）]。其次，油样 JH7 和 JH8 具有相对低丰度的 N_1 化合物（55.24%~56.26% TMIA），但相对高丰度的含氧化合物（31.35%~35.24% TMIA），其与低熟油群 1 相似，尤其是油样 JH5，表明其混有低熟油［图 3-9（b）］。需要注意的是，油样 JH4 有最低丰度的 N_1 化合物（29.78% TMIA）和最高丰度的含氧化合物（69.32% TMIA），尤其是高丰度的 O_1 化合物（57.43% TMIA）。低含量的 N_1 化合物可能是混低熟原油所致。然而，高丰度的 O_1 化合物可能是受烃源岩沉积环境影响，如样品 JH4 含有高 Pr/Ph 值（1.31），表明其有机质沉积环境相对偏氧化（Hughey et al.，2002）。

油群 1 包括样品 JH5 和 JH6，其杂原子化合物的组成也比较复杂。油样 JH5 具有相对低丰度的 N_1 化合物和高丰度的含氧化合物，表明其为相对低熟的原油。然而，油样 JH6 与油群 2 中样品 JH7 和 JH8 具有相似的 N_1 化合物，但同时与样品 JH10 具有相似的低丰度含氧化合物。这表明成熟度不是控制油样 JH6 杂原子化合物组成的关键因素。相对高丰度的 N_1 化合物和相对低丰度的含氧化合物可能反映其有机质类型，如 I 型干酪根（Wan et al.，2017），或其他复杂的未知因素。

综合上述，多阶段混合主要发生在成熟油群 2 中，其部分与高熟和低熟油混合。

（二）DBE 9-12-15 N_1 化合物的分布

DBE 9、12 和 15 N_1 化合物的分布受成熟度和运移效应的双重控制。通常而言，随着运移距离的增大，极性相似但分子质量低的 DBE 9 N_1 化合物的相对丰度会增加，相反，高不饱和度的 DBE 12 和 15 N_1 化合物的相对丰度会降低（Liu et al.，2015；Wan et al.，2017）。然而，随着成熟度增加，N_1 化合物的核部结构会发生增环和芳香化作用，从而导致不饱和度 DBE 增加（Poetz et al.，2014；Ziegs et al.，2018）。本次研究中，高熟油群 3 有相对高丰度的 DBE 9 N_1 化合物和低丰度的 DBE 12 和 15 N_1 化合物，表明其发生了强烈的迁移效应。然而，低熟油群 1 具有高丰度的 DBE 12 和 15 N_1 化合物和低丰度的 DBE 9 N_1 化合物，表明其迁移效应弱而主要受成熟度的影响。需要注意的是，成熟油群 2 具有复杂的 DBE 9、12 和 15 N_1 化合物分布特征，其中油样 JH10 有最高丰度的 DBE 15 N_1 化合物，表明其混有高熟原油［图 3-9（a）］。油样 JH4 和 JH8 有最高丰度的 DBE 9 N_1 化合物，表明混有低熟油［图 3-9（a）］。然而，油样 JH7 的 DBE 9、12 和 15 N_1 化合物分布与油群 1 相似，表明混有低熟油且相较于油样 JH4 和 JH8 其受迁移效应的影响更小。

（三）DBE 12 和 15 N_1 烷基化侧链化合物的分布

特定 DBE（如 DBE 12 和 15）的 N_1 化合物不同烷基化差异可以用来评估原油成熟度（Poetz et al.，2014）。通常而言，随着成熟度增加，短链（$C_{0~5}$）化合物的相对丰度会增加，而长链（$C_{15~35}$）化合物的相对丰度会降低（Poetz et al.，2014）。本次研究中，DBE 12 和 15 N_1 化合物的短链与长链馏分的比值（$C_{0~5}/C_{15~35}$）被与芳香烃成熟度指数 TMNr 做对比分析来探讨其多阶段混合作用［图 3-9（c）、（d）］。

$C_{0~5}/C_{15~35}$-DBE 12 N_1 和 $C_{0~5}/C_{15~35}$-DBE 15 N_1 均与 TMNr 呈非线性相关，其拟合方程分别为 $y=1.04x^2-0.07x-0.03$（$R^2=0.69$）［图 3-9（c）］和 $y=3.75x^2-2.10x+0.45$（$R^2=0.83$）［图 3-9（d）］。$C_{0~5}/C_{15~35}$-DBE 15 N_1 值在油群 2 的样品 JH4、JH7 和 JH8 中

与油群1相似，表明其混有低熟油 [图3-9（d）]。相反，油群2中的样品JH10的$C_{0~5}$/$C_{15~35}$-DBE 15 N_1值与油群3相似，表明其混有高熟油 [图3-9（d）]。

综合上述，多阶段混合作用主要影响油群2。

二、多阶段原油的生成机制

（一）岩相生烃差异

风城组烃源岩有机质丰度普遍较高，39件测试样品总有机碳含量（TOC）为0.4%～3.4%，平均值为1.5%，游离烃含量（S_1）平均值为1.0mg/g，热解烃含量（S_2）平均值为6.6mg/g，质量普遍达到了好烃源岩的标准 [图3-10（a）]。根据热解生油潜势氢指数（HI）与最大热解峰温（T_{max}）特征，风城组烃源岩干酪根类型以 II_1 型为主，其次为 I 型及 II_2 型 [图3-10（b）]（Peters and Cassa，1994）。根据上文划分出的三类风城组烃源岩，其基础地球化学特征展示出差异。其中，P_1f- I 类烃源岩 TOC 为0.4%～1.9%（中值1.1%），生烃潜量值（PG = S_1+S_2）为0.5～6.0mg/g（中值3.1mg/g），HI 为125.7～321.7mg/g（中值254.6mg/g）；P_1f- II 类烃源岩 TOC 为1.0%～3.2%（中值1.5%），PG 为3.2～18.3mg/g（中值7.6mg/g），HI 为215.0～849.0mg/g（中值348.5mg/g）；P_1f- III 类烃源岩 TOC 为1.0%～3.4%（中值1.3%），PG 为4.1～23.7mg/g（中值7.1mg/g），HI 为257.3～688.5mg/g（中值468.8mg/g）（图3-10）。由此可见，P_1f- II 及 P_1f- III 类相比于 P_1f- I 类有机质类型要明显更好，且生烃潜力也更高，而 P_1f- II 及 P_1f- III 类两者特征则近乎相似。

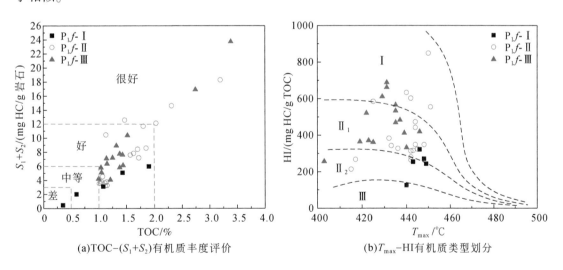

图3-10 准噶尔盆地西北缘下二叠统风城组烃源岩热解特征

为进一步探讨烃源岩基础地球化学特征差异及形成机制，对其与反映源相的生物标志化合物相关性进行分析。结果表明，沉积水体盐度与有机母质输入对烃源岩有机质丰度、生烃潜力及有机质类型的影响控制作用最强。其中，反映盐度的指标伽马蜡烷指数与TOC、S_1+S_2 及 HI 均呈现正相关关系，整体表现为沉积水体盐度越高，对应所形成的烃源岩质量越好［图 3-11（a）~（c）］。并且有意义的是，TOC［图 3-11（a）］、S_1+S_2［图 3-11（b）］、HI［图 3-11（c）］与伽马蜡烷指数的相关性表现出逐渐增强的特点，这指示了沉积水体盐度更直接地影响了有机质类型，并进一步影响了烃源岩的生油能力，而与沉积有机质总量的输入关系较小。与反映沉积盐度的指标相比，反映有机母质输入的指标（%$\alpha\alpha\alpha C_{28}20R$ 甾烷）与 TOC［图 3-11（d）］、S_1+S_2［图 3-11（e）］或 HI［图 3-11（f）］都具有更强的相关性，且所有相关关系中%$\alpha\alpha\alpha C_{28}20R$ 甾烷与 HI 拟合优度最高［图 3-11（d）］，反映烃源岩有机质类型根本受母质输入特点的控制。结合 HI 与盐度呈正相关关系，可以认为 C_{28} 规则甾烷可能为高盐藻类（如杜氏藻）的指征生物标志化合物（Volkman，2003）。

综合上述，风城组沉积时期水体盐度越高，导致高盐藻类更为勃发（C_{28} 规则甾烷可能为指征生物标志化合物），相应的烃源岩质量也整体更好。该结论与前文原油成因定量分析结果非常一致，均表明在风城组中云质烃源岩是最主要的生烃岩石单元。

（二）生烃延滞效应

1. 原油物性及组分差异

对风城组三类原油的物性进行对比分析，以进一步探讨风城组碱湖系统的原油生成特征差异。风城组三类原油的物性具有较为明显的差异，具体表现为 Family I 原油密度为 $0.82 \sim 0.84\text{g/cm}^3$（平均 0.83g/cm^3），Family II 原油密度为 $0.83 \sim 0.91\text{g/cm}^3$（平均 0.86g/cm^3），Family III 原油密度为 $0.84 \sim 0.93\text{g/cm}^3$（平均 0.89g/cm^3）［图 3-12（a）］。对于原油含蜡量特征，风城组三类原油则表现出相反的趋势，其中 Family I 原油为 $6.2\% \sim 10.3\%$（平均 8.2%），Family II 原油为 $2.2\% \sim 8.7\%$（平均 4.6%），Family III 原油为 $2.0\% \sim 5.8\%$（平均 4.0%）［图 3-12（b）］。如此可见，泥质岩所生原油具有轻质富蜡的特点，而云质岩所生原油具有重质贫蜡的特点。

对于这三类原油物性的差异，理论而言可能与源、次生变化和成熟度有关（Peters et al.，2005）。首先根据指征生物标志化合物地球化学特征，这些原油总离子流图峰形完整，未检出 UCM 和 25-降藿烷系列，说明无明显的次生变化。其次考察成熟度的影响。鉴于这些原油发现地区均属于凹陷边缘的隆起带，其风城组演化尚未进入高成熟阶段，因此应用 $C_{29}\beta\beta$（$\alpha\alpha+\beta\beta$）甾烷指标可有效反映其成熟度（Seifert and Moldowan，1978），结果显示原油样品成熟度差异不明显，且主要为成熟原油（$C_{29}\beta\beta$（$\alpha\alpha+\beta\beta$）>0.4）。因此成熟度的影响作用基本被排除。

因此，这些原油的物性差异主要受烃源岩不同源相特点影响。分析原油物性与反映源相的生物标志化合物参数之间的关系，发现无论是原油密度或含蜡量，均与 β-胡萝卜烷/$n\text{-}C_i$ 值呈现出较强的相关性［图 3-12（c）］。该现象表明随烃源岩沉积环境盐度变高，对应生成原油的密度整体越大。这可能反映了碱性矿物在沉积有机质的生烃过程中起到了延滞作用，即在相当的地层埋深条件下，碱性矿物发育越多的岩石单元生烃过程相对要更加滞后，从而导致其所生原油油质要重于不含碱性矿物烃源岩所生成的原油（泥质岩原油）

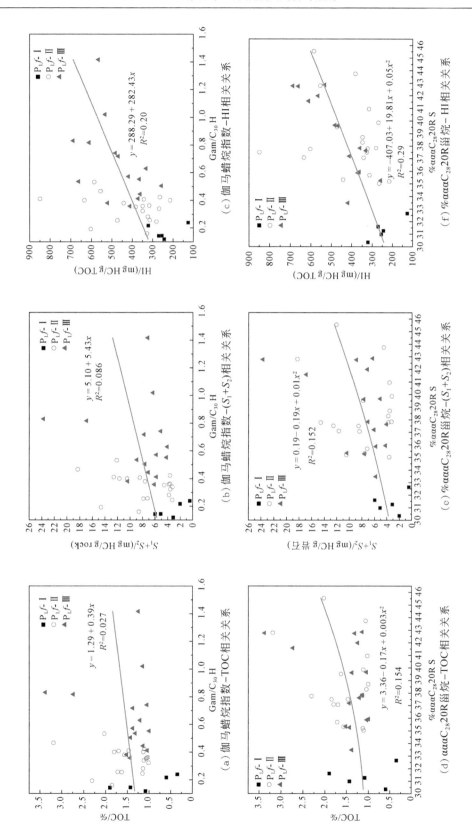

图3-11　准噶尔盆地西北缘下二叠统风城组烃源岩基础地球化学特征差异机制

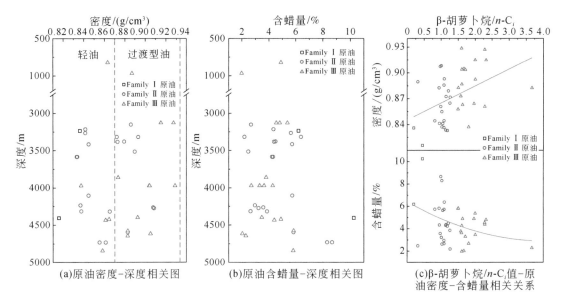

图 3-12　准噶尔盆地西北缘下二叠统风城组三种成因原油物性差异

（Espitalié et al.，1980），因而倾向于原位吸附聚集。正是碱性矿物的存在一定程度上延长了这类烃源岩的生油窗，使得其在深埋高演化阶段资源相态仍可保持以原油为主，并且在此阶段原油因高成熟演化而油质更轻，利于开采。

对于原油含蜡量的特征，表现为随沉积水体盐度越高而其值越低，反映对于以藻类和浮游生物群落为主的生烃母质，其中生活在更高盐度环境中的生物属种（高盐藻类和嗜盐细菌）蜡质组少，因而所生原油含蜡量低（Tegelaar et al.，1989；Gao et al.，2015）。

2. 孕甾烷指标

为进一步验证以上所提出的碱湖烃源岩生烃延滞效应，对准噶尔盆地西北缘研究区的风城组深埋区——玛湖凹陷内所发现的原油进行分析。选择的原油样品来自玛湖凹陷北斜坡（玛北斜坡）与玛湖凹陷西斜坡（玛西斜坡）。从研究区地层展布特点来看，风城组由乌夏断裂带、玛北斜坡、玛西斜坡其埋藏深度逐渐增大，热演化程度也逐渐加深，因此针对这三个地区展开对比分析。由于玛湖凹陷内风城组埋深过大，目前尚未钻遇，该区勘探主要局限于三叠系，但在下三叠统砂砾岩储层中发现了储量巨大的致密油藏，其资源量及资源丰度远超于断裂带地区（雷德文等，2005）。首先针对玛北斜坡和玛西斜坡三叠系原油的成因展开分析。结果表明，与乌夏断裂带风城组原油相比，玛北斜坡与玛西斜坡原油具有更加显著的碳酸盐岩生烃特点，具体表现为其 $C_{29}/C_{30}H$ 与 $C_{34}S/C_{35}SH$ 值整体较高，并且显示出随乌夏断裂带、玛北斜坡、玛西斜坡原油碳酸盐生烃特征逐渐增强的趋势［图 3-13（a）］。此外，伽马蜡烷指数与 Pr/Ph 值没有表现出明显的相关性变化特征，三个地区的原油都具有较高的伽马蜡烷相对丰度（伽马蜡烷指数 0.2 ~ 1.0）［图 3-13（b）］，与上文所分析的风城组云质岩特征一致［图 3-13（b）］；而在这里 Pr/Ph 值的差异则主要受控于成熟度的影响，由于玛北斜坡与玛西斜坡原油成熟度高于乌夏断裂带，造成了其 Pr/

Ph 值整体升高了 0.2～0.3 [图 3-13（b）]。

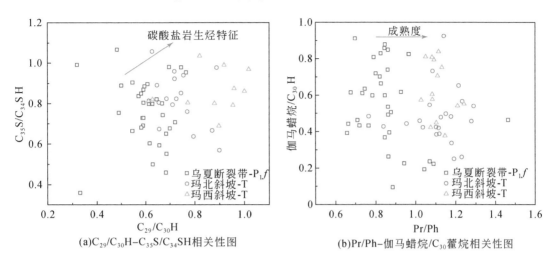

(a)C$_{29}$/C$_{30}$H–C$_{35}$S/C$_{34}$SH相关性图　　(b)Pr/Ph–伽马蜡烷/C$_{30}$藿烷相关性图

图 3-13　准噶尔盆地西北缘乌夏断裂带下二叠统风城组、玛北斜坡三叠系、
玛西斜坡三叠系原油成因对比

根据前文分析，乌夏断裂带风城组原油除了主要来源于云质岩（白云质泥岩和泥质白云岩）外，还有少量泥质烃源岩的贡献，而玛北斜坡、玛西斜坡三叠系原油的特征则表明它们主要来源于风城组泥质白云岩。

在确定了玛北斜坡与玛西斜坡三叠系原油主要来源于风城组泥质白云岩的情况下，对这类风城组大量生烃阶段所形成的原油成熟度的分析则有助于判断碱湖烃源岩的生烃特点。如前所述，C$_{29}$甾烷的异构化指数是经典的成熟度指标，但其适用范围较窄，只适用于低熟至成熟烃类的判识，这是由于在到达高成熟阶段之前其异构化反应已达到了一个平衡状态，该热演化程度一般对应 1.0% R_o（Seifert and Moldowan，1978）。在 C$_{29}$甾烷的异构化指数中，20S/（20S+20R）达到平衡区间的比值一般为 0.52～0.55，ββ（αα+ββ）达到平衡区间的比值一般为 0.67～0.71，但相比于 20S/（20S+20R），ββ（αα+ββ）比值的平衡速率要相对稍慢，这意味着 ββ（αα+ββ）比值在 R_o 超过 1.0% 后也可以表现出缓慢的增加趋势。

为了解决演化程度相对较高烃类的成熟度特征，经分析后发现，孕甾烷/αααC$_{29}$20R规则甾烷可以被有效用于研究区风城组碱湖成因原油的成熟度判别。Huang 等（1994）提出，原油中孕甾烷（C$_{21}$甾烷）的形成主要具有两个成因途径，其中被广泛认识到的是来源于生物体中的孕酮前驱物，同时在演化程度较高的情况下也可由高碳数规则甾烷热降解而形成。然而，在对各类沉积盆地孕甾烷特征的研究对比中发现，咸化湖盆环境中含有孕酮前驱物的生物输入量是极低的，这就导致相关原油中孕甾烷的成因基本与热作用有关，是可以作为评价热演化程度的有效机制（Huang et al.，1994）。

对研究区乌夏断裂带风城组原油、玛北斜坡和玛西斜坡三叠系原油的三种成熟度指标进行分析后发现，它们表现出很强的规律性变化。如图 3-14（a）所示，原油在低成熟—

成熟阶段主要表现为 C_{29} 甾烷的 20S/（20S+20R）和 ββ（αα+ββ）比值的联立升高，此阶段原油中孕甾烷含量极低，且没有表现出明显的变化趋势；但是当 C_{29} 甾烷异构化反应逐渐进入平衡区间（R_o=1.0%）时，孕甾烷/αααC$_{29}$20R 甾烷值呈现出迅速增长，并且在后续的演化过程中，20S/（20S+20R）值基本不变（~0.5），而 ββ（αα+ββ）比值缓慢增长（0.65~0.73），这与迅速增长的孕甾烷/αααC$_{29}$20R 甾烷值构成了指数式增长关系 [图 3-14（b）]。以上特征均可与前述三种成熟度指标的指示机制完美地对应，同时也表明孕甾烷/αααC$_{29}$20R 甾烷值是高盐环境相关原油在热演化阶段后期（>1.0% R_o）的有效成熟度指标。对于三个地区间原油成熟度特征的差异，可以发现乌夏断裂带风城组原油对应的热演化程度基本低于 1.0% R_o，这与该区风城组埋藏热演化特征一致 [图 3-13（a）、图 3-14（a）]。相比而言，玛北斜坡与玛西斜坡三叠系的风城组云质烃源岩成因原油成熟度则均大于 1.0% R_o，并且表现出玛西斜坡原油成熟度更高的特点 [图 3-14（a）]，这也与两个地区间风城组的埋藏热演化特征差异相对应。

综上所述，风城组碱湖云质烃源岩大量生油阶段所对应的热演化程度普遍超过了 1.0% R_o，而经典生油演化模式认为，沉积有机质的生油高峰所对应的 R_o 值在 1.0% 左右（Tissot et al.，1974，1987）。这无疑表现出这类碱湖烃源岩的生油窗范围较一般湖相或海相烃源岩更长的特点。但是，由于热演化阶段后期孕甾烷/αααC$_{29}$20R 甾烷值（0.22~2.12）[图 3-14（b）] 与具体的成熟度之间尚未建立明确的相关关系，这还需要更多的分析来明确风城组碱湖烃源岩的生油窗峰值的成熟度范围。

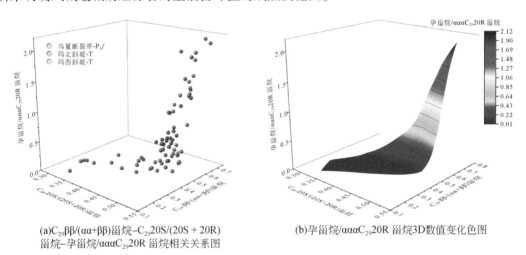

(a)C$_{29}$ββ/(αα+ββ)甾烷–C$_{29}$20S/(20S + 20R) 甾烷–孕甾烷/αααC$_{29}$20R 甾烷相关关系图　　(b)孕甾烷/αααC$_{29}$20R 甾烷3D数值变化色图

图 3-14　准噶尔盆地西北缘乌夏断裂带下二叠统风城组、玛北斜坡三叠系、玛西斜坡三叠系原油成熟度对比

3. 金刚烷指标

金刚烷类化合物是分子式为 $C_{4n+6}H_{4n+12}$ 的，具有类似金刚石结构的一类刚性聚合环状烃类化合物，其成因被认为主要源于多环烃类化合物在高温下的强路易斯酸催化聚合反应（Wingert，1992）。由于金刚烷独特的分子结构一旦形成后其性质极为稳定，因而在判断

有机质成熟度以及衡量原油的热裂解程度的研究中得到了广泛应用（Chen et al., 1996; Dahl et al., 1999; Wei et al., 2007）。

原油中金刚烷类化合物的种类繁多，其中较常见的是各类烷基单金刚烷和烷基双金刚烷，而三金刚烷以上的金刚烷类化合物较为少见。本章对上文所分析的乌夏断裂带、玛北斜坡、玛西斜坡确定风城组碱湖云质岩成因的原油进行了金刚烷类化合物的检测，结果表明，研究区风城组成因原油中均检出了丰富的单金刚烷系列化合物，但双金刚烷类化合物仅在玛北斜坡和玛西斜坡原油中普遍存在，而在乌夏断裂带原油中则严重缺失，尤其是4-甲基双金刚烷。由此可以初步断定玛北斜坡与玛西斜坡原油成熟度要大于乌夏断裂带原油。

由于金刚烷类化合物的热稳定性与其烷基取代位置有关，因此众多学者基于这一特点提出了很多成熟度指标，主要应用于高成熟原油和凝析油成熟度的评价中（Chen et al., 1996; Schulz et al., 2001; Wei et al., 2007; Fang et al., 2013）。例如，对于单金刚烷系列，1-甲基单金刚烷（1-MA）是其中丰度最大的化合物，这是由于其甲基位于"桥碳"，较相应"季碳"甲基取代化合物具更高的热稳定性；而1，3，5，7-四甲基单金刚烷丰度最低，这是由于4个甲基的相互影响造成了其分子结构处于极不稳定的状态，使其极易转化为其他稳定化合物。甲基单金刚烷指数（MAI）和甲基双金刚烷指数（MDI）是评价高演化阶段有机质成熟度最成熟的指标，并且 Chen 等（1996）建立了这两个参数与 R_o 之间的对应关系。

由于乌夏断裂带原油中双金刚烷普遍缺失，为了进行有效对比，应用 MAI 与其他单金刚烷成熟度参数进行分析。结果表明，金刚烷指标在研究区三个地区的风城组成因原油中呈现出良好的规律性特征。具体而言，玛北斜坡与玛西斜坡原油 MAI 值分别分布于69%~71%与68%~76%，对应的成熟度分别为 ~1.3% R_o 与 1.3%~1.5% R_o，并且这两个地区原油 MAI 与二甲基单金刚烷指数-1（DMAI-1）［图3-15（a）］和乙基单金刚烷指数（EAI）［图3-15（b）］均呈现出良好的线性关系。相比而言，乌夏断裂带原油 MAI 为65%~71%，但其与 DMAI-1 ［图3-15（a）］和 EAI ［图3-15（b）］的相关性则明显较差，这是由于参数 MAI、DMAI-1 和 EAI 仅在成熟度大于 1.0%~1.3% R_o 的情况下才适用（Schulz et al., 2001; Wei et al., 2007; Fang et al., 2013），而上文分析表明乌夏断裂带原油成熟度普遍不超过 1.0% R_o，这导致金刚烷成熟度参数指示意义的失效。

综上所述，利用金刚烷指标可对研究区热演化程度较高阶段的原油成熟度进行准确厘定，表明风城组碱湖云质岩的生油窗峰值范围应为 1.3%~1.5% R_o。

4. 烃源岩热模拟

前文通过分析风城组碱湖云质岩大量生油阶段所形成原油的成熟度对其生烃特征进行了反演研究。本节则利用风城组代表性云质烃源岩的热模拟实验展开其生烃特征的正演研究。所选样品为来源于乌夏断裂带的风城组白云质泥岩（乌351井），其原岩 TOC 为 2.37%，HI 为 608mg/g，R_o 为 1.02%，有机质类型近 I 型。

热模拟实验的升温范围为250~500℃，分别测定了每个升温点烃源岩样品的烃产率，并对产物与残渣分别进行了地球化学检测。本次工作主要聚焦于烃源岩热模拟产烃特征与其热演化相关关系，以明确这类碱湖烃源岩的生烃特征。在对热模拟产烃特征进行分析之

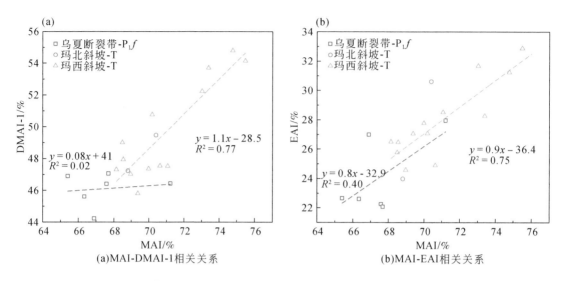

图 3-15　准噶尔盆地西北缘乌夏断裂带下二叠统风城组、玛北斜坡三叠系、
玛西斜坡三叠系原油成熟度对比

MAI=1-MA/(1-MA+2-MA)；DMAI-1=1,3-DMA/(1,3-DMA+1,2-DMA)；EAI=1-EA/(1-EA+2-EA)

前，首先需要确定每个升温点所对应的有机质热演化程度。由于原岩属于 I 型烃源岩，其热模拟残渣中难以检测出足够多的镜质体，作为替代对其进行了沥青反射率（R_b）的检测。热模拟残渣 R_b 测试结果表明，当模拟温度高于 375℃ 时，也难以再检测到有效的 R_b 值。在模拟温度为 250～375℃ 时，热模拟残渣 R_b 值为 0.76%～1.65%。根据较为常用的 R_b-R_o 换算公式（$R_o=0.618R_b+0.4$），对残渣的 R_o 值进行尝试性推算，结果表明，换算 R_o 值在 250～325℃ 范围内为 0.87%～1.06%，甚至低于原岩初始 R_o 值，这无疑表明这一经验公式并不适用于风城组烃源岩。众多研究表明，R_b 与 R_o 相关关系并不是一成不变的，而是受烃源岩沉积环境、伴生矿物、有机质类型等多种控制因素影响（Riediger，1993）。

　　肖贤明等（1991）报道了采自准噶尔盆地西北缘乌尔禾沥青脉中的样品 R_b 与 R_o 测试数据，而该沥青脉为风城组烃源岩成因，其结果显示了 R_b 与 R_o 良好的非线性相关关系 ［图 3-16（a）］。根据这一结果，拟合了风城组烃源岩的 R_b-R_o 回归方程（$R_o=0.14R_b^2+0.11R_b+0.91$），并进一步对本文热模拟样品进行了 R_o 换算。结果表明，初始温度（250℃）所对应的残渣 R_o 值为 1.07% ［图 3-16（b）］，与原岩 R_o 值非常吻合，这表明该换算公式可以有效地反映风城组烃源岩的 R_b 与 R_o 相关关系。通过对热模拟残渣的 R_b 值换算得到了其 R_o 值随温度的变化特征，显示出规律性极强的非线性增长关系，进而可对高温点（400～500℃）对应 R_o 值进行推演 ［图 3-16（b）］。结果表明，对于该风城组白云质泥岩样品的热模拟升温过程，其 R_o 值变化范围为 1.07%～2.83% ［图 3-16（b）］。

　　对风城组云质烃源岩产烃特征进行分析发现，其具有非常高的生潜力，在初始升温温度（250℃，$R_o=1.07\%$）下已经开始形成大量原油（>100kg/t TOC）［图 3-17（a）］，这一生油强度持续至 1.13% R_o，在后续的热演化过程中其生成原油量急剧增长，至 350℃（$R_o=1.34\%$）时生油强度达到峰值（550kg/t TOC），随后原油产率逐渐下降，至 500℃

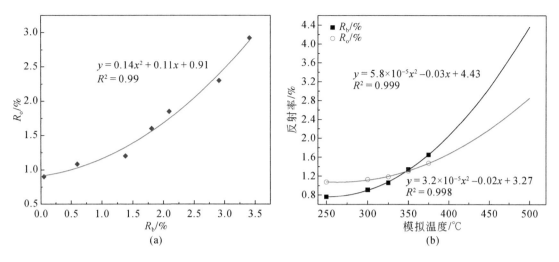

图 3-16 准噶尔盆地西北缘乌尔禾沥青脉 R_b-R_o 相关关系（a）（数据来自
肖贤明等，1991）及乌 351 井风城组白云质泥岩热模拟实验模拟温度-反射率相关关系（b）

（R_o=2.83%）时降至 39kg/t TOC ［图 3-17（a）］。对于其排出油产率，与总油产率的演化特点并不完全一致，其排出油峰值对应模拟温度大约为 380℃（R_o=1.52%）［图 3-17（a）］。

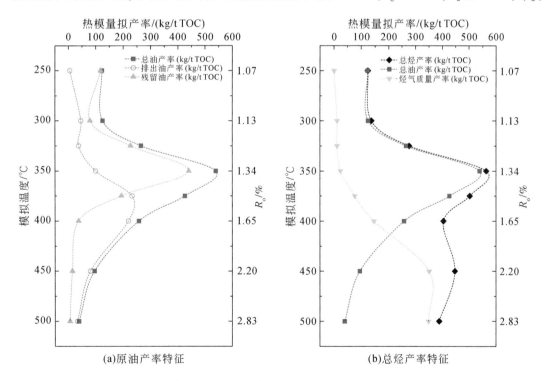

图 3-17 乌 351 井风城组白云质泥岩热模拟实验产烃率特征

　　由此可见，热模拟实验反映出风城组云质烃源岩生油窗峰值对应热演化程度约为 $1.3\%R_o$，而其排油峰值对应热演化程度约为 $1.5\%R_o$，这与前文原油成熟度特征分析所得出的结论完全一致，均表明这一成熟度范围是风城组碱湖云质烃源岩的生排烃高峰。

　　风城组碱湖云质烃源岩以生油为主，当其成熟度低于 $1.65\%R_o$ 时仅有少量原油伴生气的形成，但当其热演化程度普遍达到过成熟阶段时则有大量油裂解气形成，并于 2.20% R_o 时生气量达到峰值 ［图 3-17 （b）］。这一特点表明研究区玛湖凹陷深埋区风城组目前可能也具有一定的油裂解气潜力。

第三节　原油资源类型与分布

一、原油资源类型

　　在研究区，根据地层埋藏–热演化史模拟，风城组的热演化程度在乌夏断裂带高部位为 $0.8\%\sim1.0\%R_o$ ［图 3-18 （a）］，在靠近凹陷区相对低部位为 $1.0\%\sim1.3\%R_o$ ［图 3-18 （b）］，而在深凹区，普遍已达高成熟阶段 （ $>1.3\%R_o$ ），中心区甚至过成熟 （ $>2.0\%R_o$ ） ［图 3-18 （c）］。在这三个地区，目前勘探程度最低的是深凹区—中心区，此处碱湖烃源岩的最大特点是高成熟演化。对于常见的湖相或海相烃源岩，热演化程度超过 $1.5\%R_o$ 已趋近于生油窗末期 （Tissot and Welte，1984），但根据本章分析，在研究区对于碱湖烃源岩，由于碱类矿物的广泛发育在一定程度上拓宽了这类云质烃源岩的生油窗范围，使得凹陷深层油气资源相态可能仍旧以原油为主。事实上，由于区域深大断裂沟通，玛湖凹陷西斜坡中浅层已发现了大量来源于风城组的高熟轻质原油，而天然气的发现规模的确很小。据此可以推断，玛湖凹陷区内，尤其是玛湖凹陷北西斜坡，应具有良好的碱湖原油前景，其资源类型应为高熟轻质低含蜡原油，可能还具备凝析油潜力，属于未来的远景领域（图 3-19）。

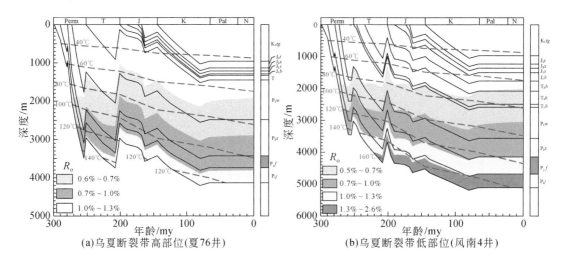

(a)乌夏断裂带高部位(夏76井)　　　　(b)乌夏断裂带低部位(风南4井)

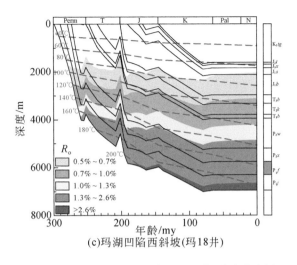

(c)玛湖凹陷西斜坡(玛18井)

图 3-18 准噶尔盆地西北缘地层埋藏-热演化史图

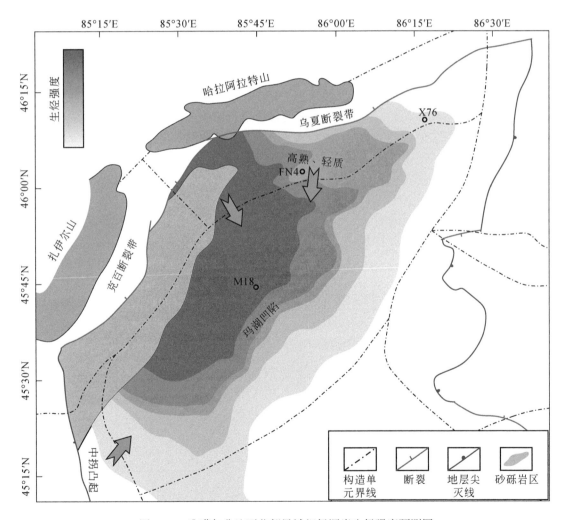

图 3-19 准噶尔盆地西北部风城组烃源岩生烃强度预测图

二、原油生成与运移综合分析

研究区风城组烃源岩具有极高的生烃潜力，通常而言，碱湖相细粒沉积岩具有异常高的原始生产力，如著名的绿河组富有机质页岩（Carroll and Bohacs，2001；Ruble et al.，2001）。碱湖相有机质其生物前驱物多以藻类和细菌［如蓝细菌（*Cyanobacteria*）］为主，不含或极少含陆源高等植物相关物质，这使其更易生成液态原油（Collister and Hays，1973；McKirdy and Kantsler，1980；曹剑等，2015）。此外，极端耐盐藻类［如杜氏藻（*Dunaliella salina*）］在高盐度水体中繁盛，其被证实可以用来生产生物燃油（Francavilla et al.，2015）。然而，由于大多数报道的碱湖相烃源岩具有低熟特征，典型如绿河组页岩（Horsfield，1994；Ruble et al.，2001），使得缺乏碱湖相有机质延长和多阶段生油直接地质证据。

本次工作所研究的风城组有机质具有从低熟到高熟的热演化特征（曹剑等，2015；Cao et al.，2020），为研究碱湖相烃源岩生油全过程提供了良好实例。前人的研究发现该地区原油不能直接对应于某一套具体的烃源岩，故把其解释为混源（Cao et al.，2005）。这使得对本区域油源关系和烃源岩生烃过程的理解仍显不足。

本次研究发现，风城组碱湖相白云质沉积物能产生早期低熟油、中期成熟油和晚期高熟油。结合研究区风城组烃源岩地层埋藏–热演化史［图 3-20（a）］和原油充注史（Cao et al.，2005）对风城组来源的原油生成和充注过程进行约束［图 3-20（a）］。埋藏热演化模型表明研究区在地质演化史上存在三期区域性抬升，其分别发生在晚二叠世、晚三叠世和晚侏罗世，此时风城组烃源岩分别达到了生油窗（$R_o \approx 0.7\%$）、成熟阶段（$R_o \approx 1.0\%$）和高熟阶段（$R_o \approx 1.3\%$）［图 3-20（b）］。这与风城组原油的成熟度特征一致，即分别对应于油群 1、油群 2 和油群 3。

风城组（白云质）原油的成熟度与其所处的构造位置关系密切，表明断裂控制了油气的运移与成藏，如研究区的主要油藏均沿断裂分布［图 3-20（c）］（Cao et al.，2005；Jin et al.，2008；Zhang J K et al.，2019a）。高熟油群 3 位于北东向逆冲断裂与北西向走滑断裂的交汇处［图 3-20（c）］，低熟油群 1 主要出现在断裂，尤其是北东向逆冲断裂不发育的斜坡区。三个油群通过北西向走滑断裂连在一起，且其成熟度自凹陷中心向边缘断裂带呈增加趋势［图 3-20（c）］。这表明走滑断裂诱导的侧向运移在原油成熟度分布中扮演着关键角色。前人研究已经表明研究区北西向走滑断裂主要形成和活动于印支期到燕山期（吴孔友等，2014；卞保力等，2019）。该时期风城组原油沿着走滑断裂运移。通常，成熟度高的轻质原油更容易迁移。因此，高熟油群 3 主要位于远离凹陷的断裂带，而低熟油群还残留在凹陷区。基于这些规律，提出了风城组原油的详细充注和混源模式，如图 3-20（c）所示。

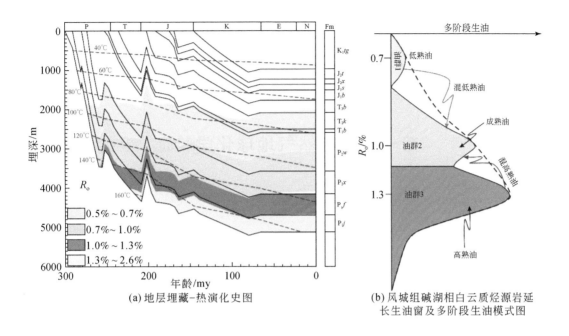

(a) 地层埋藏−热演化史图

(b) 风城组碱湖相白云质烃源岩延
长生油窗及多阶段生油模式图

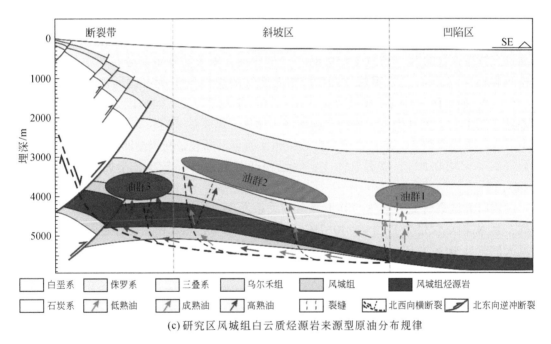

(c) 研究区风城组白云质烃源岩来源型原油分布规律

图 3-20　玛湖凹陷风城组碱湖烃源岩成烃特征

第四章 天然气成因与分布规律

第一节 天然气地球化学特征

一、气组分

天然气的化学组分对于其成因来源、热演化程度、运移及次生蚀变等研究具有重要的意义（Tissot and Welte, 1984; Behar et al., 1992; Dai, 1992; Chen et al., 2000; Milkov and Etipoe, 2018）。自然界中所发现的绝大多数天然气都含有多种气体组分，这些组分可以分为两类：烃类气体是指 $C_{1\sim4}$ 烷烃气；非烃类气常见包括二氧化碳、氢气、氮气、硫化氢、氦气及氩气等。天然气中各组分所占比例不仅受自身成因影响，在天然气形成后，多种地质过程也会对天然气组分产生很重要的影响作用。

研究区天然气以烃类气体为主，大部分样品中烷烃气含量在95%以上，但是也有少数样品具有较高含量的 N_2（17.1%~59.8%），这些高含氮天然气主要分布在中拐凸起与达巴松凸起地区（图4-1）。甲烷（CH_4）在天然气的烷烃气中所占比例被称为干燥系数（$C_1/C_{1\sim5}$），研究区天然气干燥系数在 0.6~1.0，平均0.9，不同地区天然气干燥系数具有差异（图4-1）。具体而言，中拐凸起地区天然气干燥系数普遍较高（平均0.94），天然气中干气（干燥系数≥0.95）占绝大多数；相比而言，断裂带与玛湖凹陷地区天然气干燥系数较低（平均0.85），以湿气为主；达巴松凸起地区样品较少，干燥系数平均0.83（图4-1）。

比较研究区高含氮天然气与其干燥系数关系发现，中拐凸起地区高含氮天然气均为干气，其 N_2 相对含量为17.1%~40.7%，平均27.63%；相比而言，达巴松凸起地区高含氮天然气干燥系数较低（0.77），但其 N_2 相对含量在研究区中最高，可达59.8%，（图4-1）。

天然气中甲烷丰度受多种地质因素共同影响。譬如，对于有机成因天然气来说，不同类型沉积有机质所生成的天然气中甲烷含量具有差异。研究表明，以缩合多环结构化合物为主的腐殖型有机质由于带有较短的侧链，只能形成较少的液态烃及重烃气，所生烃类以甲烷为主；相比而言，腐泥型有机质由于含有大量长链结构化合物，在热解过程中断链所形成的烃类则以液态烃及重烃气为主（Hunt, 1979）。除此之外，在沉积有机质热演化生烃过程中，随着成熟度增加，所生成的甲烷含量也逐渐升高（Stahl and Carey, 1975; Prinzhofer et al., 2000）。借助于天然气中甲烷相对含量与其碳同位素特征，还可以对生物气与热成因气进行区分，由于有机质在浅埋未成熟阶段（$R_o<0.5\%$）还可经厌氧细菌的生物降解而产生基本由甲烷构成的天然气，但这类生物成因甲烷具有很低的碳同位素值，

是鉴别生物气的有效判识手段（Bernard et al., 1978；Whiticar and Suess, 1990；Whiticar, 1999；Galimov, 2006；Furmann et al., 2013）。

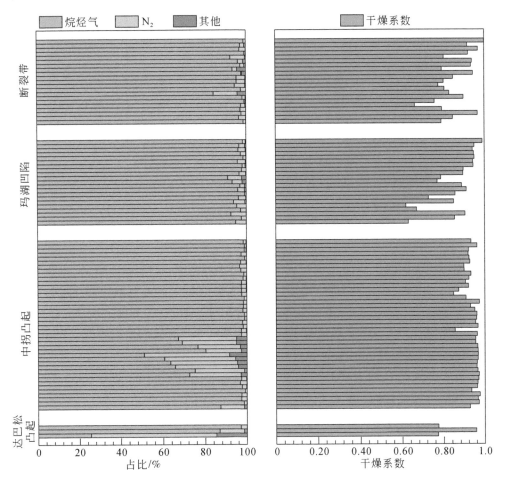

图 4-1　准噶尔盆地西北缘天然气组分特征图

运移过程也会对天然气组分含量产生影响。在烃类气体组分中，低分子量的甲烷由于具有更强的扩散运移能力，在运聚过程中往往比分子量高的重烃气运移得更远。如图 4-2 所示，准噶尔盆地西北缘不同地区天然气甲烷含量分布所体现的特征有所不同。在断裂带和玛湖凹陷地区，随天然气聚集地层越浅越富集甲烷 ［图 4-2（a）、（b）］；相比而言，中拐凸起地区则表现出相反的特征 ［图 4-2（c）］。

二、稳定碳同位素

天然气稳定碳同位素组成是鉴别天然气母质类型、成因来源、成熟度等特征的最重要指标（Stahl and Koch, 1974；Schoell, 1980；Berner and Faber, 1988；Patience, 2003）。通常而言，对于常用的 $C_{1\sim4}$ 系列碳同位素，重烃气碳同位素（$\delta^{13}C_2$、$\delta^{13}C_3$、$\delta^{13}C_4$）具有

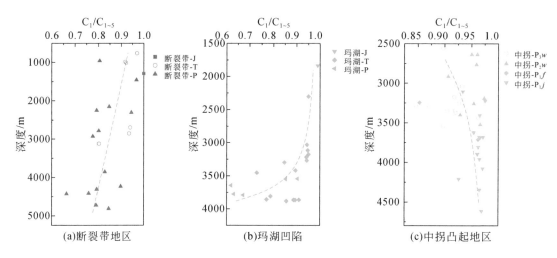

图 4-2　准噶尔盆地西北缘天然气组分随深度变化特征图

较强的原始母质继承性，往往是识别天然气母质类型的有效指标（James，1983；Jenden et al.，1993）。相较而言，甲烷碳同位素受成熟度影响较大，可有效应用于区分相同类型不同成熟度阶段的天然气（Clayton，1991；戴金星等，2005）。如前文所述，结合 $\delta^{13}C_1$ 和天然气组分比值 $C_1/(C_2+C_3)$ 是区分不同成因天然气非常有效的研究手段（Bernard et al.，1978；Galimov，2006；Furmann et al.，2013）。

研究区天然气 $\delta^{13}C_1$ 值为 $-54.38‰ \sim -25.85‰$，$\delta^{13}C_2$ 值为 $-40.85‰ \sim 115.72‰$，$\delta^{13}C_3$ 值为 $-37.70‰ \sim -20.12‰$，$\delta^{13}C_4$ 值为 $-36.82‰ \sim -20.02‰$。研究区烃类气体碳同位素系列基本遵循正碳序列分布，即 $\delta^{13}C_1 < \delta^{13}C_2 < \delta^{13}C_3 < \delta^{13}C_4$，仅少部分存在倒转现象，这种局部倒转以丙烷和丁烷为主，这表明研究区烷烃气均为有机成因（Dai，1992）。

对于有机成因天然气，依据 $\delta^{13}C_1$-$C_1/(C_2+C_3)$ 图版可判识其成因。如图 4-3 所示，研究区天然气主要为有机质在进入成熟演化阶段后所生成的热成因气，仅两个样品表现出了较为独有的特征，表明它们为次生降解成因（原油降解气）（Milkov and Etiope，2018）。

为进一步确定有机热成因天然气类型及其成熟度特征，利用 $\delta^{13}C_1$-$\delta^{13}C_2$ 相关图版进行分析。如前文所述，相比于甲烷，乙烷和丙烷碳同位素受成熟度影响较小，更能有效区分天然气母质类型。根据前人研究总结，对于腐殖型有机质所生天然气（煤型气），其 $\delta^{13}C_2$ 值一般大于 $-27.5‰$；而对于腐泥型有机质所生天然气（油型气），其 $\delta^{13}C_2$ 值一般小于 $-29‰$（戴金星等，2005，2014）。如图 4-4 所示，研究区天然气主要类型为油型气，煤型气则主要分布在中拐凸起地区。

由于 $^{12}C—^{12}C$ 键能较 $^{13}C—^{12}C$ 键能小，在沉积有机质热演化过程中，随成熟度升高所生成的烃类 $\delta^{13}C$ 值也逐渐升高，因此对于具有相似有机质母质的天然气而言，其碳同位素分馏特征可以用以反演成熟度。根据应用最广泛的中国天然气 $\delta^{13}C_1$-R_o 关系回归方程（煤型气：$\delta^{13}C_1 \approx 14.12\lg(R_o) -34.39$；油型气：$\delta^{13}C_1 \approx 15.80\lg(R_o) -42.20$）（Dai，

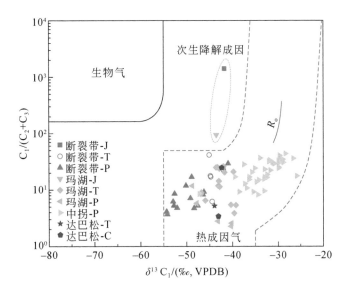

图 4-3　准噶尔盆地西北缘天然气甲烷稳定碳同位素–组分 $C_1/$（C_2+C_3）相关关系判识天然气成因图版（据 Milkov and Etiope，2018）

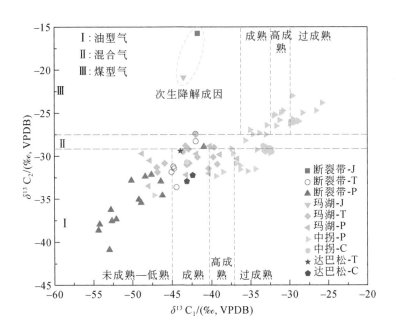

图 4-4　准噶尔盆地西北缘天然气成因 $\delta^{13}C_1$–$\delta^{13}C_2$ 相关关系图

1992），结合 $\delta^{13}C_2$ 特征，可以建立两种类型天然气的成熟度分区（图4-4）。结果显示，研究区油型天然气成熟度跨度较大，从低成熟至过成熟都有分布，并且大部分样品成熟度较低，为低熟—成熟油伴生气；相比而言，煤型气则以高熟—过成熟天然气为主。

三、轻烃

天然气烷烃气中除气态烃以外还含有少量轻烃（$C_{5\sim7}$），轻烃蕴涵着极其重要和丰富的地球化学信息，利用轻烃地球化学指标可以确定天然气成熟度，识别可能存在的生物降解或蒸发分馏作用，示踪天然气成因来源等信息（Thompson，1979，1983）。

在轻烃组分中，C_7系列化合物的相对含量是研究天然气母质来源的重要指标，主要包括三类同分异构体：正庚烷（n-C_7）、甲基环己烷（MCH）及各种结构的二甲基环戊烷（ΣDMCP）。其中，n-C_7的母源较为复杂，被认为主要来源于藻类和细菌，也可来源于高等植物的链状类脂体；MCH 主要来源于腐殖型有机母质，如高等植物木质素、纤维素和醇类等，其热力学性质相对稳定，是指示陆源母质的良好参数，较高的 MCH 含量是煤成气轻烃的一个特点；各种结构的 DMCP 主要来自水生生物甾族类化合物和萜类化合物中的环状类脂体，但易受成熟度等因素的影响（戴金星，1993；Hu et al.，2010；Chen et al.，2014）。对于天然气成因的判识，目前 n-C_7 和 MCH 相对含量的对比在全球各大盆地天然气中取得了良好应用，通常认为 n-C_7 相对含量大于 30% 而 MCH 相对含量小于 70% 为油型气特征，而 n-C_7 相对含量小于 35% 而 MCH 相对含量大于 50% 为煤型气特征。

研究区天然气 C_7 轻烃中 n-C_7 相对含量在 12.35%~71.18%，MCH 相对含量在21.74%~82.52%，DMCP 相对含量在 5.13%~40.72%。对于研究区大多数样品而言，它们都具有较低的 MCH 含量（<50%），同时 n-C_7 相对含量也基本大于30%，表明这些天然气母质来源以藻类与细菌为主，属于油型气；相比而言，少量中拐凸起的天然气则表现出典型的煤型气特征（图4-5）。天然气 C_7 轻烃所反映的特征与前文"稳定碳同位素"部分所得结论非常一致。

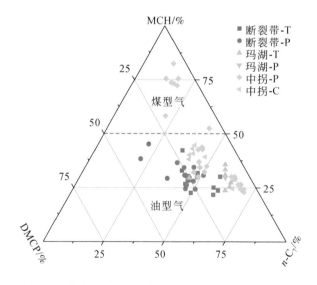

图 4-5　准噶尔盆地西北缘天然气 C_7 系列化合物三元图

　　$C_{6\sim7}$轻烃组分比值庚烷值可有效指示烃类成熟度和生物降解作用，其中庚烷值12～18，18～30、>30分别指示低成熟油气、成熟油气、高成熟油气，而生物降解则会导致庚烷值降低至零（Thompson，1983）。在判识油气成熟度的轻烃分析中，庚烷值通常会与另一个参数异庚烷值联用，但由于它们也受母质类型影响，因此在多源背景下它们会体现出相对复杂的相关性特征。在研究中发现，相比于异庚烷值，庚烷值与另一个受成熟度影响的指标F参数（正庚烷/甲基环己烷）之间表现出了良好的非线性相关性，并且在庚烷值-F参数交绘图中可以明显识别出两条相关关系曲线，可以认为它们反映了两种母质类型有机质所生天然气随成熟度的变化特征（图4-6）。

　　如图4-6所示，研究区天然气轻烃大部分庚烷值都大于20，仅中拐凸起和少量断裂带地区样品庚烷值较低，这些样品与其他样品之间存在明显的区分，指示它们遭受了生物降解影响。相比而言，未受生物降解的天然气庚烷值与F参数均随成熟度增大而增大，并呈现出两条区分良好的相关曲线，其中庚烷值增量相对较缓曲线上的样品主要来自断裂带和玛湖凹陷地区，也有部分来自中拐凸起地区，这些天然气碳同位素（图4-4）及C_7轻烃组分（图4-5）一致显示它们为油型气，这表明该曲线代表了脂族烃类的成熟演化特征；相较而言，庚烷值增量较大曲线上的样品全部为来自中拐凸起的煤型气，该曲线则代表了芳香族烃类的成熟演化特征（图4-6）。

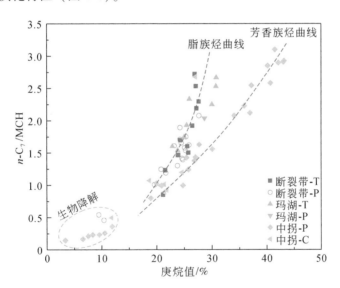

图4-6　准噶尔盆地西北缘天然气反映成熟度及次生作用的轻烃指标
庚烷值=正庚烷/（环己烷+2-甲基环己烷+1，1-DMCP+3-甲基环己烷+2，3-二甲基戊烷+1 顺3-DMCP+1
反3-DMCP+3-乙基戊烷+1 顺2-DMCP+1 反2-DMCP+正庚烷+甲基环己烷）×100

　　利用庚烷值可以对研究区未受生物降解影响的天然气成熟度进行评价。如图4-6所示，油型气曲线上天然气庚烷值主要分布在20～30，表现为成熟天然气特征；煤型气曲线上天然气庚烷值在20～45，表现为成熟—高过成熟天然气特征。对比前文讨论发现，研究区油型气的轻烃指标与碳同位素所指示的成熟度特点具有一定差异。许多学者认为，天然气碳同位素与轻烃这两类分析方法估算出的热演化程度分别反映了轻质组分和重质组分的热演化程度，如若两者反映出的成熟度不一致则表明可能是多期成藏或混合成藏所造成的（Cao et al.，2012）。

在轻烃成因的研究中，Mango（1990）发现在 C_7 轻烃生成的反应中，一些化合物的同分异构体组分之间始终保持着一致性非常强的比值关系，并据此提出了轻烃生成的金属催化稳态动力学模型。这一模型首先指出经由烯烃前驱物形成环丙基中间体的反应过程中，不同键断裂所形成的（2-甲基己烷+2，3-二甲基戊烷）/（3-甲基己烷+2，4-二甲基戊烷）值（K_1）不随温压条件或基质浓度变化而变化。换言之，同源烃类的 K_1 比值往往会呈现出恒定性特点。此后 Mango 将五元和六元闭环包括在内进一步发展了该反应流程，并基于此提出了多个 C_7 轻烃的恒定比值，如三元环闭合产物（P_3）与甲基己烷母体（P_2）及五元环闭合产物（N_5）之和的比值（K_2）等。

利用 Mango 轻烃稳态动力学参数可对天然气成因进行更深入地探究。如前文所述，依据稳定碳同位素和 C_7 轻烃的一些指标可有效将研究区油型气和煤型气进行区分，然而对准噶尔盆地西北缘以风城组碱湖烃源岩为代表的复杂含油气系统而言，更明确的气源对比对天然气生成规律的探究是至关重要的。如图 4-7（a）所示，研究区天然气轻烃中 2-甲基己烷+2，3-二甲基戊烷与 3-甲基己烷+2，4-二甲基戊烷相对丰度整体呈现出一个线性增长关系，但该相关关系收敛程度不高，导致 K_1 值差异较大（0.27～2），其中大部分样品 K_1 值在 0.45～1.40，并且这些样品可至少划分出三个气组端元，还有少部分样品在三个气组范围之外。这表明研究区天然气成因非常复杂，其中已确定的油型气或煤型气也并非为单一来源，它们可能源于不同的烃源岩或烃源岩中不同的有机相。与此类似，依据研究区天然气轻烃 K_2 值分布可将大部分样品至少划分出四个气组，也表现出复杂的气源特征［图 4-7（b）］。

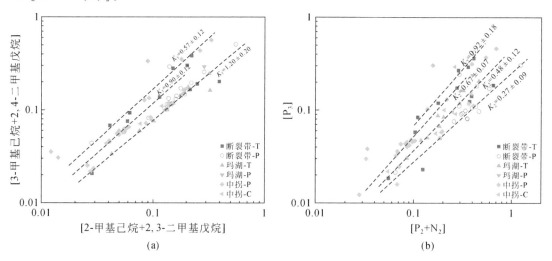

图 4-7　准噶尔盆地西北缘天然气轻烃 Mango 参数比值

（a）2-甲基己烷+2，3-二甲基戊烷-3-甲基己烷+2，4-二甲基戊烷相对丰度关系图，相对丰度代表上述异庚烷同系物在天然气全气组分中所占百分含量；（b）P_2+N_2-P_3 相对丰度关系图，P_2=2-MH+3-MH；N_2=1，1-DMCP+1，3（顺+反）DMCP+1，2（顺+反）DMCP；P_3=3-EP+3，3-DMP+2，2-DMP+2，3-DMP+2，4-DMP+2，2，3-TMB

第二节　天然气成因与来源

根据上文对天然气地球化学特征的综合分析，准噶尔盆地西北缘天然气以有机热成因气为主，并根据生气母质类型可划分为油型气和煤型气两类，其中油型气是研究区最主要也是分布最广泛的天然气类型。基于前章烃源岩地球化学分析，认为这类油型气主要来源于风城组（P_1f）；相比而言，煤型气理论上具有多种成因，下乌尔禾组（P_2w）、佳木河组（P_1j）以及石炭系烃源岩都具有生成煤型气的潜力。

除此之外，研究区天然气中还存在少量的原油降解气，与热成因气不同，这类天然气属于次生型生物气，是原油在较浅的埋深条件下由厌氧微生物的降解作用所形成的天然气。它们的发现预示着除原生天然气外，次生作用在研究区天然气形成过程中也扮演着重要作用。

值得注意的是，研究区部分天然气组分中还含有较少见的高丰度氮气，氮气作为天然气非烃组分中的重要组成部分，其过高的含量实则会对天然气资源质量和勘探产生不利影响。因此，关于氮气来源与分布的研究对于查明烃类气体成因及其聚集规律也有着非常重要的作用。

据此，针对准噶尔盆地西北缘天然气系统中的热成因气、原油降解气、高含氮天然气，展开了其成因来源的研究分析。

一、热成因气

（一）风城组碱湖油型气

这类天然气构成了准噶尔盆地西北缘天然气系统中最主要的组成部分，它们在研究区广泛成藏，分布地区涵盖了玛湖凹陷及其周缘的乌夏断裂带、克百断裂带、中拐凸起及达巴松凸起。这类天然气均为油型气，其典型特征包括较轻的 $\delta^{13}C_2$ 值（-40.9‰~-29‰）与 $\delta^{13}C_3$ 值（-37.7‰~-27‰），以及较低的甲基环己烷相对含量（<50%）。如前文所述，准噶尔盆地西北缘下二叠统风城组是一套具有复杂有机相特征的碱湖烃源岩，其所生原油也因此具有十分复杂的地球化学特征。然而，相比于原油，天然气化学组成相对简单，这种碱湖烃源岩所生油型气是否也具有类似可识别的地球化学成因多样性？据此，通过天然气稳定碳同位素系列特征与轻烃组分的特定指纹参数特征对这类碱湖烃源岩所生油型气的成因进行了更深入的讨论。

天然气的系列碳同位素组成具有重要的地质地球化学指示意义，原生的有机成因烷烃气碳同位素值通常会随碳分子数增加顺序递增，并且相同来源的天然气碳同位素系列 $\delta^{13}C_n$ 值与 $1/n$（n 为碳数）往往会呈现出一条直线特征（Boreham and Edwards，2008），但混源和次生作用会破坏此规律，使天然气碳同位素系列发生偏转而呈现出一条折线特征，甚至倒转，即不严格遵循随碳数增大而同位素值逐渐升高（Fuex，1977；Xia et al.，2012）。

研究区风城组来源油型气碳同位素系列很少严格遵循直线排列，表明风城组复杂有机相所生天然气普遍经历了混合作用（图4-8）。然而，在天然气样品中仍然存在一些碳同位素系列分布近似为直线的样品，它们被划分出来并认为可以分别代表几种天然气成因的端元类型。如图4-8（a）和图4-8（c）所示，A、B、C三类天然气代表了风城组油型气中的三种成因端元，并且它们的分布具有比较明显可区分的地域性特点。其中A类天然气仅分布于乌夏断裂带地区，其碳同位素系列斜率在三类端元气组中最大；B类天然气仅分布于玛湖凹陷西斜坡（玛西斜坡），其碳同位素系列斜率次之；C类天然气仅分布于中拐凸起，其碳同位素系列斜率在三类端元气组中最小。根据前文风城组碱湖烃源岩地球化学多样性和分布规律，对比上述三类天然气端元类型的分布特点认为，A类代表了风城组沉积中心白云质泥岩所生天然气特征，B类代表了风城组沉积中心最核心地带泥质白云岩所生天然气特征，C类则代表了风城组湖侵期形成于沉积中心较远地区的泥质烃源岩所生天然气特征。

除上述三类天然气端元外，风城组油型气中还有一类天然气具有比较一致的特征（D类），它们的碳同位素系列分布更明显地表现为一种折线特征，并且其C_1与C_2的斜率介于A类与B类之间，因此认为它们是A类与B类的混合气［图4-8（d）］。这类天然气主要分布于风城组沉积中心的稍外围地区，代表了一种风城组烃源岩中白云质含量变化的过渡地区相关有机相差异造成的普遍混合现象。在风城组油型气中，还存在着大量天然气碳同位素系列偏转或倒转现象严重、斜率也不尽相同的样品，根据其特征大致划分为两类。其中将不存在明显碳同位素倒转样品划分为M类，这类天然气碳同位素系列分布偏折较为严重，并且C_1与C_2的斜率差异较大，斜率总体介于A、B、C三类端元气之间，据此认为它们是由风城组三类端元气不同程度地混合而形成［图4-8（e）］。M类天然气的分布范围在研究区最为广泛，表明风城组这种程度较高的天然气混合现象在研究区是普遍存在的。R类被划分为风城组油型气中存在碳同位素系列明显倒转的天然气，这类天然气主要分布于乌夏断裂带和中拐凸起地区，在玛北斜坡也有少量发现［图4-8（f）］。造成天然气碳同位素这种倒转特征的原因认为除了不同成因混合外，次生作用叠加的影响也是重要的形成机制，关于此内容的详细讨论请见后文。

如前文轻烃分析，利用Mango轻烃稳态动力学参数揭示了研究区天然气具有复杂的成因，但仅通过K_1与K_2值仍然难以将这些成因进行有效区分（图4-7）。为了与碳同位素系

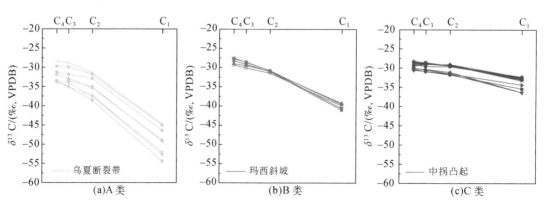

(a)A类　　　　　　　　(b)B类　　　　　　　　(c)C类

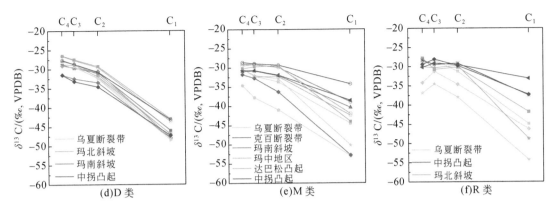

图4-8 准噶尔盆地西北缘油型气碳同位素系列类型划分

列划分的天然气成因类型进行对比校验，利用 Halpern（1995）所提出的 5 个轻烃参数对风城组油型气展开分析。这 5 个对比参数是单个 C_7 烷基化的戊烷与这些化合物总和的比值。前人研究表明这些 C_7 烃类在水中的溶解度基本相同，并且对微生物的蚀变具有相同的敏感度，因此，这些化合物在分布上的微小差异则可以用来反映它们在母质上的不同。

Halpern 参数星状图展示了研究区检出天然气轻烃的三个地区（乌夏断裂带、玛湖凹陷、中拐凸起）的风城组油型气差异（图4-9）。其中乌夏断裂带［图4-9（a）］与中拐凸起地区［图4-9（c）］天然气具有非常复杂的轻烃特征，而玛湖凹陷则表现出相对单一的特点，尤其是玛西斜坡的轻烃特征基本一致［图4-9（b）］。玛西斜坡天然气轻烃这一特点与其碳同位素系列特征可以较好匹配，表明这种轻烃分布模式代表了风城组碱湖沉积中心核心地带泥质白云岩的生烃特征。同样，这种轻烃分布（B 类）在乌夏断裂带也有发现，但乌夏断裂带除了此类分布外，还表现出另一种主要的轻烃分布模式，结合其碳同位素系列特征表现为白云质泥岩的生烃特征（A 类）［图4-9（a）］。除了上述两种端元轻烃分布外，乌夏断裂带与玛湖凹陷其他地区（玛北斜坡与玛南斜坡）还存在特征介于两种端元之间的轻烃分布［图4-9（a）、（b）］，这一特点也与碳同位素系列非常一致［图4-8（d）］，表明这些样品为两种端元组分的混合产物。

中拐凸起地区天然气轻烃 Halpern 参数分布最为复杂，可划分出两个端元组分，其中一类为上述提到的 A 类，另一类与 A、B 类特征均不相同，对比其碳同位素系列表明为风城组泥质烃源岩所生烃类特征［C 类；图4-9（c）］。在中拐凸起天然气中还存在很多介于 A 类和 C 类之间的样品，这一特点也在稳定碳同位素系列中得到验证，它们为端元组分的混合产物［图4-9（c）］。

需要注意的是，尽管风城组油型气的稳定碳同位素系列与轻烃特征一致反映了风城组复杂有机相所形成的几种成因天然气以及它们之间的混合作用，但是在乌夏断裂带地区天然气的轻质组分（$C_{1～4}$）与重质组分（$C_{5～7}$）的成因类型却表现出差异性。具体而言，碳同位素系列显示了风城组较纯的 B 类天然气端元组分仅分布于玛西斜坡地区［图4-8（b）］，而在 Halpern 参数星状图显示 B 类轻烃在乌夏断裂带也有大量分布，这一特点更接近于风城组原油的生成分布特征（图4-4）。这表明风城组泥质白云岩所生

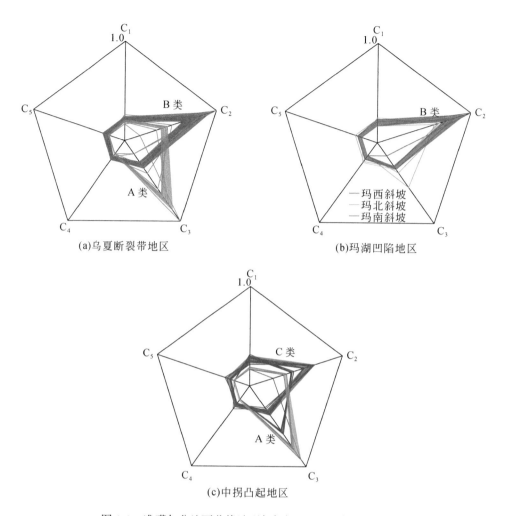

图4-9　准噶尔盆地西北缘油型气轻烃 Halpern 参数星状图

$C_1 = 2,2\text{-DMP}/(3\text{-EP}+3,3\text{-DMP}+2,2\text{-DMP}+2,3\text{-DMP}+2,4\text{-DMP})$；$C_2 = 2,3\text{-DMP}/(3\text{-EP}+3,3\text{-DMP}+2,2\text{-DMP}+2,3\text{-DMP}+2,4\text{-DMP})$；$C_3 = 2,4\text{-DMP}/(3\text{-EP}+3,3\text{-DMP}+2,2\text{-DMP}+2,3\text{-DMP}+2,4\text{-DMP})$；$C_4 = 3,3\text{-DMP}/(3\text{-EP}+3,3\text{-DMP}+2,2\text{-DMP}+2,3\text{-DMP}+2,4\text{-DMP})$；$C_5 = 3\text{-EP}/(3\text{-EP}+3,3\text{-DMP}+2,2\text{-DMP}+2,3\text{-DMP}+2,4\text{-DMP})$

烃类中液态烃组分在风城组沉积中心（玛西斜坡、玛北斜坡、乌夏断裂带风城地区）分布较为广泛且普遍存在，而其气态组分则相对形成较少且占比较低，仅是玛西斜坡天然气的主要类型。造成这一现象的主要原因为风城组碱湖烃源岩特殊的生烃特征与地区间热演化差异综合影响，关于此内容的详细分析参见第六章第四节。

　　综上所述，利用天然气碳同位素系列与轻烃 Halpern 参数对风城组碱湖烃源岩油型气成因进行深化判识。结果表明风城组所生天然气与原油一样在碱湖烃源岩复杂有机相影响下表现出地球化学特征差异，并且也可划分出三种成因类型，分别为风城组泥质白云岩、白云质泥岩、泥质岩成因。风城组三种成因油型气的成藏分布特征受烃源岩相带分布规律控制。

（二）石炭系/二叠系煤型气

准噶尔盆地西北缘煤型气目前主要发现于中拐凸起地区，并且层位上主要聚集于下乌尔禾组与佳木河组中。这类天然气典型地球化学特征是 $\delta^{13}C_2$ 值为 $-27.5‰ \sim -23‰$、$\delta^{13}C_3$ 值为 $-28.3‰ \sim -20.1‰$、MCH 相对含量在 $50\% \sim 83\%$。根据前文烃源岩分析，研究区具有多套可生成煤型气的潜在岩石单元，分别是下乌尔禾组、佳木河组及石炭系，其中佳木河组与石炭系烃源岩地球化学特征相似，通常在烃源对比研究中被视为一套岩石单元。

为进一步确定研究区煤型气成因，利用碳同位素系列特征对煤型气样品进行对比。结果表明，准噶尔盆地西北缘中拐凸起地区煤型气碳同位素系列大部分存在倒转现象，并以丙烷碳同位素变重为主（$\delta^{13}C_1 < \delta^{13}C_2 < \delta^{13}C_3 > \delta^{13}C_4$）（图4-10）。根据烷烃气 C_{1-2} 中心线斜率差异可将这些煤型气划分为两类，其中 H_1 类斜率较小 [图4-10（a）] 而 H_2 类斜率较大 [图4-10（b）]。两种类煤型气在层位上的分布特征具有一定的差异，其中 H_1 类煤型气全部分布于佳木河组 [图4-10（a）]，相比而言，H_2 类煤型气主要分布于下乌尔禾组，但在上乌尔禾组与佳木河组中也有分布 [图4-10（b）]。

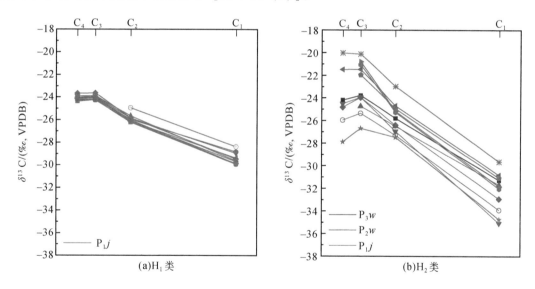

图4-10　准噶尔盆地西北缘煤型气碳同位素系列类型划分

研究区目前也有少量天然气凝析油的发现，并且这些凝析油均与煤型气共同产出。利用凝析油生物标志化合物特征，可以对相关天然气成因进行更精确地判定。如图4-11（a）所示，H_1 类煤型气凝析油正构烷烃轻碳优势明显，Pr/Ph 为 1.23，并且有少量 β-胡萝卜烷检出；三环萜烷以 C_{21} 为主峰，（$C_{19}+C_{20}$）/C_{23} 与 C_{21}/C_{23} 值均为 1.12；五环三萜烷中有伽马蜡烷检出，伽马蜡烷指数为 0.43；规则甾烷为 C_{29} 优势，C_{29} 甾烷相对丰度为 49.6%。以上特征显示该凝析油样来源于 C/P_1j 烃源岩，考虑这类煤型气的分布特征，表明它们为 P_1j 成因，且在生烃层段自储聚集成藏。相比而言，H_2 类煤型气凝析油生物标志化合物则表现出截然不同的特征。如图 4-11 (b) 所示，H_2 类煤型气凝析油 Pr/Ph 值较高 (1.57)，且无 β-胡萝卜烷检出；三环萜烷以 C_{20} 为主峰，C_{20}、C_{21}、C_{23} 呈下降型分布，($C_{19}+C_{20}$) / C_{23} 值为 1.98，C_{21}/C_{23} 值为 1.41；五环三萜烷中无伽马蜡烷检出。综合以上特征表明 H_2 类煤型气凝析油来源于下乌尔禾组烃源岩。这类煤型气主要分布于下乌尔禾组中，但也有少量向上运移调整至上乌尔禾组。H_2 类煤型气中，还有部分样品分布于佳木河组，这些天然气产出自中拐凸起佳木河组隆升尖灭地区，该区佳木河组与下乌尔禾组横向接触，使得 H_2 类煤型气运移至较老层位成为可能。

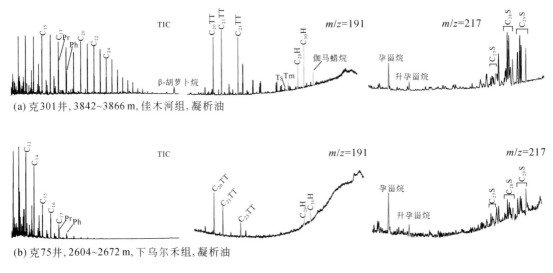

(a) 克301井，3842~3866 m，佳木河组，凝析油

(b) 克75井，2604~2672 m，下乌尔禾组，凝析油

图 4-11　准噶尔盆地西北缘煤型气凝析油典型色质谱图 (TIC，$m/z=191$，$m/z=217$)

（a）H_1 类煤型气凝析油；（b）H_2 类煤型气凝析油

综上所述，准噶尔盆地煤型气具有两种成因来源，分别为碳系/佳木河组成因与下乌尔禾组成因，H_1 类与 H_2 类分别代表了它们的碳同位素系列特征（图 4-10）。通过研究两种成因煤型气的分布特点，表明这些煤型气以源内或近源聚集成藏为特征。

二、原油降解气

在前文天然气碳同位素和组分特征的分析中发现，研究区两个样品表现出了次生型生物气的特征（图 4-3）。这两个样品分别来自百泉 5 井与玛湖 18 井，在构造位置上属于玛湖凹陷的南西斜坡边缘，纵向上都来自埋深较浅的侏罗系。这类天然气具有非常高的干燥系数 (0.99~1)，即烷烃气组分基本全部由甲烷构成，仅含有少量的乙烷 (<1%)。对于热成因气，通常在沉积有机质达到成熟演化阶段晚期时才有干燥系数如此高的天然气形成，并且此类甲烷以很高的 $\delta^{13}C$ 值为特征 (Behar et al., 1992；戴金星，1993；Prinzhofer and Huc，1995)。有别于热成因气，原油降解气的形成过程与原生生物气类似，都是烃类在微生物作用下的产物，这种机制所形成的天然气组分主要为甲烷（戴金星等，2008）。由于微生物对原油的作用过程会优先利用 ^{12}C，所导致的同位素分馏使生成甲烷的碳同位

素偏负，这种成因的甲烷 $\delta^{13}C$ 值一般在 -70‰ ~ -40‰ 之间 (Milkov and Dzou, 2007)。

原油降解气的形成通常与被生物降解的油层有关，并且这种过程往往发生在一个独特的厌氧环境中。在对原油生物降解的认识上，喜氧生物降解对油藏起到的单一破坏作用长期以来占据着相关研究的主导地位，而近来研究表明即使在浅层含有淡水的储集层中仍存在大量的专性厌氧微生物 (Magot et al., 2000)。这表明原油的厌氧细菌降解作用是很普遍的，而这种作用机制不仅起到了对原油的破坏作用，同时还具有建设性的一面，即可再生成某种新的资源类型。

原油降解甲烷的生成是在细菌和热力学的共同作用下，随着埋藏过程通过多个环节完成的。其形成可能首先经历了喜氧细菌的降解作用，在此过程中高分子烃类被分解为低分子化合物，并产生了大量 CO_2，且逐步消耗 O_2，经中间兼性细菌作用，最后 O_2 消耗殆尽逐渐过渡为厌氧环境。随后，厌氧细菌以低分子量化合物作为营养源而大量繁殖并产生 CO_2 等产物，在产甲烷菌的作用下，CO_2 与由深部矿物水解或深部有机质成熟裂解提供的 H_2 一起被还原生成 CH_4。因此，原油降解气是微生物参与的水-烃反应产物（朱光有等，2007）。

由于原油降解气是微生物作用的产物，因此它们的生成受微生物在地层中的分布范围制约。全球范围内，原油降解气气藏的埋藏深度一般小于 2000m，多数分布在 600 ~ 1500m (Milkov and Etiope, 2018)。多数学者认为，储层温度是原油降解程度的首要控制因素，能够维持细菌生存最理想的温度应低于 80℃，在典型地温梯度下这一温度对应的深度应小于 2000m (Peters et al., 2005)。尽管一些研究认为在温度大于 150℃ 时仍有微生物存在，但在地质时期，石油生物降解作用通常都发生在温度低于 80℃ 的储层中。在油气储层的深埋过程中，逐渐升高的地层温度会对储层起到"灭菌"作用，使得降解烃类的微生物停止活动。即使这些储层后期被抬升到较浅的部位，也不会再发生生物降解作用，这表明灭菌后的沉积物不再适合降解烃类的细菌生长，一方面说明了深部不可能存在原油降解气，另一方面也表明那些经历过较大埋深的油藏后期抬升埋藏变浅后，如果没有油气的继续充注，它们也不会被生物降解（朱光有等，2007）。

准噶尔盆地西北缘原油降解气发现地区（玛湖凹陷南西斜坡）原油的生物降解分布特征与原油降解气的发现具有非常强的相关性。如图 4-12 所示，该区遭受生物降解的原油基本都来自埋藏小于 1500m 的地层，层位上多分布于中三叠统至侏罗系，而埋深超过 2000m 的地层中原油普遍未遭受生物降解作用。对于原油的生物降解，依原油中不同组分化合物对降解的相对敏感性，在生物降解过程中随降解程度的轻重化合物按特定顺序被依次消除。

原油组分中，$C_{8~12}$ 正构烷烃在生物降解的最早期阶段被优先消除，这个过程可能主要受喜氧降解（烷烃单加氧酶）作用影响。百 112 井克拉玛依组原油样品展现了这种生物降解的早期特征，其 $C_{8~12}$ 正构烷烃基本消失，此外高碳数正构烷烃整体含量也有所下降，导致其 $Pr/n\text{-}C_{17}$ 值与下方正常原油相比偏大（图 4-12）。百 711 井八道湾组原油样品则展现了可能以厌氧细菌为主导的强烈生物降解特征，其组分中正构烷烃基本消耗殆尽，残余的是一些仍可分辨的异戊二烯烃（如 Pr 与 Ph）和不溶的复杂化合物混合物 (unresolved complex mixture, UCM)，这种特征与厌氧细菌（如硫酸盐还原菌）的烃类降解结果非常一致（图4-12）。除明显的正构烷烃降解以外，该区浅层生物降解原油中普遍发现的25-降藿烷也是典型的生物降解特征（图4-12）（Peters et al.，1996；Bennett et al.，2006）。藿烷对生物降解敏感程度一般低于正构烷烃，这也表明玛湖凹陷南西斜坡这些浅层原油普遍遭受了中等—强烈的生物降解作用。从原油物性来看，微生物在降解原油的过程中消耗了原油中的低碳数烃类，使原油密度、黏度增大。与未受生物降解的正常原油相比，浅层降解原油均为稠油，并随着降解程度增高油质也更重，20℃黏度甚至可高达11800mPa·s（图4-12）。

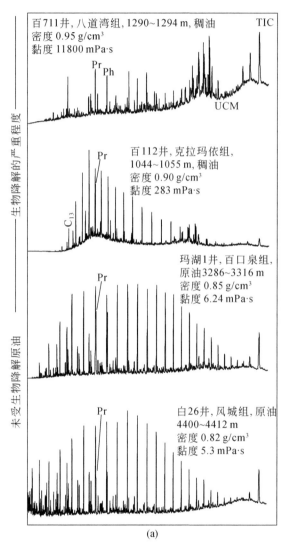
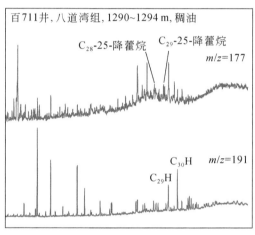
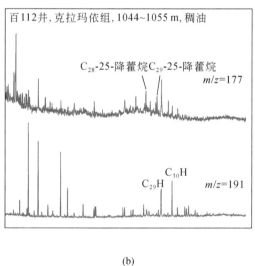

图4-12　准噶尔盆地西北缘玛湖凹陷南西斜坡原油生物降解特征色质谱图

（a）为原油组分化合物的总离子流谱图，自下而上显示了未受生物降解原油的特征以及随降解程度逐渐增强正构烷烃被降解的特征；（b）为两个受生物降解原油的生物标志物谱图（m/z=177和m/z=191），显示了特定的生物降解生物标志化合物特征

如上所述，玛湖凹陷南西斜坡浅层受到厌氧细菌强烈降解的原油与原油降解气均来自八道湾组，这直接表明了两者之间的关系。研究表明，细菌在降解原油的过程中，使油质变重的同时降低了原油的气油比，导致部分油溶解气溢出并混入原油降解气中，因此原油降解气组分中一般还混有少量的乙烷等，但其相对含量通常小于1%。需要注意的是，研究区两个原油降解气样品中极少量的乙烷具有罕见的高 $\delta^{13}C$ 值（$-20.86‰$ ~ $-15.72‰$）（图4-4），推测原因可能是生物降解过程中优先利用了烃类中的 ^{12}C，使得残余烃中更富集 ^{13}C，在随后的热作用下，这部分残余烃也生成了少量的烷烃气并与原油降解气混合，这种 ^{13}C 相对富集的烷烃气中甲烷与低 $\delta^{13}C$ 原油降解甲烷的混合一定程度上提高了甲烷的 $\delta^{13}C$ 值，但由于两者含量的差异这种混合作用对甲烷 $\delta^{13}C$ 的影响容易使人忽视，乙烷却显示出了明显偏重的 $\delta^{13}C$ 值。

三、高含氮天然气

N_2 是天然气中非烃类气体的重要组成部分，天然气中的 N_2 含量变化范围很大，通常将 N_2 含量高于15%的天然气称为高含氮天然气。如前文所述，准噶尔盆地西北缘部分天然气具有较高的 N_2 含量（17.1%~59.8%），主要分布在中拐凸起与达巴松凸起地区（图4-1）。其中中拐凸起地区高氮天然气发现于气层，均为干气，而达巴松凸起地区高氮天然气以油伴生气形式存在。

天然气中 N_2 的成因和来源非常复杂，总体可以分为大气来源、有机质生物降解或热分解成因、含氮矿物的高温热解成因、地壳深部和上地幔来源等。不同成因的 N_2 具有各自的地球化学特征，依据含氮天然气组分以及 $\delta^{15}N$ 特征可以有助于判断其成因来源。大气来源的 N_2 一般存在于沉积盆地浅层，并伴有 Ar 的存在，由于二者溶解度的差异，这种成因 N_2 的 N_2/Ar 值一般小于84；火山成因的 N_2 较为少见，这类天然气还以高含量的 He 和 CO_2 为特征；沉积岩中的含氮（NH_4^+）化合物也可经由热作用而分解形成 N_2，但这种作用只有温度达到很高（$>1000℃$）时才会发生。

准噶尔盆地西北缘高含氮天然气组分并未见如上异常，判断它们主要为有机成因，这与天然气组分中的烷烃气成因特点一致。研究区高含氮天然气成因在两个地区显示出不同的特征，其中中拐凸起地区高含氮天然气均为过成熟气，并来源于腐殖型有机质；而达巴松凸起地区高含氮天然气为成熟气，来源于腐泥型有机质（图4-13）。实际上，中拐凸起地区高含氮天然气全部为上文所提到的 H_1 类煤型气，即为佳木河组成因，这类天然气在研究区煤型气中热演化程度最高 [图4-10（a）]。相比而言，达巴松凸起地区高含氮天然气为风城组成因，但仅有一个样品表现出了高氮含量特征，可能是一种局部作用机制导致的。

沉积有机质在热演化过程中，当所受热力达到了一些含氮化合物（或官能团）的氨基（—NH_2）断裂所需活化能门限时，便开始发生氨化作用而产生 NH_3，随后由 NH_3 进一步分解形成 N_2（Kreulen and Schuiling，1982）。在不同类型的沉积有机质中，含氮化合物的含量差异会导致其所生成的 N_2 总量不同，同时，氮在有机质中的赋存形式也会影响 N_2 形成所需要达到的热演化程度。总体而言，研究区中拐凸起地区具有高氮含量的佳木河组来

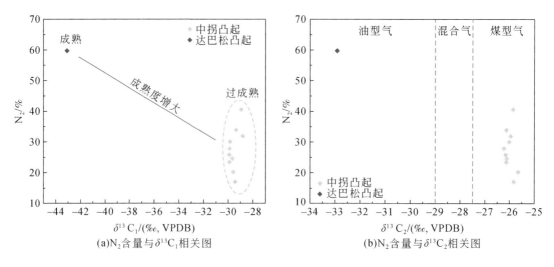

图4-13　准噶尔盆地西北缘高含氮天然气氮气组分与烷烃气碳同位素特征

源的过成熟煤型气，表明这类烃源岩中富含氮化合物，且只有在成熟演化达到较高的程度时才有 N_2 的生成，这种现象在全球许多盆地高过成熟煤系地层中也有发现（Maksimov et al.，1975）。

第三节　天然气分布及生气规律

综合上文分析，准噶尔盆地西北缘发育一个以下二叠统风城组为主的石炭系/二叠系复合天然气系统。由于风城组是一套具有复杂有机相的碱湖烃源岩，所形成的原油与天然气都表现出成因多样化的地球化学特征。此外，在烃类充注成藏史上，浅层普遍存在的微生物作用和玛西斜坡百口泉组中的高价铁锰氧化物对甲烷的氧化作用使得原生烃类遭受了改造和蚀变，更进一步导致了研究区异常复杂的天然气特征。

对于风城组天然气系统，碱湖相烃源岩不同相带生烃特征的差异与风城组在准噶尔盆地西北缘不同地区的埋藏热演化差异共同控制了研究区风城组原生天然气系统的形成、运移和成藏规律。如图4-2所示，研究区不同地区天然气干燥系数与深度表现出的关系实际上反映了两种不同的天然气聚集成藏模式。在断裂带地区（主要是乌夏断裂带风城地区），由于海西期、印支期的构造活动而形成的沟通风城组与三叠系/下侏罗统的断裂体系，为天然气的垂向运移提供了通道。在天然气的运移过程中，由于甲烷分子量小，它具备更强的扩散能力，随着天然气运移距离的增加在上部地层中甲烷更加富集［图4-2（a）］（Prinzhofer and Pernaton，1997）。断裂带地区的早期抬升使得风城组的演化程度较低，目前仅处于低熟—成熟热阶段［图3-7（a）、（b）］，与该区所发现的天然气成熟度一致（图4-4）。此外，由于断裂带地区风城组烃源岩中富含碱性矿物，对生烃过程的抑制作用使得这类 I—II 型有机质在演化程度较低的条件下生成的天然气量非常有限，因此该区目前仅有少量天然气以原油伴生气的形式被发现。

与断裂带相比，玛湖凹陷地层埋深较大，目前风城组的热演化程度普遍达到了高成熟—过成熟阶段［图 3-7（c）］。但由于这一地区的勘探受深度限制主要聚焦于三叠系及以上地层，因此所发现的天然气也经历了较远的垂向运聚，运移通道为海西期与印支期形成的断裂体系。与断裂带地区特征类似，玛湖凹陷发现的天然气也在扩散作用的影响下造成了上部地层更加富集甲烷的现象［图 4-2（b）］。如前文所述，玛湖凹陷地区下三叠统百口泉组储层包裹体均一温度显示，该区中浅层油气主要经历了两期充注成藏事件，其中第一期充注事件发生在三叠纪末—早侏罗世，此时凹陷区风城组处于低熟—成熟阶段，可能只生成了少量油气并沿晚海西期形成的断裂向上运聚。玛湖凹陷风城组油型气中具有较低 $\delta^{13}C_1$ 值的样品记录了这次充注事件（图 4-4）。此后，至早白垩世，凹陷区风城组为成熟—高成熟阶段，这一过程中积累生成的烃类压力再次达到烃源岩地层的破裂极限从而排烃，在晚海西期以及后期印支期断裂体系的沟通下向上运聚。这一期成藏事件充注的天然气成熟度较高，形成了玛湖凹陷风城组油型气中 $\delta^{13}C_1$ 值较高的样品（图 4-4）。

需要注意的是，由于玛西斜坡百口泉组中烃类热氧化（thermal-chemical oxidation of methane，TOM）作用导致了向上充注的烃类中部分甲烷被氧化消耗，因此该区中浅层天然气的发现却依然较少。根据前章对风城组烃源岩生烃规律的研究，我们推测尽管早白垩世的充注事件发生时风城组已普遍达到了较高的热演化程度，在玛湖凹陷深埋区（玛西斜坡）甚至已达到高成熟中后期（$R_o > 1.5\%$）阶段，但所形成的烃类仍旧以原油为主，而天然气仅作为油伴生气存在。实际上，这一时期风城组大量生成的原油向上运聚在下三叠统砂砾岩储层中广泛成藏，形成了著名的百口泉组大油藏。这一现象更进一步表明了风城组碱湖烃源岩中碱性矿物的存在对有机质生烃起到了延滞作用，使它相较于一般海相或湖相烃源岩生油窗更加滞后。

目前玛湖凹陷风城组热演化程度已普遍达到高成熟—过成熟阶段，但该区在中白垩世之后中浅层地层中很少再有风城组来源烃类的充注，推测原因可能是研究区在三叠纪之后构造活动减弱，很少再有大规模新的沟通浅层的断裂体系形成，而早期形成的断裂在油气充注过程中不断在下部聚集重质组分而使其封闭。由此看来，玛湖凹陷风城组热演化后期形成的烃类目前尚保存在深层而未再进行大规模的向上运移。在目前风城组的埋藏热演化程度下，其深层保留的原油可能具备热裂解形成油裂解气的潜力。事实上，中拐凸起所发现的大多数风城组油型气均为过成熟油裂解气（图 4-4），表明研究区深层热演化达到一定程度后这种资源类型可能是普遍的。

中拐凸起地区是准噶尔盆地西北缘具工业产能天然气的主要产区，其天然气成因除了风城组油型气外，还包括下乌尔禾组、佳木河组及石炭系所形成的煤型气。这一地区风城组烃源岩的有机相与以上两个地区具有差异，它们主要为风城组在晚期湖侵时期形成的泥质烃源岩，由于缺乏碱类矿物，其生烃演化特征相对正常，因此在高成熟阶段可能生成的天然气量要更多。由于中拐凸起地区勘探地层主要为生烃层系（C—P），天然气保存条件较好，并且没有经历长距离的垂向运聚，因此其干燥系数与地层埋深密切相关，埋深越大的地层中聚集成藏的天然气成熟度越高，干燥系数也越大［图 4-2（c）］。

根据以上风城组碱湖天然气系统成藏分布特征表明，目前处于凹陷深埋区的风城组云质岩可能已具有油裂解气形成的潜力，而断裂带地区云质岩热演化程度较低，天然气潜力有限，资源类型以原油为主。在无断裂沟通的深埋区，风城组中形成的过成熟油裂解气会倾向于在生烃层段聚集从而形成页岩气系统，而在有断裂沟通的地区风城组形成的天然气向上运聚，最优势的聚集区带位于中二叠统夏子街组砂砾岩中，其上部下乌尔禾组泥岩可作为区域盖层使天然气有效保存（图4-14）。相比而言，玛南斜坡及中拐凸起地区风城组泥质烃源岩较为发育，虽然热演化程度低于深凹陷区，但这一地区风城组烃源岩的生烃特征决定了天然气可较早形成，因此推测深层也具有天然气资源潜力（图4-14）。除此之外，下乌尔禾组、佳木河组及石炭系烃源岩在玛南斜坡及中拐凸起地带还具有形成大量煤型气的潜力（图4-14）。

除了原生天然气外，玛湖凹陷斜坡区目前浅层发现的原油降解气也可能成为研究区潜在的天然气资源类型。由于早期在该区浅层勘探中所发现的原油油质均较差，因此这一领域长期以来受关注程度也较低。然而本章研究阐明了浅层油质较差原油的成因，可能代表着有可观的原油降解气形成并在浅层聚集，是未来可探索的领域之一（图4-14）。

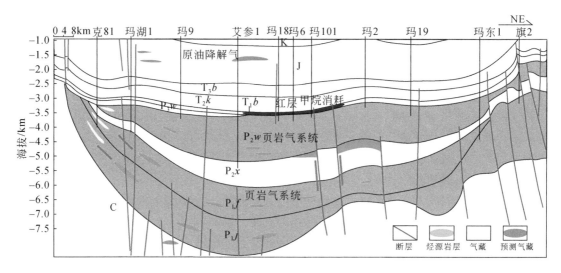

图4-14　准噶尔盆地西北缘天然气成藏模式及资源潜力预测

第五章　源内页岩油富集特征

准噶尔盆地中下二叠统是中国陆相页岩油较发育的层位，特别是最近在玛湖凹陷研究区风城组发现了一套有别于经典海相和陆相端元类型的碱湖型页岩油。广义上讲碱湖型页岩油从沉积环境角度可视为咸化湖盆页岩油，但其独特的碱性湖泊沉积环境和地质背景使其不同于传统咸化湖盆页岩油，特别表现在多源混积、碱类矿物发育等方面，因此已有页岩油富集地质理论不能完全适用于碱湖成因页岩油的勘探开发需求，亟须开展针对性攻关研究，丰富发展中国特色的陆相页岩油地质理论。

第一节　风城组细粒混积岩的岩相学特征

一、矿物成分特征

综合显微镜下鉴定和 XRD 分析，显示研究区风城组细粒沉积岩矿物成分复杂（图 5-1）。以中心区为例，富碳酸盐矿物，平均含量为 44.69%，其中白云石和方解石占 26.03%，特殊的碳酸盐类矿物（蒸发盐矿物）如碳氢钠石、天然碱、碳钠钙石等，占 18.66%；黏土矿物含量为 15.11%；其他矿物，如黄铁矿或硅硼钠石总共占 7.74%。碱类矿物主要集中在风二段，其中几乎未见方解石，以白云石为主。相比而言，过渡区具有更高的长英质矿物含量，约为 41.09%，碳酸盐矿物含量比中心区有所降低（平均为 40.70%），以白云石和方解石为主，且风一段和风二段白云石含量明显比风三段要高，蒸发盐矿物未发现，黏土矿物含量很低，平均含量仅 8.52%，其他矿物（硅硼钠石和黄铁矿）占 9.04%。至边缘区，具有最高的长英质矿物含量（58.99%）和黏土矿物含量（平均为 26.71%），以及最低的碳酸盐矿物含量（平均为 8.76%）。

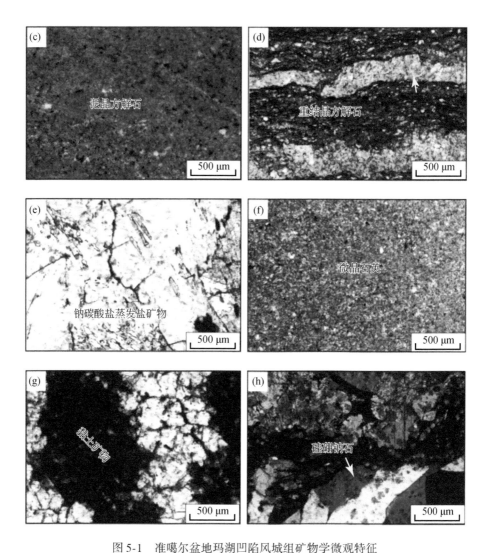

图 5-1　准噶尔盆地玛湖凹陷风城组矿物学微观特征

（a）FN1 4254.00m；（b）F5 3471.00m；（c）F7 3177.24m；（d）FN1 4342.00m；（e）F20 3248.00m；

（f）F20 3269.10m；（g）AK1 5665.00 m；（h）FN1 4368.00m

二、岩相分类

根据以上岩石学鉴定分析，可以发现玛湖凹陷风城组细粒沉积岩的岩石矿物成分和结构构造具有明显差异，据此参考前人标准（姜在兴等，2014），建立了如下岩相划分方案。

（一）矿物成分和组成

矿物成分是划分岩相的基础。以碳酸盐矿物、长英质矿物、黏土矿物三种主要的矿物组为岩石命名的端元组分。将含量大于 50% 的称为 "XX 岩"，可以分别命名为粉砂岩

（长英质矿物>50%），碳酸盐岩/蒸发岩（白云石+方解石+钠碳酸盐>50%），黏土岩（黏土矿物>50%），以及混积岩（三端元成分均小于50%）（图5-2）。

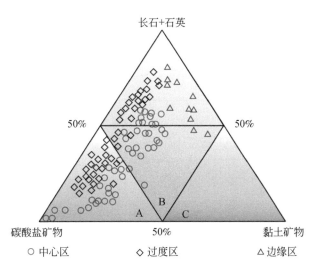

图5-2　准噶尔盆地玛湖凹陷风城组岩石三端元分类图
A-白云岩/灰岩/蒸发岩；B-粉砂岩和混积岩；C-泥岩

结果显示，研究区基本不发育黏土岩，粉砂岩端元和混积岩的样品粒径<62.5μm，为便于研究可以统称为泥质细粒沉积岩（以下简称泥岩）。再根据次要矿物的含量进一步将泥岩、碳酸盐岩进行分类。当泥岩中次要矿物为白云石时，为白云质泥岩，当泥岩中次要矿物为方解石时，为灰质泥岩，泥岩中不含蒸发盐矿物；当碳酸盐岩中以蒸发盐矿物为主时，为蒸发岩，当碳酸盐矿物以白云石为主，次要矿物为长英质矿物/黏土矿物时为泥质白云岩。玛湖凹陷还受到强烈的火山活动影响，因此部分样品还观察到火山碎屑或具有火山活动相关的岩石构造，这一类统称为火山碎屑岩。因此，根据矿物成分含量，可将研究区风城组的复杂岩相划分为泥质白云岩（含碱）、泥质白云岩（不含碱）、白云质泥岩、灰质泥岩、蒸发岩和火山碎屑岩，后几种岩类都不含碱。

（二）岩石结构

岩石结构是区分岩相的又一重要特征。玛湖凹陷风城组岩石主要发育纹层状和块状构造。通过对样品的岩心和薄片观察发现，研究区主要发育两种不同类型的纹层样式。一种是白云石与有机质纹层（黏土矿物、有机质）互层，一种是方解石与陆源碎屑纹层（长英质矿物）互层。据此，可根据纹层发育特征将泥质白云岩分为块状和纹层状，灰质泥岩分为块状和纹层状。相比而言，在其他的岩石类型中，纹层均不甚发育。

综上，玛湖凹陷风城组细粒沉积岩可根据矿物成分和岩石结构分为四类八种：泥岩类（均不含碱，块状灰质泥岩、纹层状灰质泥岩、块状白云质泥岩）；碳酸盐岩类（块状含碱泥质白云岩、块状不含碱泥质白云岩、纹层状不含碱泥质白云岩）；蒸发岩和火山碎屑岩。不同岩相的基本特征如图5-3所示。以上所划分的岩相，在玛湖凹陷平面上和垂向上都具有一定的分布规律，反映了沉积环境的演化。具体而言，中心区风一段主要发育块状灰质泥岩，风二段主要发育块状泥质白云岩（含碱）和蒸发岩，风三段主要发育块状白云质泥岩。过渡区风一段主要发育纹层状泥质白云岩（不含碱）和块状泥质白云岩（不含碱），风二段主要发育纹层状泥质白云岩（不含碱）、块状泥质白云岩（不含碱）和纹层状灰质泥岩，风三段主要发育块状灰质泥岩。边缘区主要发育含有火山碎屑的岩相，包括火山碎屑岩、凝灰岩和熔结凝灰岩，垂向风一段—风三段的差异不明显。

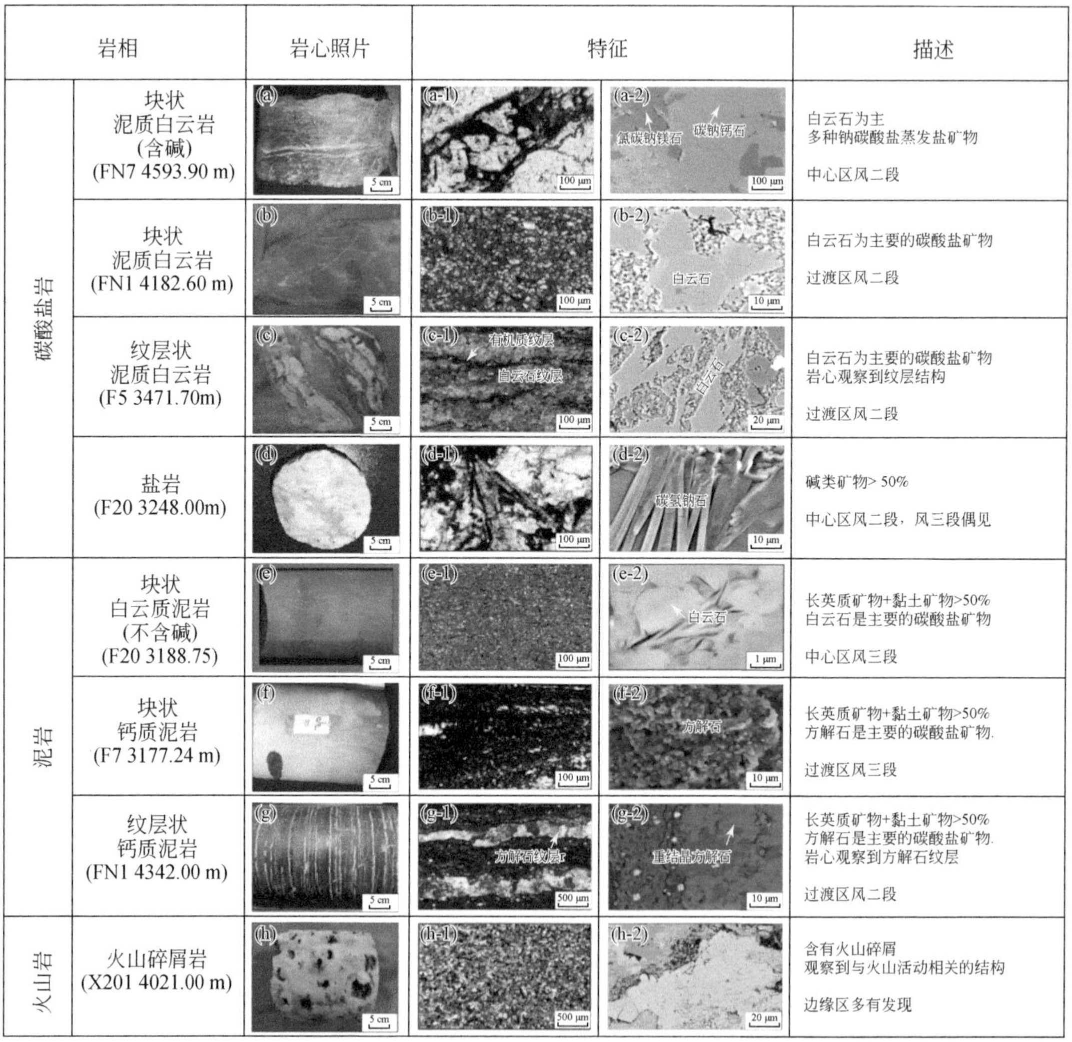

	岩相	岩心照片	特征			描述
碳酸盐岩	块状泥质白云岩（含碱）(FN7 4593.90 m)	(a)	(a-1)	(a-2) 氯碳酸钠镁石 碳钠钙石		白云石为主 多种钠碳酸盐蒸发盐矿物 中心区风二段
	块状泥质白云岩 (FN1 4182.60 m)	(b)	(b-1)	(b-2) 白云石		白云石为主要的碳酸盐矿物 过渡区风二段
	纹层状泥质白云岩 (F5 3471.70m)	(c)	(c-1) 有机质纹层 白云石纹层	(c-2) 白云石		白云石为主要的碳酸盐矿物 岩心观察到纹层结构 过渡区风二段
	盐岩 (F20 3248.00m)	(d)	(d-1)	(d-2) 碳氢钠石		碱类矿物>50% 中心区风二段，风三段偶见
泥岩	块状白云质泥岩（不含碱）(F20 3188.75)	(e)	(e-1)	(e-2) 白云石		长英质矿物+黏土矿物>50% 白云石是主要的碳酸盐矿物 中心区风三段
	块状钙质泥岩 (F7 3177.24 m)	(f)	(f-1)	(f-2) 方解石		长英质矿物+黏土矿物>50% 方解石是主要的碳酸盐矿物. 过渡区风三段
	纹层状钙质泥岩 (FN1 4342.00 m)	(g)	(g-1) 方解石纹层	(g-2) 重结晶方解石		长英质矿物+黏土矿物>50% 方解石是主要的碳酸盐矿物. 岩心观察到方解石纹层 过渡区风二段
火山岩	火山碎屑岩 (X201 4021.00 m)	(h)	(h-1)	(h-2)		含有火山碎屑 观察到与火山活动相关的结构 边缘区多有发现

图 5-3　准噶尔盆地玛湖凹陷风城组岩相学分类

第二节　页岩油潜力及控制因素

一、页岩油潜力

直接反映页岩油潜力（含油量）的地球化学指标最常用的是热解烃量（S_1），但是 S_1 实际上并不能代表页岩油潜力，因为页岩中的干酪根本身是油润湿相，能吸附一定量的烃类从而不能代表真正可流动（开采）的页岩油潜力（Jarvie，2012；Shao et al.，2020）。所以，一般将反映有机质含量最直观、有效的指标 TOC 和 S1 联用来表示页岩油潜力。Jarvie（2012）提出利用油饱和指数（oil saturation index，OSI）来评价页岩油潜力，当 OSI =（S_1/TOC×100）>100 时，表明具有可开采潜力。这个指标在多个页岩油层得到验证，包括 Bakken Shale 和 Monterey Shale 等著名的页岩油层（Jarvie，2012）。

在本次研究中，如图 5-4（a）所示，块状泥质白云岩（含碱）具有显著高值（平均值为 344.67mgHC/gTOC），代表了高页岩油潜力，其次是火山碎屑岩，OSI 的平均值为 124.65mgHC/gTOC，也是有利岩相。相比而言，其他岩相整体不算太高，但也有高的数据检出，如块状白云质泥岩 OSI 范围在 38.15 ~ 259.62mgHC/gTOC，平均为 80.63mgHC/gTOC。其他岩相中，只有块状泥质白云岩、纹层状泥质白云岩（不含碱）中个别样品 OSI >100，平均值分别为 56.37mgHC/gTOC 和 41.39mgHC/gTOC；块状/纹层状钙质泥岩，没有 OSI>100 的样品，OSI 平均值分别为 45.15mgHC/gTOC 和 39.57mgHC/gTOC，均属于页岩油潜力比较低的岩相。

卢双舫等（2012）依据页岩含油量与 TOC 关系的"三分性"，提出按富集程度将页岩油资源分为分散（无效）资源、低效资源和富集资源三个级别，分别以 TOC 为 1% 和 2% 作为页岩油三级资源的界限。从图 5-4（b）可以看出，在玛湖地区，当 TOC<2%，S_1<2mgHC/g 岩石时（Ⅰ区），为无效资源，主要为块状/纹层状泥质白云岩（不含碱）、块状/纹层状钙质泥岩，反映由于有机质丰度较低，生成的油量还难以满足页岩自身残留的需要，因此含油量还很低，这类页岩不宜开采。当 TOC>0.5%，S_1>2mgHC/g 岩石时（Ⅱ区），这类页岩的含油量最为丰富，主要为块状泥质白云岩（含碱）和火山碎屑岩，反映烃源岩所生成的油量总体上已能够满足页岩各种形式的残留需要，页岩含油量达到饱和（卢双舫等，2012；Jarvie，2012）。当 TOC>2%，S_1<2mgHC/g 岩石时（Ⅲ区），称为低效资源（或潜在资源），待未来技术进一步发展后才有望成为开发对象，主要为块状白云质泥岩，反映生成的烃类受到有机质的吸附作用较强，不能自由流动或者有机质未达到能大量转变为烃类的成熟度（Sandvik et al.，1992；卢双舫等，2012）。可见，当使用三分法评价页岩油潜力时，前人使用的以 TOC=1% 和 2% 为界不太适用于本次研究，说明这一参数标准需要具体情况具体分析，但基本思路可以借鉴卢双舫等（2012）和 Li 等（2015）文献。

总而言之，在研究区风城组复杂的多种岩相类型中，以块状泥质白云岩（含碱）和火山碎屑岩页岩油潜力高，可称为富集资源；块状白云质泥岩具有潜在页岩油潜力，其余岩相页岩油潜力都比较低。

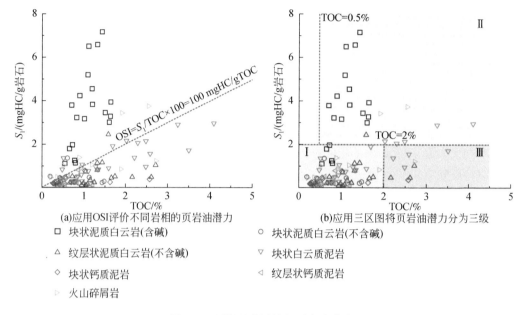

(a)应用OSI评价不同岩相的页岩油潜力

(b)应用三区图将页岩油潜力分为三级

- □ 块状泥质白云岩(含碱)
- △ 纹层状泥质白云岩(不含碱)
- ◇ 块状钙质泥岩
- ▷ 火山碎屑岩
- ○ 块状泥质白云岩(不含碱)
- ▽ 块状白云质泥岩
- ◁ 纹层状钙质泥岩

图 5-4　玛湖凹陷风城组页岩油潜力

分散（无效）资源（Ⅰ）、富集资源（Ⅱ）和低效资源（Ⅲ）

二、页岩油潜力的影响与控制因素

（一）生烃能力

岩石中有机质的生烃能力对含油性具有重要影响，有经济开采价值的区域必须富含有机质，以生成足够的烃类，并满足排出和滞留吸附（Jarvie，2012；Shao et al.，2020）。从图 5-5（a）、（b）可以看出，OSI 的数值并不是随着 TOC 升高而升高的。OSI 在 TOC=1% 左右，具有峰值，最高值可达 600mgHC/gTOC，然后随 TOC 升高而逐渐降低。这反映随着 TOC 增加，其生成的烃类（S_1）逐渐增加并满足烃源岩各种状态的吸附，在储集空间内达到饱和，形成页岩油富集；此后，随着 TOC 进一步增加，有机质作为油气吸附的载体，TOC 对 S_1 的吸附作用占据主导地位，因此过高的 TOC 反而会降低页岩油潜力（Sandvik et al.，1992）。

氢指数（HI）一定程度上可以反映有机质类型，伴随烃类生成，HI 会显著降低。为弥补成熟度对 HI 的影响，尽量还原 HI 对原始生烃潜力的影响，使用 $HI_0 = (S_1+S_2) / TOC×100$ 来反映原始有机质类型（Lewan and Ruble，2002），将 $HI_0 = 600mgHC/gTOC$ 定义为 Ⅱ$_1$ 型和 Ⅰ 型有机质的界限（Espitalié et al.，1977）。图 5-5（c）中，块状泥质白云岩（含碱）HI_0 值异常高的原因可能是受到一定的微运移烃（S_1）的影响，非原地 S_1 对 HI_0 的贡献较大，考虑到这一点在分析 HI_0 对 OSI 影响的时候建议将其排除。其他岩相 OSI 和 HI_0

的关系如图 5-5（d）所示，$HI_0 = 600mgHC/gTOC$ 附近时，OSI 值最高，页岩油潜力最好。当 $HI_0 < 400mgHC/gTOC$ 时，有机质类型较差，不利于烃类生成；相比而言，当 $HI_0 > 600mgHC/gTOC$ 时，有机质类型好，干酪根滞留烃类的能力强，游离态 S_1 也会降低。也就是说，有机质类型太差或太好都不利于页岩油富集（Ertas et al.，2006）。

成熟度也是影响烃源岩滞留烃量的重要因素（Ertas et al.，2006）。从图 5-5（e）可以看出，块状泥质白云岩（含碱）具有不少 T_{max} 异常低的样品，反映受到大量可溶有机质的影响，残留在原地的 S_1 中的重质组分不能在 300℃ 以下被释放，因此进入 S_2 峰范围内，但是其被释放的温度又低于真正的热解烃，因此造成了低 T_{max} 值（Chen et al.，2018）。根据其他岩相的 T_{max} 和 OSI 相关图［图 5-5（f）］，不难发现，OSI 值也呈现出随成熟度先增加后减小的变化趋势，出现 OSI 峰值时的热解温度大约在 430℃，这反映为烃源岩刚进入生油高峰的时候，滞留烃含量最高，随着有机质演化程度增加，烃类排出烃源岩，OSI 值下降。

综合上述，对于以玛湖凹陷风城组为代表的碱湖型咸化湖盆烃源岩，页岩油的有利烃源岩地球化学指标是合适的有机质丰度（1%~2%），合适的有机质类型（II_1–I 型），合适的演化阶段（T_{max} 介于 425~430℃）。

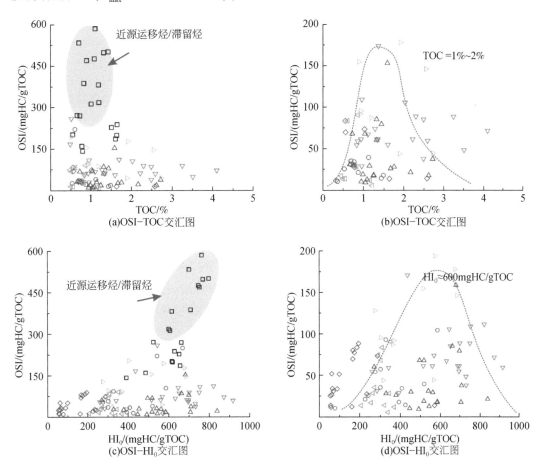

(a)OSI-TOC交汇图　　(b)OSI-TOC交汇图

(c)OSI-HI_0交汇图　　(d)OSI-HI_0交汇图

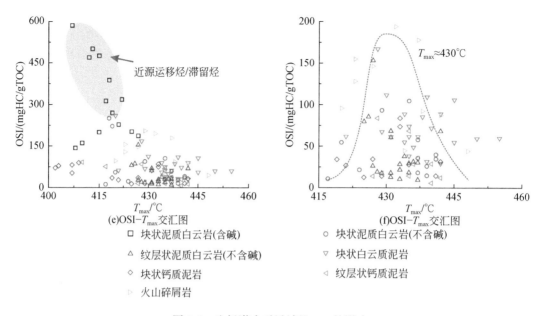

图 5-5　生烃潜力对风城组 OSI 的影响

（二）储集空间

页岩油是指烃类在生成后原地滞留形成的原油聚集，因此烃源岩的储集性能是影响页岩油潜力的重要因素（邹才能等，2012；Loucks et al.，2012），其中，宏观孔隙和裂缝对于页岩油的储存和开采显然十分有利（Kuhn et al.，2012；Loucks et al.，2012）。本次研究中，块状泥质白云岩（含碱）和火山碎屑岩都发育有宏观的孔隙和裂缝（图 5-6）。前者是因为碱类矿物易溶，在沉积成岩后无论是地层水的作用还是生烃过程所产生的有机酸作用，都容易将团簇状聚集发育的碱类矿物溶解出孔洞（Yu et al.，2018；许琳等，2019）。后者是因为火山活动的影响，呈半熔融状态的火山灰流喷发后，流入火山口附近的湖水中，熔浆的大部分挥发份已经在压力骤降的情况下散失，少部分熔浆包裹气体未能及时逸出，冷凝成岩后气孔得以保存（邹才能等，2008）。此外，火山凝灰物质一般有助于改善储层物性，主要是由于火山凝灰物质中含有较多的易溶组分，在有机酸的作用下，可以发生大规模溶蚀，有利于形成次生孔隙；火山凝灰物质发生脱玻化及蚀变形成钠长石等过程可以发生缩水与微裂隙化，形成较多的微裂缝改善储层物性。

基质孔隙的孔径大小和孔喉连通程度也是控制页岩油潜力的重要因素（Loucks et al.，2012；Zhang G et al.，2019），这是因为油气分子的大小主要在 100nm 以下，烃类分子和沥青质虽然可以进入纳米级孔隙，但是在纳米级孔隙中毛细管阻力限制流体自由流动，纳米孔喉中流体与周围介质之间存在较大的黏滞力和分子作用力，烃类分子以吸附状态附着于矿物和干酪根表面，或有可能以互溶态扩散到固体有机质内部，不易流动（Nelson，2009；王茂林等，2017）。上文已经提到，除了块状泥质白云岩（含碱）、蒸发岩和火山碎屑岩外，其他岩相均以纳米级孔隙为主，从图 5-7（a）可以看出，平均孔径越大，岩石

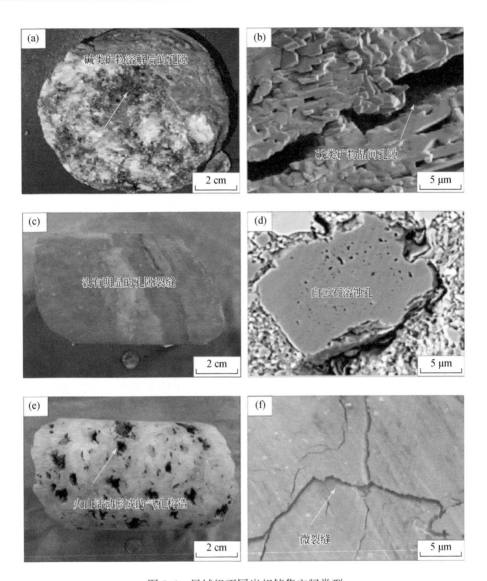

图 5-6　风城组不同岩相储集空间类型

（a）、（b）块状泥质白云岩（含碱），FN7，4593.90m；（c）、（d）块状泥质白云岩（不含碱），
FN1，4253.50m；（e）、（f）火山碎屑岩，X201，4021.00m

含油率越高。

　　综上，裂缝是页岩油储集的主要空间，对于页岩油潜力具有重要贡献，基质孔隙孔径越大越有利于页岩油富集。

（三）赋存状态

　　烃类的赋存状态对页岩油的潜力有重要影响，从氯仿沥青"A"–"D"，其指示的烃类流动性逐步降低（Schwark et al.，1997；蔡进功等，2007）。由图 5-7（b）可以看出，

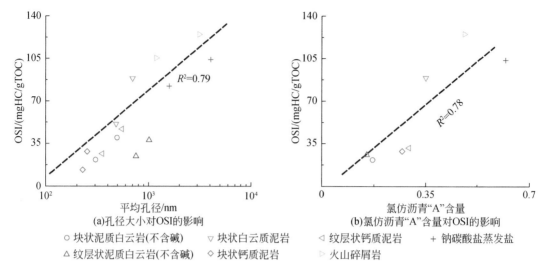

图 5-7　储集空间对风城组 OSI 的影响

OSI 和赋存于宏观孔缝系统中的氯仿沥青"A"含量呈现较好的正相关性。相比而言，氯仿沥青"B"和氯仿沥青"C"和 OSI 相关性较弱，氯仿沥青"D"对于页岩油潜力具有消极影响。这反映氯仿沥青"A"主要是以游离态赋存于较大的孔隙和裂缝中的弱极性或非极性的化合物，烃类可动性较强（Sandvik et al.，1992）。而氯仿沥青"D"组分中主要含有胶质和沥青质，胶质和沥青质中的化合物往往含有大量极性官能团，相对于烃类化合物更易于通过离子键或氢键等形式分别与无机矿物或干酪根相结合，可动性差（Mayer，1994；潘银华等，2018）。氯仿沥青"B"和"C"处于"A"和"D"之间，所以其与页岩油潜力的相关性不甚明显。

第三节　不同岩相页岩油富集规律

综合上述，可见页岩油潜力受到岩石原始生烃能力、储集能力及烃类赋存状态的共同制约，不同岩相控制页岩油潜力的因素有所不同（图 5-8）。

块状泥质白云岩（含碱）和火山碎屑岩页岩油潜力高是因为原始生烃能力、储集能力及烃类赋存状态都有利于页岩油富集［图 5-8（a）］。首先，作为烃源岩，块状泥质白云岩（含碱）虽然现今 TOC 及剩余生烃潜力（S_2）不高，反映受到成熟度影响使得地球化学指标参数下降（Sandvik et al.，1992；Shao et al.，2020），但是其初始生烃能力并不差，提供了充足的油气源；其次具备很好的储集空间，块状泥质白云岩（含碱）中易溶易碎碱类矿物的存在提供了丰富的微裂缝和溶蚀孔洞，不仅能为原地生成的烃类提供储集空间，还能存储近源运移过来的烃类，块状泥质白云岩（含碱）成熟度高也意味着生成的烃类品质更好、更轻，滞留烃可动性强。火山碎屑岩处于边缘区，火山作用比较强烈，微裂缝很发育，由火山活动形成的一些岩石结构，如熔结凝灰岩的气孔构造也提高了岩石的储集性能。三个因素共同促成了高页岩油相的形成。

　　具有中等页岩油潜力的块状白云质泥岩（不含碱）是很好的烃源岩，有机质丰度高且类型好，但是以纳米级孔隙为主的储集空间造成其没有能力储存大量的滞留烃，而且其滞留烃多以半游离态的氯仿沥青"B"为主［图5-8（b）］。

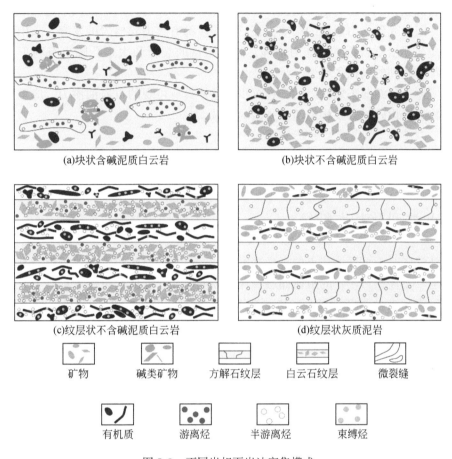

(a)块状含碱泥质白云岩　　　　　　　　　　　(b)块状不含碱泥质白云岩

(c)纹层状不含碱泥质白云岩　　　　　　　　　(d)纹层状灰质泥岩

矿物　　　碱类矿物　　　方解石纹层　　　白云石纹层　　　微裂缝

有机质　　　游离烃　　　半游离烃　　　束缚烃

图5-8　不同岩相页岩油富集模式

　　低页岩油潜力的岩相限制因素有所不同。具体而言，纹层状泥质白云岩是很好的烃源岩，烃类自有机质条带生成后，被干酪根包裹的烃类占据的比例比其他岩相高，同时其白云石条带中也是以纳米级的粒间孔为主，所以烃类在白云石条带中也主要以半游离态（氯仿沥青"B"）赋存，不利的储集空间和烃类赋存状态限制其页岩油潜力［图5-8（c）］。对于块状泥质白云岩，块状/纹层状灰质泥岩本身生烃能力一般，烃类生成后，多以束缚态或半游离态赋存在以纳米级孔隙为主的矿物粒间孔内，三方面因素均不利于页岩油富集，因此页岩油潜力较低［图5-8（d）］。

　　综合上述，基于对风城组生烃能力、储集能力和烃类赋存状态的单因素评价，将各因素有利区平面进行叠合，可以初步确定玛湖凹陷风城组页岩油下一步勘探的有利区范围。

　　首先中心区风城组整个三段都埋藏较深，而且有机质类型好，生油潜力高，所以页岩油的潜力主要考虑储集空间，比较而言，风二段因为碱类矿物的大量发育，储集性能良好，能够很好地储存烃类，具有较高的勘探潜力。其次在过渡区，风一段、风二段岩石的生烃能力较好，断裂活动形成的各种裂缝均有发育，是油气运移和储集的空间，风三段由于陆源碎屑物质的增多，岩石生烃能力有所降低，因此过渡区的风一段和风二段是页岩油勘探的有利区域，风三段也值得重视，玛页 1 井工业油流的产出也证实了这一结论。最后在边缘区，因为受到火山活动的影响，在三个层段都有火山碎屑岩的发育，火山活动带来的营养物质与温度使岩石生烃能力增强，同时丰富的裂缝和次生孔隙也有利于页岩油储集，整个都是有利的勘探区域。

综上所述，玛湖凹陷风城组的细粒沉积岩整体具有可观的页岩油潜力，应重点关注钠碳酸盐矿物、火山碎屑以及构造活动频繁的区域。

第四节　页岩油甜点分类与主控因素

一、甜点类型及基本特征

国内外学者对于页岩油甜点的含义基本统一，通常把那些粒度相对较粗、有一定厚度和分布范围、物性相对较好的致密储层，在现今勘探和开发技术条件下具有工业价值的层段或夹层称为甜点（赵贤正等，2017；江涛等，2019；姜在兴等，2021）。据此本书将风城组细粒沉积岩局部相对较高孔渗的夹层、层段或裂缝发育段，通常岩心上可见油迹级别以上的含油，即使连续厚度有限但在一定厚度范围内累计厚度占比较高的层段称为甜点。

玛页 1 井页岩油取心段荧光普扫均见不同程度的荧光显示，按含油产状划分，油迹及以上级别含油心长共 267.2m，结合含油面积定量评价、地层微电阻率扫描成像（Formation microscanner image，FMI）测井、荧光薄片资料揭示风城组细粒沉积岩纵向上具有整体含油和频繁薄互层沉积特征，主要是储集层富含有机质纹层，具有一定的生烃能力，生成的油气未运移而原地滞留或只经过短距离的一次运移即在邻近源岩（泥页岩）的页岩层系中聚集，形成源储一体型、邻近源岩型页岩油甜点，有效孔隙度不超过 5%，属于特低孔特低渗的致密储层。

有关页岩油甜点类型的划分，国内外目前尚没有统一的标准，本次研究根据页岩油赋存的岩石类型将碱湖型甜点分为混合型、内源控制型、陆源供给型三种类型。

陆源供给型甜点含油面积集中在 15%~25%，电测曲线表现为漏斗状中高地层电阻率（resis tivity，RT），零星分布于玛页 1 井风城组各层段中，主要受不同类型和不同级别的湖侵作用控制，自下而上粒度变粗，呈反韵律沉积特征，单层厚度往往小于 0.3m，通常被厚层泥页岩所夹持，储集空间类型以次生溶蚀孔和基质孔为主［图 5-9（a）］。

内源控制型甜点含油面积一般小于 20%，电测曲线表现为锯齿状高 RT，主要受古气候影响，发育在干旱炎热、深水还原环境中，往往与具季节性纹层的深灰色或黑色泥页岩不等厚互层，组合厚度集中在 0.3~2m，构造微裂缝、与成岩作用相关的缝合线和泄水缝、次生溶蚀孔是主要储集空间［图 5-9（b）］。

混合型甜点是陆源供给型甜点和内源控制型甜点的结合体，岩石类型以混合细粒页岩为主，电测曲线表现为尖峰状高 RT，该类甜点主要受古水深、古盐度和沉积物供给共同控制，随着湖平面的短期频繁升降和物源供给的多少，陆源与内源沉积物此消彼长，呈互层发育的特征，厚度常大于 0.5m，与另外两类甜点相比，含油性最佳，含油面积超 30%，发育多级孔喉系统，以基质孔、溶蚀孔、微裂缝为主，同时发育大量有机质孔［图 5-9（c）］。

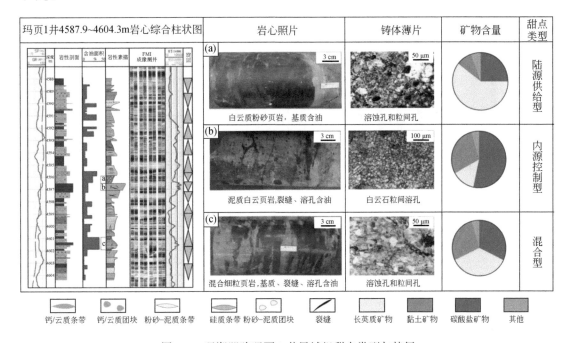

图 5-9　玛湖凹陷玛页 1 井风城组甜点类型与特征

二、甜点发育主控因素

（一）混合型甜点主控因素

岩石结构（微层理发育程度）、有机质丰度、裂缝发育程度和次生溶蚀作用是混合型甜点发育的主要控制因素。

混合型甜点储层按纹层结构可分为微层理型和块状型两类，通过对两者的物性资料、含油产状和微观孔吼结构对比，微层理发育程度明显控制混合型甜点的储层品质。首先，182 块物性测试和含油产状资料统计显示，微层理型混合细粒页岩孔隙度集中在 2.5%～4.5%，含油级别以油斑、油浸为主；而块状型混合细粒页岩孔隙度普遍小于 2.5%，含油级别以油迹为主，前者物性与含油性明显优于后者［（图 5-10（a）、（b）］。其次，前者相比后者层理缝更加发育，孔隙连通性更好，核磁测井自由流体孔隙与有效孔隙度关系也揭示前者孔隙结构优于后者［图 5-10（c）］。最后，微层理发育程度不同的两块混合细粒页岩样品，压汞资料显示它们孔吼结构特征存在明显差异，微层理密集发育的混合细粒页岩排驱压力和饱和中值压力较低，孔吼半径分布较集中，分选好，整体以微米级孔吼为主，退汞效率高［图5-11（a）］；而微层理相对不发育的混合细粒页岩排驱压力和饱和中值压力较高，孔吼分选一般，且微米级孔吼所占比例低，主体为纳米孔，退汞效率低［图5-11（b）］。综上所述，微层理发育程度决定了混合细粒页岩的孔喉优劣、物性好坏及含油性高低，是混合型甜点的主控因素之一。

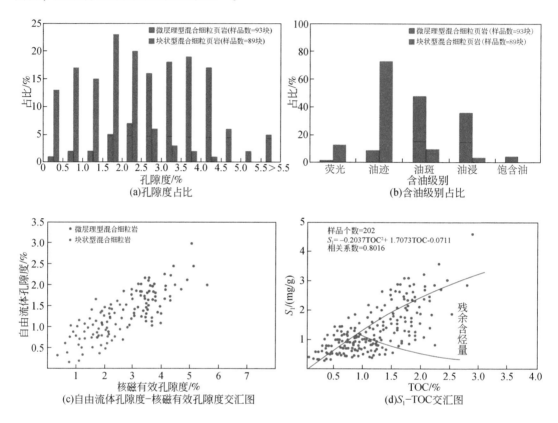

图5-10　玛湖凹陷风城组混合型甜点物性、含油性和源岩特征

混合细粒页岩是典型"自生自储，源储一体"甜点储层，局部富集大量高丰度层状菌藻类有机质，岩心样品化验资料显示其TOC分布范围宽，集中在0.5%~2.5%。TOC的高低可在一定程度上影响有机质的赋存状态，从而控制甜点的品质，岩石热解游离烃S_1可代表岩石孔隙里游离油的富集程度，通过建立二者的关系，不难发现二者具有良好的正相关性，即TOC随着S_1的增大而增大［图5-10（d）］，表明混合细粒页岩中滞留油的富集程度以及甜点品质受控于有机质丰度的高低。此外，对不同TOC的混合细粒页岩手标本、荧光薄片对比分析，TOC高含油级别明显偏高。因此有机质丰度也是影响混合型甜点品质的重要因素之一。

受扎伊尔山和哈拉阿拉特山构造挤压运动的影响，玛湖凹陷风城组是应力释放区，发育多条逆冲断裂及其衍生的复杂裂缝组合。通过对玛页1井岩心、薄片和FMI成像测井资料研究，发现混合细粒页岩中构造裂缝普遍发育，同时存在部分成岩缝，这些微细缝不仅

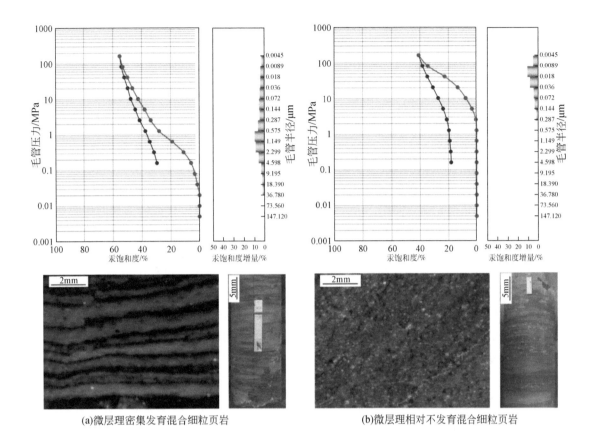

图5-11　玛湖凹陷风城组微层理型与块状型混合细粒页岩孔隙结构对比

是页岩油短距离运移的重要通道，而且是成岩阶段中有机酸流体溶蚀改造的重要运移通道，更是游离油充注与富集的重要储集空间。混合细粒页岩中石英和白云石等脆性矿物含量较高，在挤压作用下易形成延伸较远的构造微细裂缝，同时此类甜点在压裂改造过程中最易形成复杂缝网，利于页岩油有效开发动用。其次混合细粒页岩中微层理相对较发育，纵向上各向异性较强，在准同生阶段易形成顺层理面的成岩微裂缝，这些微裂缝中有部分在早成岩阶段被碳酸盐岩胶结物所填充，而到中成岩阶段在有机酸流体的溶蚀作用下形成大量次生溶蚀孔隙，极大程度改善了甜点的品质。此外，混合细粒页岩中碳酸盐矿物和长石颗粒较为发育，易形成大量粒内溶孔，甚至溶洞。因此，裂缝发育程度和次生溶蚀作用也是混合型甜点的重要控制因素之一。

(二) 陆源供给型甜点主控因素

岩石结构（碎屑颗粒粒度和结构）、矿物成分和次生溶蚀作用是陆源供给型甜点发育的主要控制因素。

陆源供给型甜点储层主要发育在扇三角洲外前缘相的各类滩坝和砂坝中，磨圆以次圆角状和次棱角状为主，物性资料和含油性定量评价显示次圆角状甜点储层孔隙度整体优于次棱角状甜点储层,同时甜点储层粒度越粗含油性和物性越好。主要是由于粒度粗、磨圆度高的甜点储层在埋深压实过程中,骨架颗粒支撑能力优于粒度细、磨圆度低的储层,颗粒间的部分微孔相对容易保存,具有相对优越的孔喉系统,在有机质生油时期游离油更容易在此类储层中聚集和保存。根据前人建立的风城组成岩演化序列,揭示风城组储层处于中成岩 B 期(许琳等,2019;邹阳等,2020),在整个成岩系统和成岩环境中,由于粒度粗、磨圆度高的甜点储层在沉积压实后仍具有相对优越的渗流条件,因此与粒度细、磨圆度低的储层相比更容易发生不稳定碎屑有机酸溶蚀作用,次生溶蚀孔隙相对更发育,含油级别更高。因此,碎屑颗粒粒度和结构可影响陆源供给型甜点储层的孔吼结构和游离油富集程度,是甜点发育的主要控制因素之一。

通过对陆源供给型甜点储层 X 衍射全岩定量分析,石英和长石是最主要的矿物成分,其次为白云石和方解石。结合岩心和铸体薄片资料,不难发现长石矿物含量高的甜点储层含油级别高、粒内溶孔更发育、S_1 含量更高。由于风城组储集层在成岩过程中处在一个相对封闭的体系中,甜点储层往往被泥页岩所夹持,有机质在生烃过程中释放大量的有机酸,与长石矿物含量高的甜点储层发生强烈溶蚀作用,产生了大量的次生溶蚀孔隙。因此陆源供给型甜点储层中长石矿物含量高低,对甜点发育程度具有明显的控制作用。

陆源供给型甜点储层的物性和含油性明显受控于溶蚀孔的发育程度,溶蚀作用强弱通常受矿物成分、成岩作用和构造背景共同控制。陆源供给甜点型储层长石矿物发育,易形成长石溶孔,再有甜点储层也发育长石和碳酸盐矿物填充与半填充的微细裂缝,利于次生溶蚀孔的形成。

(三) 内源控制型甜点主控因素

岩石成分、裂缝发育程度和次生溶蚀作用是内源控制型甜点发育的主要控制因素。

风城组内源控制型甜点储层主要分为泥质白云页岩和泥质灰页岩两大类,基于岩性、铸体薄片和扫描电镜资料分析,泥质白云页岩晶间孔隙、微裂缝较泥质灰页岩更发育。其原因:①白云岩化过程往往是半径较小的 Mg^{2+} 置换半径较大的 Ca^{2+},发生减体积效益,使得泥质白云页岩晶间孔较为发育,而泥质灰页岩形成恰好相反,发生增体积效益,晶间孔不发育,整体较为致密;②泥质白云页岩杨氏模量、脆性指数均高于泥质灰页岩,在相同构造应力挤压下更易形成微细裂缝,有相对良好的渗流和储集条件。另外,根据物性分析资料、裂缝和含油性定量评价,发现泥质白云页岩有效孔隙度集中在 1.5%~4%,含油级别以油斑、油浸为主,裂缝密度为 6~12 条/10cm,以碳酸盐矿物半填充为主,溶蚀孔比较发育,裂缝含油特征清楚;而泥质灰页岩有效孔隙度普遍小于 2%,含油级别以油迹为主,裂缝密度小于 8 条/10cm,未—半填充缝占比低(图 5-12)。综上,内源控制型甜点储层中白云石矿物含量决定了其物性好坏及含油性高低,故岩石成分是内源控制型甜点品质的主控因素之一。

内源控制型甜点储层微裂缝和溶蚀孔洞发育,成因与前述的混合型甜点裂缝和溶蚀孔成因机理类似。岩心观察和荧光薄片资料分析,揭示了内源控制型甜点储层游离油主要富集在裂缝和溶蚀孔隙中。因此,裂缝发育程度和次生溶蚀作用也是内源控制型甜点发育的主要控制因素之一。

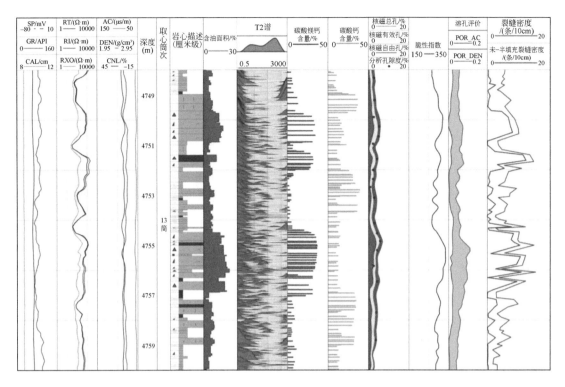

图 5-12　玛湖凹陷风城组内源控制型甜点岩石组分纵向变化图

三、甜点发育模式与勘探潜力分析

在明确甜点发育主控因素的基础上，结合岩相古地理和大地构造背景，建立了风城组细粒沉积岩甜点发育模式。根据钻井资料和地震属性预测技术落实了甜点空间展布范围，结果表明各类甜点在平面上具有分区分带发育特征。其中混合型甜点储层主要发育在前陆斜坡浅湖区；内源控制型甜点储层集中发育在前陆拗陷深湖区；前陆冲断陡坡区以粗碎屑沉积物为主，油藏类型以常规油气藏为主；而陆源供给型甜点主要发育在陡坡区和深湖区之间的过渡区（图 5-13）。

关于陆源供给型甜点，黄羊泉扇为短轴扇，粗碎屑平面上延伸范围较短，仅在前陆冲断陡坡区一侧快速堆积，向深湖区方向陆源碎屑粒度逐渐变细，长石矿物含量有降低趋势，碳酸盐矿物含量有所抬升，陆源碎屑与内源化学沉积物表现出此消彼长的特征。百泉 1 井风一段 4724~4734m，岩性为白云质粉砂页岩，长石和碳酸盐矿物颗粒次生溶蚀孔发育，未经压裂改造即获油流，提产空间大；南部玛湖 28 井为白云质粉砂页岩和黑灰色泥页岩交互沉积，是典型紧邻源岩型甜点储层，FMI 成像测井显示岩心直劈缝较发育，场发射扫描电镜资料表现出粒间孔被原油充注的特征，岩心、荧光普扫及铸体薄片资料显示陆源供给型甜点基质孔和长石溶蚀孔整体含油，大面积见淡黄色荧光，4871~4962m 压裂后日产原油 31.37t，日产气 4130m³（图 5-13）。综合分析认为，风城组陡坡区与深湖区的过

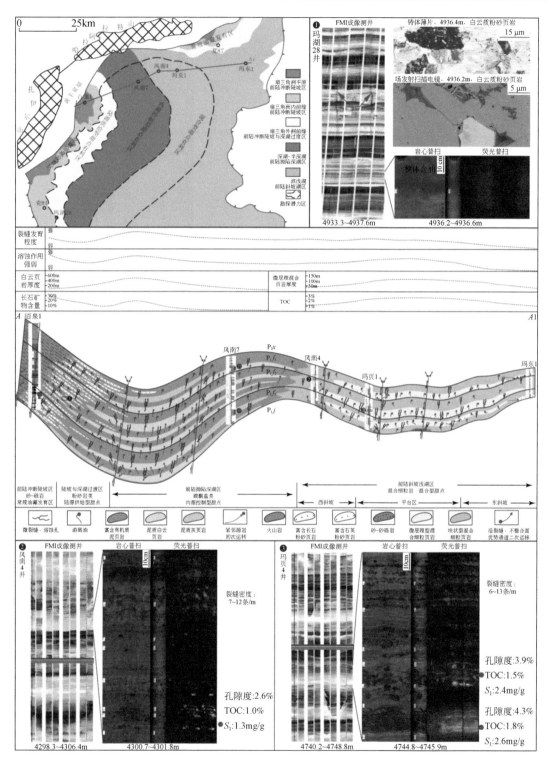

图 5-13　玛湖凹陷风城组甜点发育模式与勘探潜力分布图

渡区是陆源供给型甜点储层的有利区带。首先该区更靠近黄羊泉扇物源体系，陆源供给充足，甜点储层粒度相对粗，基质孔更容易保持，具有相对优越的孔喉系统，同时甜点储层常被优质烃源岩所夹持，利于成藏期游离油充注；再有该区富含长石矿物粉砂页岩占比大，次生溶蚀孔更发育，储集性能得到了有效改善，同时更靠近周缘造山带，复杂裂缝组合也发育，后期溶蚀孔的形成也有了场所和条件，储集空间类型更加优越。因此，在风城组进积型扇三角洲—湖泊沉积体系背景下，该区风二段、风三段是后续玛湖凹陷陆源供给型页岩油勘探的优质领域。

关于内源控制型甜点，前陆拗陷深湖区不仅是玛湖凹陷风城组沉降中心，同时是碱湖沉积中心，细粒沉积岩厚度可达1300m，中心区云化作用最强，内源控制型甜点最发育，如风南7井位于深湖区东翼，风三段泥质白云页岩试日产油10.96t，风一段泥质灰页岩小规模压裂获油流（图5-13）。这一类型甜点成藏条件有利。首先该区位于碱湖生烃中心区，泥页岩生烃强度大，热演化程度较高，已达到大量生高熟油阶段，甜点储层常与泥页岩不等厚互层，源储耦合性强；其次该区位于扎伊尔山和哈拉阿拉特山结合部，是应力集中释放区，裂缝和溶蚀孔发育，储集空间更加多元化，同时该区泥质白云页岩累计厚度大，脆性好，压裂改造更易形成复杂缝网；再有该区细粒沉积岩厚度大，中心区厚度是玛页1井4倍以上，页岩油体量大，相当于直立的水平井，适合直井勘探，钻探成本低。因此这是探索风城组页岩油直井勘探开发的新领域。

关于混合型甜点，通过风南4井和玛页1井测录井资料对比分析，风南4井风城组混合细粒页岩厚度226m，玛页1井厚度达284m，FMI成像测井资料显示风南4井主要发育块状型混合型甜点，实测TOC为1%，S_1含量为1.3mg/g，原油密度为0.9234g/cm³，黏度为1011.5mPa·s；而玛页1井微层理型混合型甜点相对发育，实测TOC为1.8%，S_1含量为2.6mg/g，原油密度为0.8973g/cm³，黏度为73.5mPa·s。结合精细地震标定，发现混合细粒页岩在浅湖区分布较平稳，平台区沉积最厚，从浅湖区西斜坡到平台区微层理型混合型甜点厚度逐渐增厚，TOC稳步抬升，生烃能力增加，有机质成熟度有所增加，原油品质相对较好，裂缝和溶蚀孔发育程度有增加趋势（图5-13），而浅湖区东侧玛东1井岩心资料显示裂缝和溶蚀孔均不发育。综合分析认为，风城组前陆斜坡浅湖区西斜坡到平台区是混合型甜点发育的有利区带，该区域以"自生自储，源储一体"混合型甜点储层为主，有机质丰度高，埋深介于4500～4900m，位于生油窗主力时期，原油品质优，储集空间类型以基质孔、溶蚀孔和微裂缝为主，甜点在平面上广覆式稳定分布，且直井玛页1井页岩油段试油已获重大突破，另外该区域风三段埋深适中，中下部微层理型混合型甜点稳定发育，因此该层位是后续玛湖凹陷页岩油水平井开发有效动用的首选领域。

综合对比来看，混合型甜点与另外两类甜点相比具有诸多优势，包括储集空间类型多种多样、物性和含油性最佳、游离油最富集、源储耦合最佳、脆性好、埋深适中、厚度相对厚且分布稳定等，因此是当前风城组页岩油勘探开发首选目标。

第五节　玛页1井典型实例研究

一、玛页1井实例研究

如上所述，玛湖凹陷构造稳定的斜坡区及凹陷区处于生烃中心，存在大规模的碱湖型白云质页岩油的富集。因此，2018年为探索风城组云质页岩油新类型，优选高部位埋深较浅的构造平缓的凹陷北部部署了风险探井玛页1井（图5-14）。本井在三叠系克拉玛依组、百口泉组，二叠系下乌尔禾组、夏子街组、风城组均见油气显示。玛页1井试油两层，在风一段常规火山岩+碎屑岩段、风二—三段页岩油段均获工业突破（图5-15）。

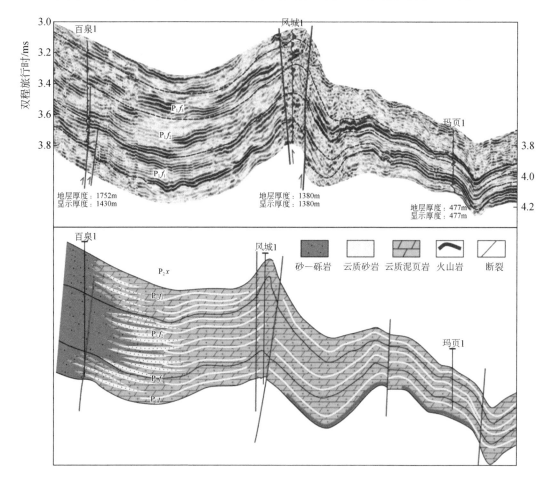

图5-14　玛湖凹陷风城组过百泉1井—玛页1井地震地质解释剖面

玛页1井的突破给玛湖凹陷风城组碱湖型页岩油的勘探带来了一系列重要启示。

（1）玛湖凹陷风城组富集源储一体页岩油。玛页1井风城组连续取心段均见油气显

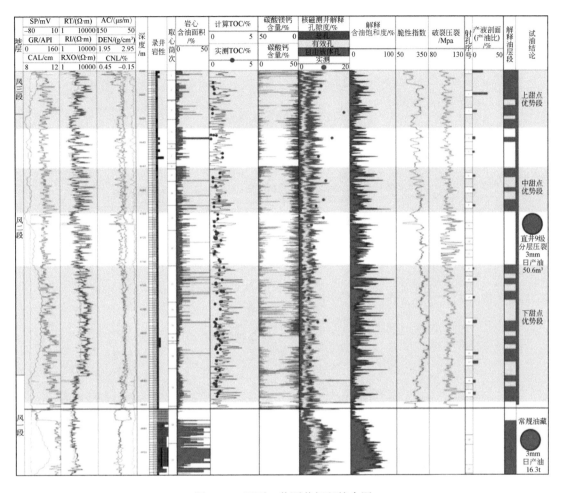

图 5-15　玛页 1 井测井解释综合图

示，岩性以致密的厚层云质泥页岩夹薄层云质、泥质粉砂岩细粒沉积为主，厘米级岩心描述划分出 1727 个岩性层，为频繁薄互层结构。地球化学分析玛页 1 井原油为自生或者极近距离运移而来，属源内体系，具有典型源储一体的页岩油特征（图 5-15）。

（2）风城组厚度大，整体含油，无甜点集中发育段。与吉木萨尔芦草沟组页岩油相比，风城组页岩油无明显甜点集中段。风城组岩性主要为云质页岩、白云岩类和云质粉砂页岩三大类，纵向上以云质页岩占比最高。孔隙结构类型多样，镜下及手标本可观测到基质孔隙、溶孔、裂缝，微观上还大量微纳米孔、有机质孔（图 5-16）。

纵向上，受湖盆水体盐度变化以及陆源碎屑供给程度影响，形成自下而上的淡水—微咸水环境的云质粉砂岩、云质泥岩互层；咸水（碱性）环境的云质页岩（含碱层）；微咸水环境的（含灰）云质粉砂岩、云质页岩沉积组合。三套岩石组合决定了页岩油甜点层的储层特点。从现场产液剖面测试结果看，玛页 1 井风城组页岩油具有裂缝+基质孔隙供液的特点，开井初期表现为裂缝供液，仅在裂缝较发育段产液；随着试产时间的延长，各射开层段均有产油贡献，含油率趋于稳定。结合三套岩性组合以及岩性、脆性、烃源岩品

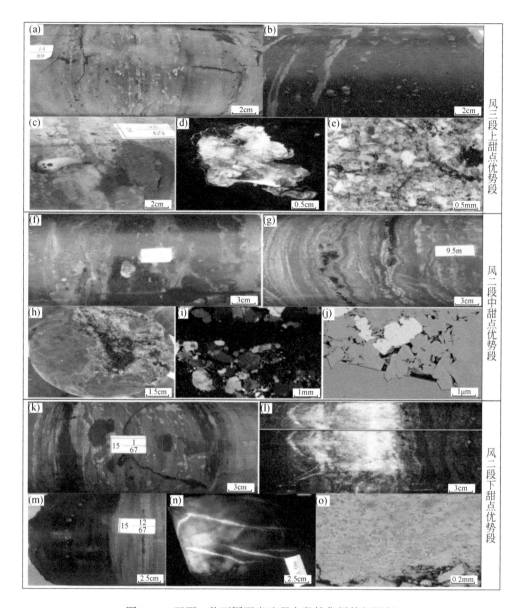

风三段上甜点优势段

风二段中甜点优势段

风一段下甜点优势段

图 5-16　玛页 1 井不同页岩油甜点段储集层特征图版

风三段上甜点优势段：4595.5~4606.7m。(a) 含灰云质粉砂岩夹粉砂质泥岩，微裂缝集中发育，裂缝见油，团块状灰质溶孔外渗原油；(b) 云质粉砂岩，基质孔富含油；(c) 灰质白云岩，滴酸起泡，灰质溶孔外渗原油；(d) 灰质岩溶孔，蓝色荧光；(e) 云质粉砂岩，铸体薄片，颗粒间原生孔及溶蚀孔隙非常发育。风二段中甜点优势段：4963.1~4715.7m。(f) 粉砂质白云岩，微裂缝及基质孔含油，碱矿颗粒；(g) 白云岩夹碱矿层，溶蚀孔含油；(h) 碱性矿物溶蚀缝见油；(i) 粉晶云岩，硅硼钠石及碳钠钙石条带状分布与泄水缝中；(j) 白云岩，粒间纳米孔隙。风一段下甜点优势段：4793.2~4806.5m。(k) 泥质白云岩夹云质粉砂岩条带，发育含油裂缝；(l) 云质粉砂岩岩心荧光扫描，基质孔含油特征；(m) 云质粉砂岩与纹层状白云质泥岩，粉砂岩段富油；(n) 微裂缝含油，蓝色荧光特征；

(o) 粉砂质云岩，剩余粒间孔特征

质、核磁孔隙度等参数评价，存在三套甜点优势发育段（风三段底部、风二段中上部、风二段下部）（图 5-15、图 5-16）。玛页 1 井核磁测井反映的孔隙度与实测孔隙度分布在 5%~12%，平均为 4.8%，纵向上主体小于 5%，仅几套米级薄层孔隙度大于 10%。无明显甜点集中段，但存在两套品质较好的相对优势甜点段，这两套相对优势甜点段岩性以云质粉砂岩为主，基质孔隙体积大，且具有一定量的白云质及灰质成分，岩石相对脆性更强，灰质溶蚀孔也较发育。而中部甜点受碱湖沉积的影响，以白云岩类为主，以镜下观测到的硅硼钠石为典型特征，该类型岩石受砂质含量影响基质孔不发育，但少量发育溶孔，同时碱性矿物含量高，岩石塑性增强，裂缝也相对欠发育，产油能力一般。

（3）风城组天然裂缝发育、脆性更好，压裂易形成复杂缝网。玛页 1 井岩心见明显微裂缝，且裂缝含油性较好，裂缝密度 2~15 条/m。试油段内探测声波显示井筒 5~20m 内发育 24 组东西走向的裂缝，以高阻充填缝、半充填缝为主，裂缝高度不超过 150cm，缝高小有助于压裂时形成复杂缝网。此外，玛页 1 井岩石物理参数显示脆性更好，更易于改造。

（4）风城组原油品质好，流动性强，提产空间大。玛页 1 井岩心出筒后，随着静置时间变长，轻质组分散失，油气显示级别变低。风南 14 井、风南 4 井等风城组试油普遍含气。原油物性显示，风城组中高成熟页岩油比芦草沟组低成熟—成熟页岩油密度低、凝固点低。玛页 1 井原油密度 0.8904g/cm³，凝固点 -14℃；50℃原油黏度 35mPa·s，80℃原油黏度 14mPa·s，而芦草沟组下甜点 50℃页岩油黏度已超过 150mPa·s，80℃原油黏度为 45mPa·s。风城组页岩油埋深超过 4200m，地层温度超过 100℃，原油黏度普遍小于 10mPa·s，显示地层条件下风城组的页岩油流动性更强（图 5-17）。

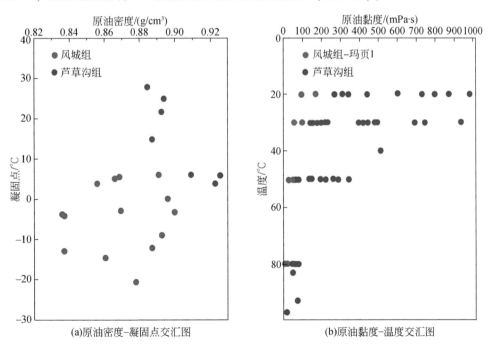

图 5-17 玛湖凹陷风城组与吉木萨尔凹陷芦草沟组物性及黏温关系对比综合图

（5）探索出一套适合风城组钻完井及提产配套工艺技术。风城组为咸化碱湖相沉积，存在内源化学、陆源碎屑及火山碎屑混合沉积，以白云质、灰质含量高为特点，岩性致密坚硬，脆性强，发育微裂缝，导致前期钻井过程中存在钻速慢、井斜控制难、井漏频发、井控风险大的难题，通过玛页 1 井的探索性攻关，优化形成一套新钻井工艺，钻速提升近 1 倍，单趟进尺提升 3.8 倍，创造了单趟取心 40 余米的新纪录。在储层改造过程中，风城组页岩油埋深普遍超过 4500m，岩石抗压性强，厚度大，且甜点不集中，采用直井套管精细分压方式实现有效提产，并且还具备进一步提产的潜力。同时，优选物理交联缔合型聚合物压裂液体系解决了白云质岩石与胍胶压裂液发生交联，储层反胶的难题。

二、碱湖型页岩油勘探领域展望

玛湖凹陷风城组形成于碱性咸化湖盆，有别于国外海相盆地、国内淡水湖盆以及吉木萨尔凹陷（酸性）咸化湖盆（表 5-1）。玛页 1 井风城组页岩油的突破开辟了盆地下二叠统碱湖型页岩油新领域，能够实现盆地继吉木萨尔凹陷芦草沟组页岩油发现之后的资源有序接替。此外，玛页 1 井高效钻完井工艺与直井分层压裂改造新方法的成功应用，为风城组页岩油的勘探开发储备了坚实的技术基础。同时，风城组断裂带的砂砾岩油藏、玛湖 28 等井厚层致密云质砂岩油藏、夏 72 井风一段火山岩油藏，其空间分布与油气藏类型推动了风城组"常规—非常规"油藏有序共生的成藏新模式的建立，形成全油气系统多资源类型综合勘探与开发的新思路。

此外，玛页 1 井页岩油段深度超过 4500m，原油密度 0.8914g/cm³，黏度 21.65mPa·s。该深度段烃源岩成熟度 0.9%~1.2%，属于成熟阶段。并且，玛页 1 井位于构造高部位，向着凹陷区埋深大，原油成熟度高，物性更好，地层条件下流动性也更好。因此，玛页 1 井有望推动页岩油赋存深度向着 4500m 以深的更深层进军。

综合上述，玛湖凹陷风城组页岩油与吉木萨尔凹陷芦草沟组相比有其本身的劣势，但也存在先天的优势。一直未取得较大进展的主要原因是埋深大，甜点集中发育段较难识别与刻画，水平井提产工艺存在风险。但埋深大的风城组烃源岩成熟度高，能够形成中高成熟度的轻质油，对地层条件下的原油流动性具有非常大的促进作用。针对甜点不集中的劣势，通过玛页 1 井创新"直立多级分层压裂合采"思路取得突破，证实风城组页岩油直井提产的可能性。此外，风城组页岩油从目前钻揭的井显示，埋深浅，地层压力系数普遍在 1.2~1.4，随着埋深的增大，预测凹陷区的风城组压力系数在 1.7 以上，地层能量对于页岩油的提产具有较大促进意义。

表 5-1　玛湖凹陷风城组与吉木萨尔凹陷芦草沟组页岩油地质条件对比（据支东明等，2019）

对比区层		吉木萨尔凹陷芦草沟组	玛湖凹陷风城组
构造背景	盆地性质	坳陷盆地	前陆盆地
	沉积环境	陆相咸化湖盆	陆相咸化（碱）湖盆
	构造变动	稳定	周缘强烈，中心稳定
	地层厚度/m	20~330	50~1800

续表

对比区层		吉木萨尔凹陷芦草沟组	玛湖凹陷风城组
烃源条件	残余有机碳含量/%	1.08~26.66/4.02（71）	0.84~4.01/2.41（91）
	干酪根类型	Ⅰ—Ⅱ型，较少Ⅲ型	Ⅰ—Ⅱ型
	成熟度/%	0.48~1.12/低熟—成熟	0.85~1.4//成熟—高成熟（凹陷中无数据）
	有效源岩厚度/m	20~260m	50~300
	分布面积/km²	1500	4258
甜点条件	岩性特征	细粒白云质砂岩、白云岩	细粒白云质砂岩、白云岩
	储集空间类型	剩余粒间孔、微孔（晶间孔）、溶孔	原生孔、晶间孔、微裂缝、次生溶孔
	有效孔隙度/%	5.52~19.84/9.59	3~13/4.4
	埋藏深度/m	2500~4500	4500~5500
	储集层厚度/m	40~90	50~280（玛页1井269m）
	压力系数	1.1~1.3	>1.5
	天然裂缝	欠发育（2~4条/m）	发育（2~15条/m）
工程改造特征	杨氏模量/GPa	15~28	35~60
	脆性指数	40~43	45~55
	单轴抗压/MPa	137~182	113~344
	两向应力差/MPa	6~12	7~8
流体特征	原油密度（地表）/(g/cm³)	0.87~0.93	0.833~0.887
	50℃黏度/(mPa·s)	49.91~510.35/222.26	23.27~178.33/122.97
	凝固点/℃	4~28/13.57	-22~7/-8.8
	气油比/(m³/m³)	17	82~110

从资源潜力的角度出发，新一轮资源评价预测风城组页岩油资源潜力仅4.2亿t，评价范围限于4500m以浅的乌夏断裂带，评价面积382km²，用小面元容积法与资源丰度类比法开展评价，以吉木萨尔凹陷芦草沟组优势的静态要素为标准，导致资源评价关键参数选择过于保守。例如，页岩油甜点平均厚度仅45m，平均孔隙度取值5.25%，含油饱和度取值45%；而玛页1井揭示的页岩油甜点纵向厚度293m，分析含油饱和度为40.9%~74.6%，平均56.4%；因此，风城组页岩油的资源潜力被严重低估。此外，目前钻井揭示的风城组页岩油多位于前陆拗陷的斜坡区，地层厚度普遍小于500m，相比而言风城组前陆拗陷中心区超1500m，5倍于玛页1井（图5-14）。此外，整个凹陷区风城组目前4500m以浅的页岩油分布面积1350km²，基本与吉木萨尔凹陷相当，而5500m以浅的有利区则达到了2350km²，风城组页岩油体量更大，勘探前景更好。

而从页岩油动用技术工艺分析，吉木萨尔凹陷芦草沟组页岩油上下两套甜点集中段适合水平井提产，但原油成熟度较低，原油流动性低，且地层压力系数不超过1.3，需要大规模体积压裂改造。而风城组页岩油则不同，整体含油，局部富集的特征促使玛页1井直井动用已初见成效，并且原油流动性好，地层压力系数向凹陷区可高达 1.7。此外，玛页 1 井压裂后缝网特征观测发现，9 级压裂仅有 3 级压裂实现充分改造，形成复杂缝网，达到理想的效果，其余均为单缝或者平行缝特征，未实现页岩油段充分改造。近期，在中国石油天然气股份有限公司勘探与生产分公司大力支持下，围绕风城组上甜点开展水平井提产潜力探索，同时，向深湖—半深湖靠近黄羊泉扇物源的页岩油新领域开展长直井探索。通过不同井型的探索，形成一套适合风城组页岩油地质特征的有效开发方式，为后期风城组页岩油的全突破奠定基础。

第六章 源外"准连续型"油藏成藏机制

本章聚焦油气源外运聚模式展开综合分析,重点研究下三叠统百口泉组。百口泉组是一例具有"连续型"成藏特征的亿吨级油藏,但有意义的是,它又区别于全球发现的大多数经典连续型油气藏,主要表现为原油经历了长距离(1500~2500m)的垂向运移。据此,将这一油藏类型定义为"准连续型"油藏。

第一节 "准连续型"油藏基本特征

准噶尔盆地西北缘研究区自三叠纪以来构造活动逐渐减弱,除了断裂带盆山过渡区的挤压活动仍在持续外,研究区整体沉降特征趋于稳定。形成于这样的构造背景下,下三叠统百口泉组的地层展布特征相对较简单,可分为断裂带和斜坡带两部分。其中,山前断裂带地区构造相对复杂,主要发育大角度逆冲断层,走滑断层和正断层较少;相比而言,斜坡带基本表现为东南倾的平缓单斜(3°~7°),局部发育走滑断层,伴有短轴倾伏背斜(图6-1)。

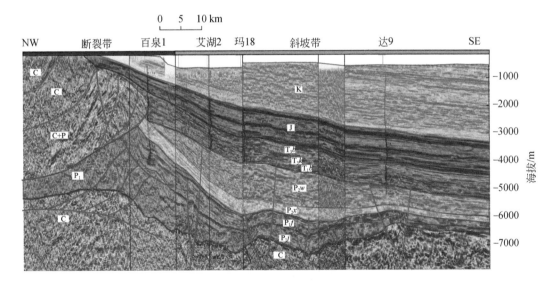

图6-1 准噶尔盆地西北缘玛湖凹陷地区北西—南东向地层剖面

百口泉组超覆于研究区因海西晚期抬升所形成的边缘隆起上,由于山前盆地沉降幅度大,在斜坡带广泛发育冲积扇、水下扇、扇三角洲相的砾质粗碎屑沉积,其地层厚度为110~240m。百口泉组沉积为一套湖侵体系,根据岩性、电性及沉积旋回特征,百口泉组可进一步分为三段：其中，中上部百二段（T_1b_2）和百三段（T_1b_3）全区广泛分布；相比而言，下部百一段（T_1b_1）分布范围较小，在中拐凸起高部位和玛湖凹陷东环带（玛东地区）遭受剥蚀。由百一段至百三段，扇三角洲向物源区后退，湖泊面积逐渐扩大，这些大型扇体交错叠置，为油气提供了连续性良好的储集空间。

一、油气分布与烃类流体基本性质

百口泉组中烃类流体的发现以原油为主，仅有少量天然气以溶解气的形式与原油伴生产出，气油比普遍较低，在 14.1～345.8m³/m³。百口泉组油藏中原油的聚集分布特征受致密的储集岩性质制约，其烃类流体在细微的岩石孔喉中受毛细管阻力影响而难以被地层水浮力驱动，从而弥散式分布于储集体当中，不存在明显的油、气、水界限，属于典型"连续型"油藏基本特征（Schmoker，2005；邹才能等，2013）。因此，与油气运移至构造高点的常规油气藏不同，对于具有低孔低渗性质的油气藏来说，一个成藏储集地质体往往构成了一个完整的油气聚集系统。如图 6-2 所示，研究区百口泉组由于低孔低渗的储层物性，油藏边底水不活跃，试油出水很少，无统一油气水界面，不存在明显或固定的圈闭界限。

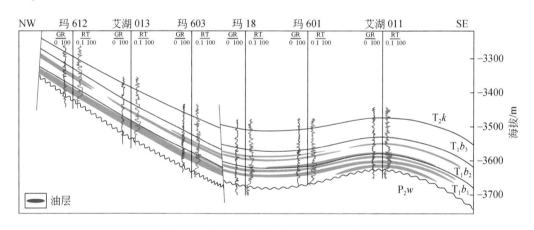

图 6-2　准噶尔盆地西北缘玛湖凹陷百口泉组油藏油层分布特征

对于烃类流体性质，原油物性分析表明，研究区百口泉组原油 API 主体分布于 21°～45°（0.80～0.93g/cm³），平均 38°（0.84g/cm³），且由断裂带向凹陷中心方向，原油密度总体呈现降低趋势，除山前断裂带地区，大部分属于轻质油［图 6-3（a）］。同样，族组分特征也显示，百口泉组原油以饱和烃为主，其平均含量为 81.3%，但不同地区间原油族组分特征具有差异，其中大部分来源于断裂带和玛湖凹陷南部斜坡带的原油，其饱和烃含量较低（59.7%～75%），而斜坡带其他样品饱和烃丰度基本都大于 80%［图 6-3（b）］。

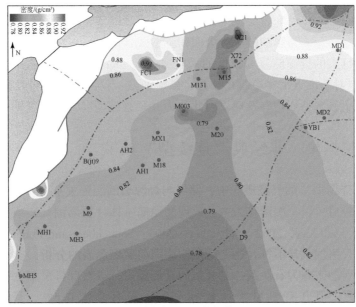

(a)原油密度平面分布趋势

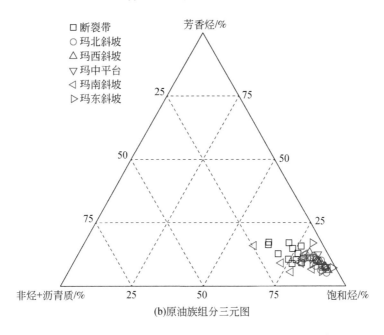

(b)原油族组分三元图

图6-3 准噶尔盆地西北缘百口泉组原油基础地球化学特征

二、油藏具有典型"连续型"油藏的诸多基本特征

"连续型"油气聚集的概念最早由美国地质调查局提出，后来人们对其的认识和理解

不断加深，目前综合国内外众多学者的观点，通常认为"连续型"油气藏应主要包含以下基本特征：储集体与烃源岩配置关系遵循源储一体或源储紧密接触式分布、储集岩物性低孔低渗、油气成藏受水动力影响较小、大面积弥散式含油气、不存在明显或固定的圈闭界限、异常压力、巨大的资源储量和较低的采收率等（Sonnenberg and Pramudito，2009；邹才能等，2009）。对于准噶尔盆地西北缘百口泉组油藏，仅源储关系与经典"连续型"油气藏不同外，以上诸多特征均有发现，因此认为其"连续型"成藏特征明显。

三、源上跨层运聚，非经典"连续型"成藏

在典型的"连续型"油气藏概念中，储层与烃源岩的配置关系有着严格的定义，即油气成藏运聚距离较短，以一次运移为主，表现为源储一体（页岩油气）或源储互层紧密接触（致密砂岩油气）（Law，2002；Schmoker，2005；Sonnenberg and Pramudito，2009）。

研究区百口泉组油藏却不符合这一特征。根据前文烃源岩的分析，准噶尔盆地西北缘研究区烃类最主要的来源为石炭系—二叠系四套烃源岩，虽然百口泉组也有部分湖相粉砂岩及泥岩的发育，但其有机质类型较差，TOC 普遍低于 0.6%，且埋藏深度较浅（<3500m），热演化程度尚未普遍进入成熟阶段，因此生成烃类的能力很弱（张鸾沣等，2015）。由此可见，百口泉组原油为源外运聚成藏。

本章对百口泉组原油具有代表性的生物标志化合物进行研究，以分析原油确切的成因来源。与研究区其他领域所发现的大部分原油类似，百口泉组原油中普遍含有高丰度的β-胡萝卜烷，在一些样品中β-胡萝卜烷甚至成为饱和烃的最主要组分。原油中β-胡萝卜烷相对丰度和 Pr/Ph 值具有良好的负相关关系，具体而言，原油 Pr/Ph 值为 0.76～1.29，而β-胡萝卜烷/n-C_i 值在 0.10～2.88，这指示了还原的高盐—超盐沉积环境特征［图 6-4（a）］。原油 $C_{27～29}$ 规则甾烷相对含量的分布特征表明生烃母质主要为藻类和浮游生物，而未表现出高等植物的来源特征［图 6-4（b）］。

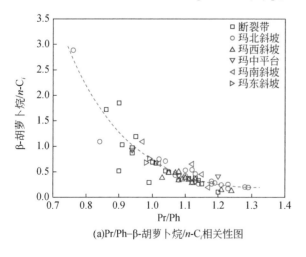
(a)Pr/Ph-β-胡萝卜烷/n-C_i相关性图

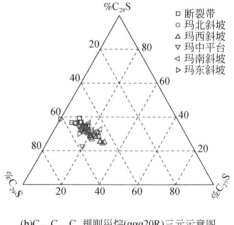
(b)C_{27}, C_{28}, C_{29}规则甾烷(ααα20R)三元示意图

图 6-4　准噶尔盆地西北缘百口泉组原油生物标志化合物特征

三环萜烷系列分析被用于进一步判断百口泉组原油成因类型。百口泉组原油中三环萜烷 C_{21}/C_{23} 值均低于 1.3，其中大部分低于 1.1，这显示了它们大部分来源于风城组烃源岩，而少量来源于碳系和佳木河组烃源岩 [图 6-5（a）]。这一结论与前文对原油源相特征的分析结果相一致。其中对于碳系和佳木河组烃源岩来源的原油，主要发现于与中拐凸起较近的玛南斜坡地区，也符合前文对这套烃源岩分布特征的分析。此外，升藿烷指数 C_{29}/C_{30} 和 C_{35}/C_{34} 值表明玛湖凹陷内大部分百口泉组原油具有碳酸盐岩所生烃类的特征，表明它们来源于风城组云质烃源岩，而距离风城组沉积中心较远的玛南斜坡带及玛东斜坡带（达巴松凸起与夏盐凸起）则主要显示了泥质烃源岩所生烃类的特征，为风城组泥质岩与碳系和佳木河组烃源岩成因来源 [图 6-5（b）]。

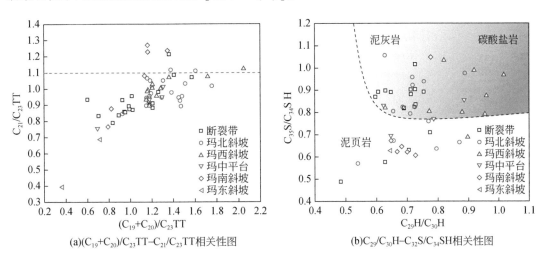

(a)$(C_{19}+C_{20})/C_{23}TT$–$C_{21}/C_{23}TT$相关性图　　(b)$C_{29}/C_{30}H$–$C_{32}S/C_{34}SH$相关性图

图 6-5　准噶尔盆地西北缘百口泉组原油生物标志化合物特征

综上所述，研究区百口泉组原油来源于深层风城组、佳木河组和碳系，其中对于百口泉组成藏充注强度最高的玛湖凹陷北西斜坡地区，其原油主要来源于风城组云质烃源岩，进一步表明这种碱湖烃源岩具有研究区最高的生烃潜力，并且其资源规模巨大，也构成了准噶尔盆地西北缘源外成藏领域最重要的含油气系统。

由此可见，研究区百口泉组是原油经历了长距离、跨层垂向运聚（1500~2500m）而成藏形成的一类"连续型"油藏（图 6-1），这一特殊特征使其区别于经典的"连续型"油气藏，也是定义其为"准连续型"油藏的关键原因。

第二节　"准连续型"油藏形成条件与机制

一、连续型储层

"连续型"油藏能够大规模成藏与富集的一个先决条件是需要构造平缓、大范围稳定分布的储集岩，能够为油气提供不易使其逸散的连续储集空间（Law，2002；Schmoker，

2005；Sonnenberg and Pramudito，2009）。如前文所述，百口泉组在研究区展布平缓，主要呈一平缓单斜分布，首先满足了有利的储层构造背景。其次，百口泉组主要发育于扇三角洲环境，其沉积相可进一步划分为三类亚相：扇三角洲平原亚相、扇三角洲前缘亚相、浅湖相（雷德文等，2005；Yu et al.，2017；唐勇等，2014）。百口泉组三类沉积亚相中，扇三角洲平原亚相和扇三角洲前缘亚相所发育的岩屑砂岩和含砾砂岩构成了最主要的储集岩，这类储集体在研究区大面积叠置展布（~1000km²），单个扇体厚度在 50~100m，为原油大范围充注提供了连续性良好的储集空间。

百口泉组储集岩发育多种孔隙体系，包括粒间孔、晶间孔、溶蚀孔、微裂缝孔隙等，其中粒间孔和溶蚀孔构成了最主要的孔隙类型（匡立春等，2014；唐勇等，2014）。百口泉组储层具有较低的基质孔隙度和渗透率，平均孔隙度为 7.52%，平均渗透率为 $0.97 \times 10^{-3} \mu m^2$，属于致密储层（图6-6）。

虽然百口泉组整体属于低孔低渗储层，但在沉积相控制下，其储集岩物性却具有很大的差异，这导致了部分储集体具有更加优质的储集物性，从而形成了相关原油更加富集的"甜点体"。具体而言，百口泉组扇三角洲平原亚相由于形成于更靠近物源方向的地区，其储集岩岩性主要由粗砾岩与砂砾岩组成，颗粒分选较差，粒间泥质杂基含量高，孔隙结构以粒间孔隙为主，表明有机流体的充注程度在这类岩石中较低。这类储层的平均孔隙度为 6.78%，平均渗透率为 $0.77 \times 10^{-3} \mu m^2$（图6-6）。

相比而言，百口泉组扇三角洲前缘亚相形成于较强的水动力环境中，因此其储集岩主要由中砾岩与含砾砂岩组成，颗粒分选较好，粒间泥质杂基较少。与此相对应，这类储集体孔隙结构中除了粒间孔，溶蚀孔也大量发育，表明有机流体的充注强度更高。这类储层的平均孔隙度为 9.13%，平均渗透率为 $1.24 \times 10^{-3} \mu m^2$（图6-6）。

相比于以上两类沉积亚相，百口泉组浅湖相岩性以粉砂岩、粉砂质泥岩为主，其岩石平均孔隙度为 6.51%，平均渗透率为 $0.35 \times 10^{-3} \mu m^2$，因岩石过于致密以至不能成为有效的储层（图6-6）。

为了进一步分析百口泉组两种沉积亚相储层的物性特点，选取了代表性的岩石样品进行压汞实验，以反映储集岩孔喉构造特征。对于扇三角洲平原亚相砂砾岩样品，其进汞排驱压力（Pd）以及汞饱和中值压力（Pc50）分别为 0.51MPa 与 10.68MPa，由此可计算其最大孔喉半径及中值孔喉半径分别为 $1.44 \mu m$ 和 $0.37 \mu m$，其中占比最大的孔喉半径在 $0.14 \sim 0.28 \mu m$［图6-7（a）］。相比而言，扇三角洲前缘亚相含砾砂岩的 Pd 以及 Pc50 分别为 0.51MPa 与 10.68MPa，对应的最大孔喉半径及中值孔喉半径分别为 $5.25 \mu m$ 和 $1.57 \mu m$，其中占比最大的孔喉半径在 $1.12 \sim 2.24 \mu m$［图6-7（b）］。

综上所述，通过对百口泉组储集岩孔隙度、渗透率及岩石孔喉构造特征的分析，均表明百口泉组三类沉积岩相所构成的岩石单元中，扇三角洲前缘亚相最为发育优质储层，是烃类流体充注富集的甜点区。

二、原油高熟轻质

在连续型致密储层中，烃类流体的可流动性对其富集和产出具有至关重要的作用。如

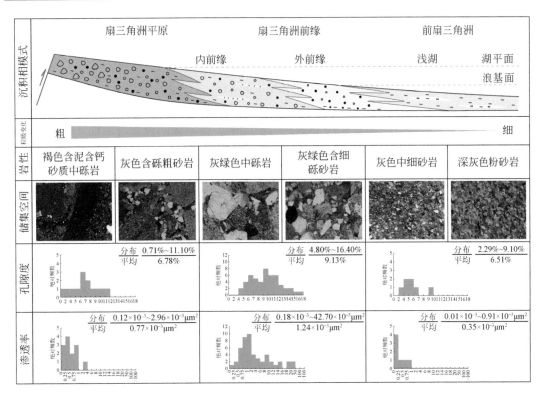

图6-6 准噶尔盆地西北缘百口泉组扇三角洲沉积模式及储层特征

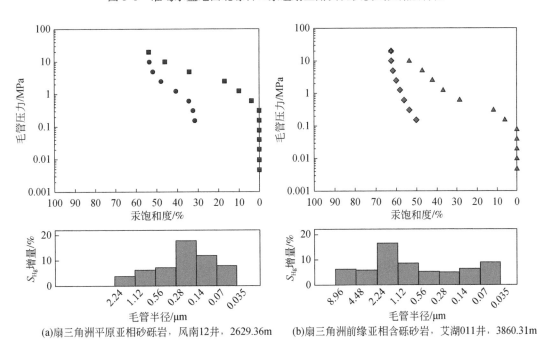

(a)扇三角洲平原亚相砂砾岩,风南12井,2629.36m   (b)扇三角洲前缘亚相含砾砂岩,艾湖011井,3860.31m

图6-7 准噶尔盆地西北缘百口泉组典型储层岩石压汞曲线

前文分析，百口泉组油藏烃类流体以轻质原油为主，尤其是其主要成藏领域玛湖凹陷斜坡带，原油主要为风城组云质烃源岩来源的轻质油。这类原油与前文所分析的乌夏断裂带地区风城组自储的云质岩成因原油相比，其油质更轻，表明它们是热演化程度更高的风城组烃源岩所生。为了明确百口泉组轻质油的成因分布规律，针对这些原油的成熟度特征开展分析研究。

百口泉组全油碳同位素值在–30.33‰ ~ –28.02‰，全油碳同位素与原油 API 表现出了良好的正相关关系，表现出这两者在成熟度影响下的变化趋势 [图6-8（a）]。原油族组分中饱和烃碳同位素值在–32.19‰ ~ –28.06‰，芳香烃碳同位素在–30.38‰ ~ –26.60‰，它们之间也表现出了很好的正相关性，同样反映了成熟度对它们的影响 [图6-8（b）]。需要注意的是，研究区百口泉组原油具有多种成因来源，这在一定程度上也影响着其原油组分的碳同位素特征，因此，需要更多的分析来论证其成熟度特征。

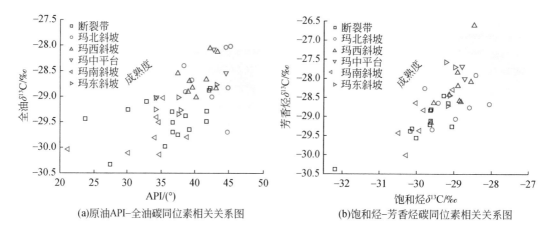

(a)原油API–全油碳同位素相关关系图　　　　　(b)饱和烃–芳香烃碳同位素相关关系图

图6-8　准噶尔盆地西北缘百口泉组原油稳定碳同位素特征

在诸多与成熟度相关的地球化学指标中，针对百口泉组原油分析发现，$C_{29}\beta\beta$/（$\alpha\alpha$+$\beta\beta$）甾烷、孕甾烷/$\alpha\alpha\alpha C_{29}$20R 甾烷、Ts/Tm 值可以被用作有效的成熟度判识指标。C_{29}甾烷的异构化指数是一个经典的成熟度指标，但其适用范围相对较窄，只适用于低熟至成熟烃类的判识，这是由于在到达高成熟阶段之前其异构化反应已达到了一个平衡状态（Seifert and Moldowan，1978）。然而，根据前文分析，研究区百口泉组来源于风城组云质烃源岩的轻质油普遍具有很高的成熟度。为了弥补 $C_{29}\beta\beta$/（$\alpha\alpha$+$\beta\beta$）甾烷所反映成熟度的范围限制，利用孕甾烷/$\alpha\alpha\alpha C_{29}$20R 甾烷与其对比进行分析。孕甾烷被认为主要来源于孕酮前驱物或经由高碳数规则甾烷热降解而形成，但在其前驱物匮乏的条件下，其成因就可以成为评价成熟度的有效机制。Huang 等（1994）提出在咸化湖盆中，孕甾烷前驱物的输入量是极其低的，这使得孕甾烷/$\alpha\alpha\alpha C_{29}$20R 甾烷可作为沉积于高盐环境烃源岩生烃热演化的有效指标。

在百口泉组原油中，$C_{29}\beta\beta$/（$\alpha\alpha$+$\beta\beta$）甾烷和孕甾烷/$\alpha\alpha\alpha C_{29}$20R 甾烷呈现出了良好的非线性正相关性 [图6-9（a）]。这一特征也反映了两个参数在热成熟过程中的演化规律，其中当 $C_{29}\beta\beta$/（$\alpha\alpha$+$\beta\beta$）甾烷达 0.6 之前，是其异构化反应的正常发展阶段，反映了烃类的成熟演化过程；而这一阶段孕甾烷也逐渐由高碳数甾烷热裂解而形成，因此两个参数比值基本呈现出了线性增长关系。相比而言，进入烃类的高成熟阶段，C_{29}规则甾烷的异构化反应逐渐停止，但这一阶段孕甾烷还在持续地由热裂解而生成，造成了孕甾烷/$\alpha\alpha\alpha C_{29}20R$甾烷与$C_{29}\beta\beta/(\alpha\alpha+\beta\beta)$甾烷呈指数式增长关系［图6-9（a）］。综上所述，还可以表明孕甾烷/$\alpha\alpha\alpha C_{29}20R$甾烷可作为盐湖所生烃类非常有效的成熟度评价指标，并且其成熟度指示范围更广。此外，对比孕甾烷/$\alpha\alpha\alpha C_{29}20R$甾烷和另一个成熟度指标Ts/Tm也可以看出百口泉组原油相似的成熟度变化趋势［图6-9（b）］。然而在孕甾烷/$\alpha\alpha\alpha C_{29}20R$甾烷与Ts/Tm的相关关系中，原油样品的分布更加离散，这是由于Ts/Tm也易受烃类不同成因类型影响（Moldowan et al.，1983）。

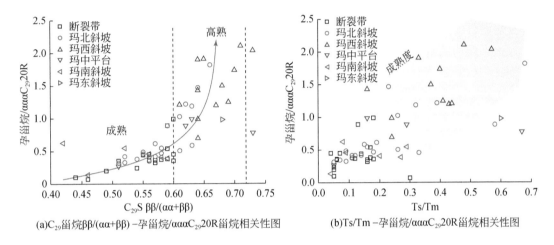

(a)C_{29}甾烷$\beta\beta/(\alpha\alpha+\beta\beta)$–孕甾烷/$\alpha\alpha\alpha C_{29}20R$甾烷相关性图　　(b)Ts/Tm–孕甾烷/$\alpha\alpha\alpha C_{29}20R$甾烷相关性图

图6-9　准噶尔盆地西北缘百口泉组原油生物标志化合物特征

综合以上成熟度指标所反映的原油成熟度特征发现，对于研究区不同地区百口泉组原油，其成熟度与区域烃源岩层系埋深具有很强的相关性。具体而言，原油成熟度从地层埋深最浅的断裂带至埋深最大的玛西斜坡逐渐升高，其中，断裂带、玛南斜坡地区原油以成熟原油为主；而玛北斜坡与玛中平台地区原油成熟度更高，既有成熟油也有高成熟油；玛西斜坡原油成熟度最高，均为高成熟原油，据前章分析，这些原油成熟度最高可达1.5%～1.6%R_o。

在研究区百口泉组的勘探中，玛西斜坡是其原油产出最高的地区，这无疑表明了风城组碱湖云质烃源岩在高成熟阶段大量生成的轻质原油是百口泉组连续型致密储层中原油得以大量充注富集和利于产出的物质基础。

三、断裂体系与异常高压

对于经典"连续型"油气藏的报道基本都强调了短距离垂向运移的油气运聚模式（Law，2002；Schmoker，2005；Bowker，2007；Hill et al.，2007；Pollastro，2007；Sonnenberg and Pramudito，2009；Zou et al.，2013）。然而，根据前文原油成因分析，百口

泉组原油是经历了长距离、跨层垂向运聚（1500～2500m）而成藏形成的一类"连续型"油藏，其来源于深层的石炭系—下二叠统烃源岩。这一特殊特征使其区别于经典的"连续型"油气藏，也是定义其为"准连续型"油藏的关键原因所在。

根据前文原油成熟度特征分析，百口泉组原油主要通过原地下伏烃源岩层系所生原油的垂向运聚而成藏。因此，可供原油运移的输导体系是这一源外连续型油藏得以形成的关键。在准噶尔盆地西北缘研究区，海西–印支期的构造运动形成了一系列的断裂，尤其是晚海西构造运动形成了大量沟通下三叠统与深层二叠系/石炭系的高陡走滑断层，这些断层在平面上成排、成带发育，为油气的垂向运移提供了良好通道（图6-1）。百口泉组勘探现状表明，原油相对更加富集的甜点区往往都是这类走滑断裂大量发育的区域（图6-10）。同时，百口泉组作为斜坡带大部分走滑断裂断开的最高地层，具有了很好的烃类聚集条件，伴随这些走滑断裂往往还发育有短轴倾覆背斜（鼻状构造）和半背斜，这都为原油在层内的富集提供了良好的构造条件（图6-1）。

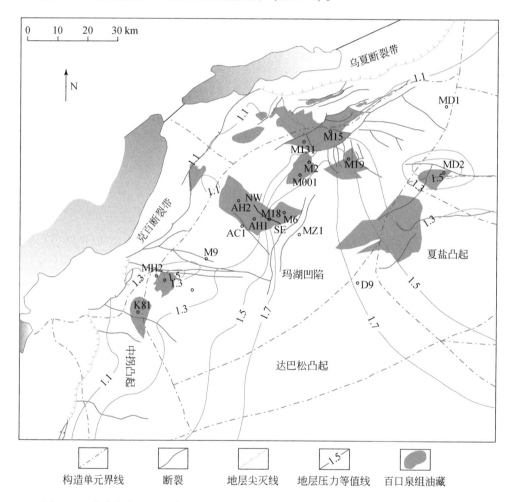

图6-10　准噶尔盆地西北缘百口泉压力系数等厚图（压力系数根据钻井液密度计算）

此外，百口泉组油藏还具有一个重要的"连续型"油气藏特征，即地层异常高压发育（压力系数大于1.1），并且异常高压与断裂的分布具有密切关系，高压分布区往往也是油气成藏的有利区域（图6-10）。因此，这些地层异常高压形成的主控因素被认为主要与深大断裂有关，即与深大断裂沟通地层发育超压，反之则不发育超压，这表明断裂发育区下伏有高压流体的充注，实际上是深部含油气流体的充注所引起的（冯冲等，2014）。此外，异常高压的持续存在也与保存条件相关，垂向上超压分布受百口泉组上覆的三叠系白碱滩组泥岩盖层控制，其上为常压地层，其下为超压地层，超压对下伏向上运移的烃类流体形成了压力封闭效应；平面上，压力系数具有自凹陷中心向边缘逐渐变小的趋势（图6-10）。因此在斜坡区越往深凹陷区，越具备形成超压以及相应高产的地质条件，从这层意义上讲，玛湖凹陷勘探领域广阔，深凹陷区也具备有利的成藏与油气高产地质条件。

四、成藏保存

如前所述，百口泉组储层由于致密的性质，其原油的保存具有典型的"连续型"油气藏特征，属于岩性—地层油藏。对于这类油藏的形成，盖层的存在并不是必不可少的条件，但具有致密顶底板的保护，更能使原油得以有效保存，特别是富集的保障。

研究区百口泉组在沉积期由老到新发生过一个明显的湖侵过程，由百一段至百三段，向物源方向扇三角洲沉积面积逐渐缩小，湖泊沉积面积逐渐扩大，具有一定的过渡性和渐变性（图6-11），因此不同沉积相岩性的有序配置可以为油气保存提供良好的遮挡条件。

垂向上，百三段顶部发育湖相泥岩，与其上部三叠系克拉玛依组、白碱滩组厚层湖相泥岩共同构成优质顶板条件；百一段靠近物源位置发育大范围扇三角洲平原相致密砂砾岩，与其下部中二叠统下乌尔禾组泥岩构成优质底板条件；侧向上，邻近物源区构造高部位位置主要发育扇三角洲平原相致密砂砾岩形成遮挡，因此三面皆具遮挡条件，为原油的成藏与富集提供了保障（图6-12）。

五、"准连续型"油藏发育模式及启示意义

准噶尔盆地西北缘玛湖凹陷地区下三叠统百口泉组源外"准连续型"亿吨级油藏的发现对全球范围内"连续型"油气勘探具有重要的启示意义。根据前文的综合分析，表明在适当的地质条件下，在盆地中心区域距离烃源岩层系较远的地层也可以存在大面积广泛分布的油气聚集。其地质条件应满足：一套或多套具有强生烃能力的正在生烃或曾经大量生烃的烃源岩系；所生烃类流体应以分子量较小的轻质油气为主，以利于烃类流体的运移与充注；发育规模有效的断裂体系并且沟通储集层与烃源岩层系；储集岩大规模稳定平缓展布，低孔低渗；在油气全充注成藏过程中储集岩具有有效的盖层封闭条件。

"连续型"概念的兴起起源于北美盆地中心气系统的发现，在页岩气革命中此概念受到了极大的重视，此后相关的研究进一步发展了页岩油、致密砂岩油气的大规模发现与勘

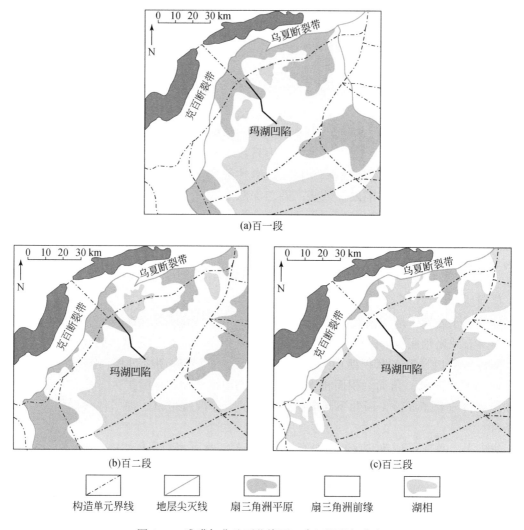

图6-11　准噶尔盆地西北缘百口泉组沉积相分布

探，因而这一概念往往与巨大的资源规模相挂钩。然而，过去对"连续型"油气藏的研究始终强调"源内"和"近源"的概念，而百口泉组油藏则展现了一种源外（1500～2500m）成藏又具有典型"连续型"特征的勘探实例。本章对其形成机制的讨论在理论上证实，沉积盆地中这种资源类型的分布范围较传统认识可能更广，也预示着全球范围内一些相对未勘探的地区可能仍存在巨大的勘探潜力。

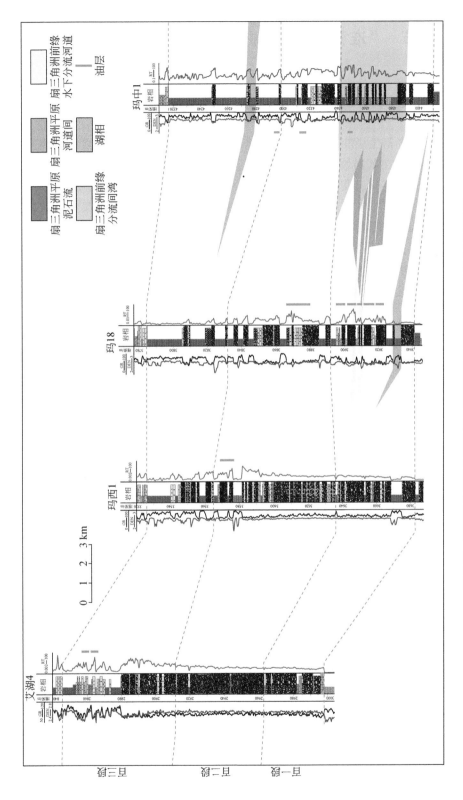

图 6-12 准噶尔盆地西北缘百口泉组沉积相剖面（剖面位置见图 6-11 中黑线）

第三节 "准连续型"油气高产特征与控制因素

一、油气高产区基本特征

准噶尔盆地玛湖富生烃凹陷位于盆地西北部，是盆地六大生烃凹陷之一，也是公认的最富生烃凹陷，因此在其斜坡区进行勘探，谋求大场面是勘探人长久以来的梦想。实际上，早在20世纪80年代，艾参1井就多层系见油气显示，初步揭开了凹陷区勘探的面纱，之后又在百口泉组中发现了玛北油田和玛6井区油藏。然而，百口泉组长久以来并未得到足够重视，因为根据传统观点，百口泉组储层属于陡坡环境的洪积扇沉积，低孔低渗，属于致密储层，油气产量很低，有利勘探相带主要分布在洪积扇扇中部位，平面上呈孤立"土豆状"分布在断裂带—上斜坡带，勘探领域窄，是无效益勘探的代名词（图6-13）。近期通过对区域构造沉积演化的详细分析，认为百口泉组实际上属于缓坡环境的扇三角洲沉积，扇三角洲前缘有利相带覆盖玛湖凹陷中—下斜坡区，勘探领域大大拓宽（图6-13）。据此，创建了扇控大面积成藏模式（图6-14）。具体而言，百口泉组有利储层侧翼及上倾方向由扇三角洲平原相致密带形成有效遮挡，油气聚集于下倾部位前缘相带；纵向上顶（中三叠统克拉玛依组—上三叠统白碱滩组）底板（中二叠统下乌尔禾组）泥岩发育，侧向与上倾方向扇间或湖相泥岩遮挡，为油气大面积成藏形成了良好封闭条件。

在此理论指导下，勘探不断取得突破，油气高产区频频发现。首先是2010~2012年在夏子街扇西翼的玛13、玛131井获得突破，打开了斜坡区的勘探新局面。其后2012~2014年在大面积含油成藏模式的提出、验证、指导下，重点区评价与低勘探区甩开布控，整体勘探推进，落实了玛北斜坡区亿吨级控制储量。此外，预探评价一体化，储量升级与动用有序推进，各扇体相继突破，展现多个高效与规模场面。如克拉玛依扇玛湖1井获高产，百口泉组在斜坡区出现第一个高产井点。黄羊泉扇玛18、艾湖1井获高产，艾湖2井获工业油流，初步展现西斜坡区亿吨级高效储量区。夏子街扇东翼玛19井钻探与扇三角洲前缘有利高产带"对称"分布设想一致，钻遇高压油层，新一块高效亿吨级场面呼之欲出。玛东扇盐北1井获工业油流，夏盐扇达10井百口泉组钻遇超高压油层，玛东斜坡历史性突破正在"孕育"之中。

总体而言，玛湖斜坡区百口泉组具有"整体含油、局部富集、甜点高产"的特点，符合经典的"连续型"油藏特征（Schmoker，2005；Sonnenberg and Pramudito，2009）。但考虑到已发现原油通过油源对比分析，主要来自深层的下二叠统风城组湖相优质烃源岩（匡立春等，2012），表现出源外成藏的特征，不同于经典的"连续型"油藏（邹才能等，2009；贾承造等，2012），因此称之为源外"连续型"油藏，这是国内外该类油藏的一个新典范，故具有重要的理论与实践研究意义。

综合考虑玛湖凹陷百口泉组成藏条件，百口泉组为一东南倾单斜，地层坡度较缓，倾角在2°~4°，地层厚度为100~300m，纵向上三分，其中，储层主要集中在百一段及百二

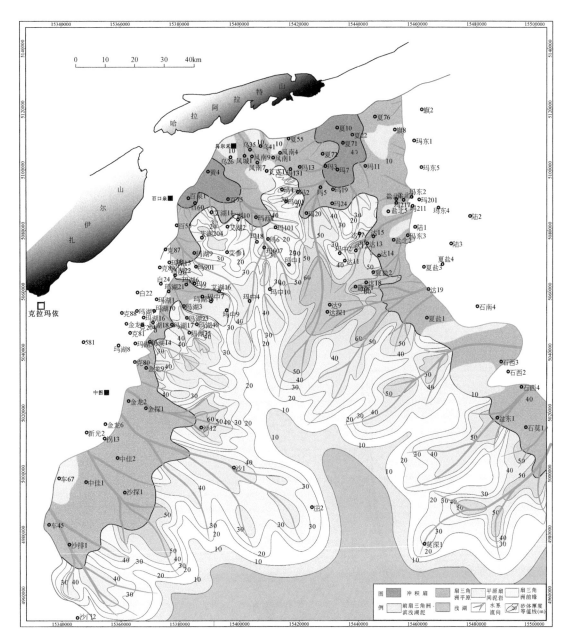

图6-13　百口泉组传统与新沉积模式示意图

段，岩性主要为灰色、灰绿色砂砾岩，主体属于低孔低渗的Ⅲ类储层。那么，在如此储层条件下，是如何形成高产？高产的关键控制因素是什么？高产区平面如何分布？这些是该区勘探研究最关注的问题。

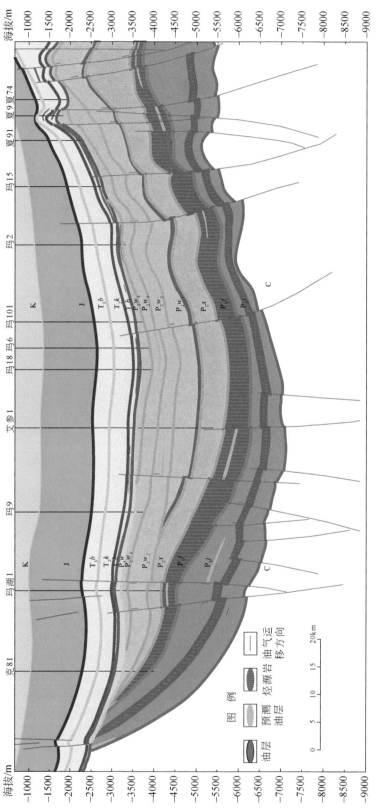

图6-14 百口泉组扇源外"连续型"油藏分布与成藏模式示意图

二、油气高产三大控制因素

1. 发育扇三角洲前缘相规模有效储层，且多见微裂缝

玛湖凹陷百口泉组目前发现的油气高产区无一例外都位于大型扇三角洲前缘相带，发育有效规模双重介质（孔隙和裂缝）储层，这为油气高产奠定了最基本的储层条件（图6-15）。如图6-13所示，研究区发育多个扇群，存在多个有利的扇三角洲前缘相带，平面上也稳定发育，叠置连片。这类前缘相的砂砾岩储层厚度在50~100m，油层厚度在10~50m，孔隙度为5%~12%，储集空间类型主要为残余粒间孔、溶孔（长石），其次是黏土收缩孔、微裂缝。下伏二叠系烃源岩生烃产生的有机酸性水沿裂缝、不整合面向上持续溶蚀是次生孔隙发育的主要因素，与残余的原生孔隙及裂缝等一起构成了复合的储集空间。其中，裂缝发育是油气能够高产的一个重要控制因素，能够有效改善储层，形成流体渗滤的高速通道。

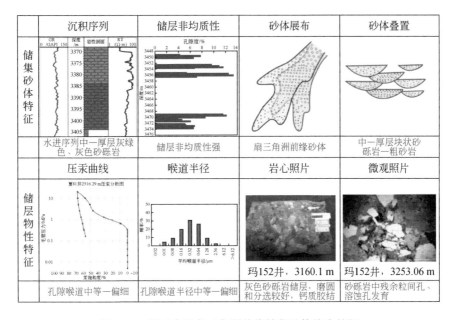

图6-15　百口泉组扇三角洲前缘储集砂体综合特征

2. 发育扇三角洲前缘相规模有效储层，且多见微裂缝

"连续型"油藏因主体处于凹陷区，储层相对较为致密，因此其原油的可流动性与开采是一个重要问题，若原油性质好，则会有利于油气高产（邹才能等，2009；贾承造等，2012）。玛湖凹陷百口泉组目前高产区发现的原油均表现出高熟轻质的特征，密度主体分布在0.82~0.86g/cm³，且普遍含气（图6-16），反映捕获的是烃源岩处于成熟—高成熟阶段的产物，并且有从断裂带向斜坡区原油密度逐渐降低的趋势，这与有效烃源岩分布及其演化趋势吻合。

从烃源岩发育的背景来看，玛湖斜坡区整体位于玛湖富烃凹陷中心区，因此优质烃源岩发育，利于原油生成。这些烃源岩可能存在四套，由深至浅分别为石炭系、下二叠统佳木河组、风城组，以及中二叠统下乌尔禾组（图 6-14）。四套烃源岩系中均有中等—高有机质丰度的泥岩样品分布，并且比较而言，以下二叠统风城组烃源岩质量最为优质（王绪龙和康素芳，1999；匡立春等，2012）。多套烃源岩为形成丰富的油气奠定了良好的物质基础。这些烃源岩在凹陷区处于高成熟阶段（图 6-14），因此以形成高熟轻质原油为主，且已有天然气形成。因此，研究区位于富烃凹陷中心区，高熟油气源充足，这是高产区形成的物质基础。

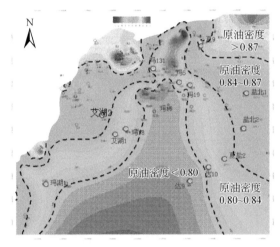

(a)玛湖凹陷三叠系百口泉组原油密度分布图

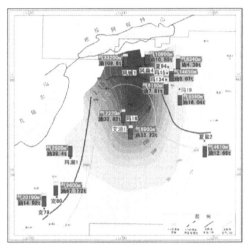

(b)玛湖凹陷三叠系百口泉组油气
产量及烃源岩R_o等值线分布图

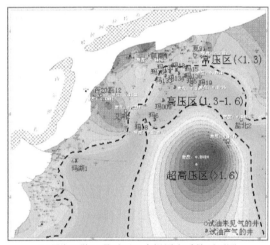

(c)玛湖凹陷三叠系百口泉组压力系数平面图

图 6-16　百口泉组原油密度、油气产量、烃源岩 R_o 与压力系数分布图

3. 异常高压

越来越多的研究发现，异常高压（超压）对油气勘探的意义重大，包括可以扩大生烃窗范围，改善储层物性，提高盖层的封闭性等。玛湖凹陷百口泉组也不例外，其油气高产也与异常高压息息相关。首先，从平面上看，如图6-16所示，百口泉组的高产区与异常高压分布区基本重合，且随地层压力变高，油质越来越轻，并普遍含气，反映了异常高压是油气高产的一个重要控制因素。以玛西斜坡区为例，上斜坡带百12井区常压（压力系数1.0），此处物性较差、产量低，至下斜坡带玛18井，地层高压（压力系数1.7），油质开始变轻、物性较好、产量较高。再以玛南斜坡区玛湖1、玛湖2、玛湖3井为例，它们百口泉组的压力系数分别为1.53、1.35、1.19，有意义的是，高压的玛湖1井与玛湖2井都有过油气充注的证据，而常压的玛湖3井油气显示差。

分析认为，百口泉组异常高压对油气高产的控制作用是多方面的。首先，在对生烃影响方面，高压区的有效源岩生烃期/时间增大，成熟—高成熟油气不断形成。在对储层物性影响方面，超压使得孔隙水排出的通道受阻，超压系统降低了储层的有效应力，减弱了压实压溶作用，使得储层孔隙度下降停止或减缓，因此超压区相对常压区更有利于储层。此外，还能对油气的保存起到有效作用，在超压区，压力封闭和物性封闭一起共同作用，提高了盖层的封闭性。因此，研究区的勘探理念需要从上斜坡常压带的中质油勘探转向下斜坡带高压、轻质油高产带勘探。

综合上述，百口泉组油气高产的主控因素有三个，并且有意义的是，这三个因素很好地耦合在一起，扇三角洲前缘有利相带的分布大部分位于异常高压与轻质油重合区，反映了油气成藏与富集的内在必然联系。

第七章 风城组常规–非常规油藏有序共生

玛湖凹陷风城组勘探受到埋深的限制,早期围绕玛湖凹陷北部、西部和南部埋深较浅的领域勘探,以常规构造—岩性目标为主。近年,以常规–非常规油气有序聚集理论为指导,向非常规油气领域拓展,取得较大成果,玛湖 28 井致密油、玛页 1 井页岩油相继获得工业油流。油气源研究证实风城组三种油气类型(常规油、致密油、页岩油)均为风城组烃源岩的产物,具有亲缘关系,但也存在各自独有的特点。比较而言,不同油气类型的空间共生强调的是宏观分布关系,储集空间位置决定油气的最终聚集,因此风城组的不同类型油气空间共生关系更多地取决于沉积建造。

第一节 常规–非常规油藏有序共生基本条件

一、风城组沉积特征

(一)主要岩石类型与特征

1. 陆源碎屑岩类

陆源碎屑岩是风城组最为发育的岩类之一,主要有砂砾岩、砂岩、粉砂岩、泥岩(图 7-1)。较粗粒的砂砾岩类主要分布于凹陷的西部边缘(百口泉区、五–八区等),以扇三角洲相沉积为主,主要是岩屑砂砾岩[图 7-1(a)~(c)],岩屑成分以火山岩为主(表 7-1),其他成分含量较低,表明风城组碎屑颗粒的源区以火山岩为主。砂岩类岩石、粉砂岩类岩石常常呈现灰色、深灰色、灰绿色、绿灰色,反映为还原环境。岩石中泥质杂基含量较少,常见到硅质、钙质胶结物,发育波状层理、交错层理。

(a)百泉1,风二段砂砾岩,岩屑为火山岩

(b)百泉1,风二段岩屑砂砾岩,岩屑为火山岩

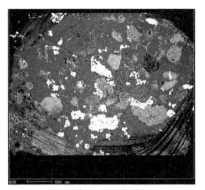

(c)风南4，风一段1小层，粉细砂岩夹砂砾岩薄层　　　　　(d)风南1，不等粒岩屑
砂岩，风一段1小层，岩屑为火山岩

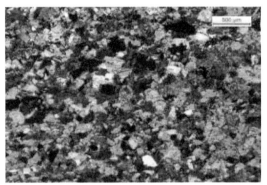

(e)风南4，4582.7m，凝灰质粉—细粒岩屑砂岩　　　　　(f)风南3，风三段1小层，3870.43m，
深灰色含粉砂质泥岩

图 7-1　风城组陆源碎屑岩特征

　　砂岩类主要为岩屑砂岩，除在西部边缘与砂砾岩互层出现外，其他地区在风一段和风三段也分布相对多，碎屑成分也以火山岩和火山碎屑岩为主［图 7-1（d）、（e）］，但颗粒中长石的成分逐渐增多。

　　相比而言，细粒的粉砂—泥质岩类［图 7-1（f）］含量最多、分布最广，是风城组最主要的岩石类型之一。岩石中含数量不等的凝灰质成分，特别是玛湖斜坡的东部（玛东）和北部（风城—夏子街区）。大部分细粒级的岩石也含有数量不等、类型和成因不同的白云石，构成含云或云质岩类岩石，岩石中的碎屑颗粒多以不同类型的长石出现，黏土矿物含量较低，可能是火山岩类经物理风化而形成的。由于此类岩石数量多、分布广，常常被作为风城组的代表性岩石，主要包括含云或白云质粉砂岩、含云或白云质泥岩、云化沉凝灰岩等，有的云质岩类岩石中含有一定量的盐类矿物。

表 7-1　风城组砾石成分及含量统计表

井号及层位	岩石名称	砾石含量/%	火山碎屑岩及熔岩		其他陆屑	
			含量/%	占比/%	含量/%	占比/%
艾克1（$P_1f_3^1$）	砾岩	90	87	96.7	3	3.3
	含砾中粒岩屑砂岩	22	17	77.3	5	22.7
	砾质不等粒岩屑砂岩	25	25	100		
	砂砾岩	51	51	100		
百泉1（$P_1f_3^3$）	砂砾岩	67	42	62.7	25	37.3
	砂质砾岩	75	65	86.7	10	13.3
百泉1（$P_1f_2^1$）	砂质砾岩	65	65	100		
	含碳酸盐砂砾岩	60	60	100		
	含碳酸盐砂砾岩	58	58	100		
	含云质砂砾岩	50	50	100		
百泉1（$P_1f_2^2$）	砂砾岩	60	50	83.3	10	16.7
风南1（$P_1f_1^1$）	砾状不等粒岩屑砂岩	25	22	88	3	12
	砂砾岩	46	46	100		
风南3（$P_1f_2^2$）	云质砾岩	57	20	35.09	37	64.9
风南4（$P_1f_1^2$）	砂砾岩	35	35	100		
平均		52.4	46.2	88.6	13.3	24.3

2. 火山岩类

火山岩是风城组重要的岩石类型之一，平面上主要分布于玛湖凹陷斜坡的东部和东北部，北部有少量分布，垂向上以风一段最发育。在玛湖凹陷西斜坡，至少发育多个火山群（图7-2）。火山岩相类型多样，不同产区有一定差异，克百地区火山岩以溢流相和爆发相共同发育为特征，并以溢流相为主，爆发相为辅；溢流相多为上部和中部亚相，爆发相多见喷射降落成因的凝灰岩而少见弹射坠落成因的火山角砾、火山弹。相比而言，乌夏地区火山岩以爆发相为绝对主体，以爆发相为主、溢流相为辅，溢流相分布局限，且为喷发与溢流之间过渡性的喷溢相；尤其是爆发相中占优势的热碎屑流亚相成为乌夏地区火山喷发的重要特征。

 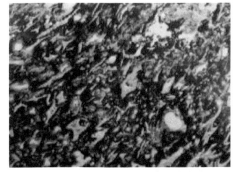

(a)夏72，流纹质熔结角砾质凝灰岩　　　　(b)夏72，P_1f_1，4809.72m，熔结凝灰岩

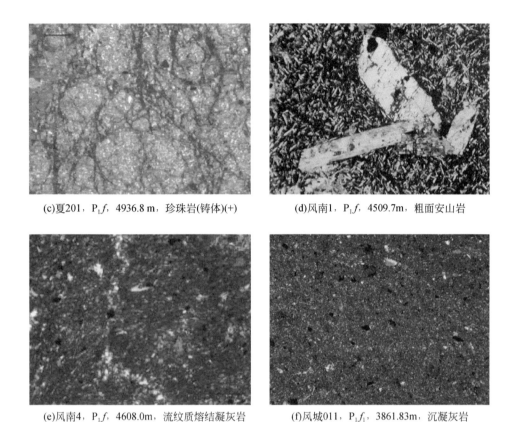

(c)夏201，P_1f，4936.8 m，珍珠岩(铸体)(+)　　　　(d)风南1，P_1f，4509.7m，粗面安山岩

(e)风南4，P_1f，4608.0m，流纹质熔结凝灰岩　　　　(f)风城011，P_1f_1，3861.83m，沉凝灰岩

图7-2　风城组部分火山岩石特征

风城组大部分属于碱性—偏碱性系列火山岩类，玛湖西斜坡以厚度不稳定的流纹质熔结火山碎屑岩、火山碎屑熔岩为主，岩石类型较为复杂，颜色以灰色、深灰色至灰黑色为主。主要岩石类型包括中酸性凝灰岩—沉凝灰岩、粗面质沉凝灰岩、熔结角砾凝灰岩、安山岩等（图7-2）。近火山口相的灰色流纹质弱熔结角砾凝灰岩由霏细岩岩屑、凝灰岩角砾、塑性浆屑、火山灰球、塑变玻屑及火山灰熔结而成，霏细岩岩屑的粒径多大于2mm，呈角砾状。岩心表面可见由大小不等浆屑构成的透镜状、长条状火焰体，火焰体呈似角砾状，长可达20~40mm，具定向排列，其内部均已发生脱玻化，形成霏细状长英质矿物集合体。该岩类向上气孔逐渐发育，含量为30%~35%，气孔大小不等，外形不规则，最大孔径可达20mm，最小为针孔，孔洞中被硅质、白云石、黄铁矿颗粒充填或半充填，硅质常沿洞壁呈马牙状生长；远火山口相，多为沉积凝灰岩，深灰—灰黑色的火山灰、火山尘[图7-2（e）、（f）]常与白云石、富含有机质的黏土混生（有时就是凝灰岩、火山尘凝灰岩、白云石与富含有机质的泥岩组成韵律层）而形成一种特殊的岩石类型，即火山碎屑岩与正常沉积岩之间的过渡岩石类型。其中火山灰、火山尘主要由火山岩屑、长石为主的晶屑和玻屑组成，长英质的岩屑、晶屑和玻屑（以及暗色矿物）最易发生蒙脱石化、绿泥石化、沸石化、方解石化、次生钠长石化等一系列的蚀变作用，特别是新生黏土矿物，利于

有机质富集和保存。已见玻屑多已脱玻蚀变。常见火山岩屑被白云石交代，交代形成的白云石一般自形程度较高，多呈分散状产出，当其含量高时可称为凝灰质白云岩。除此而外，远火山口相的部分井区，岩石中常见纹层和条带状燧石、硅硼钠石产出，莓状黄铁矿呈星点状分布。因此，岩石毫米级和厘米级韵律层十分发育，构成水平薄层和水平纹层状构造，岩心上微型正断层和不规则拉张缝较为发育，反映出了水体安静、沉降速率和沉积速率快的特征。

3. 内源沉积岩类

内源沉积岩亦称内生沉积岩，主要物质直接来自沉积盆地的溶液或沉积场所的溶液，是溶液中溶解物质通过化学或生物化学作用沉淀的。这些溶解物就其前期历史来说可能来自陆壳的化学风化，也可能来自火山活动或地下热液。内源沉积岩的主要矿物成分种类很多，常见的有铝的氢氧化物（三水铝石，一水硬铝石，一水软铝石），铁的氢氧化物和氧化物（针铁矿、硬锰矿、水锰矿等），磷酸盐矿物（胶磷矿、磷灰石），氧化硅矿物（蛋白石、玉髓、石英），碳酸盐矿物（方解石、白云石），硫酸盐类矿物（石膏、硬石膏、天青石、重晶石），卤化物（石盐、钾石盐、光卤石等）和有机质等（朱筱敏，1982）。这些矿物种类虽然多，但由于它们主要是通过化学或生物化学作用从溶液中沉淀出来的，故其形成时主要受物理、化学、生物化学条件的支配。所以在一定条件下，一般只有一种矿物沉淀，生成一种岩石，因此每种内源沉积岩中主要的矿物成分和化学成分都比较简单（朱筱敏，1982）。内源沉积岩类一般具有特定的沉积结构，如晶粒结构主要是由化学沉淀或重结晶作用形成的结构，这种结构与岩浆岩的结构类似，结构要素也基本相同。按其结构程度可分为非晶质结构、隐晶质结构和显晶质结构，其他类型的结构有生物骨架结构、粒屑结构和交代残余结构等。

玛湖凹陷风城组的内源自生矿物主要有碳酸盐类矿物（方解石、白云石、碳钠钙石等）、氧化硅矿物（蛋白石、玉髓、石英）和有机质，少量硫化物（黄铁矿）、硅酸盐（自生钠长石和沸石、黏土类矿物），偶见卤化物（石盐）、硫酸盐类矿物（石膏）。其中，最典型的为蒸发岩类，主要岩石类型为碳钠钙石岩、碳酸钠石（天然碱）、苏打石岩和硅硼钠石岩，少量的白云岩、泥质白云岩、凝灰质白云岩、灰质云岩和灰岩。总体而言，内生矿物虽然较为发育，但除蒸发岩类较发育外，其他种类单独成岩较少。

碳钠钙石岩和苏打石岩［图7-3（a）、（b）］为灰白色、浅灰色或灰色，薄层—厚层，主要由碳钠钙石组成，一般含少量硅硼钠石、氯碳钠镁石［图7-3（c）］，岩层较厚的岩石一般结晶粗大，粗晶结构，块状构造［图7-3（a）、（b）］，有的岩石与云质岩类或火山碎屑沉积岩不等厚互层出现，大颗粒的苏打石或碳钠钙石矿物中常包裹方解石、白云石或长石类矿物［图7-3（c）］，显示为较晚结晶产物。

碳酸钠石（天然碱）颜色与碳钠钙石岩相近，晶体粗大–巨大，集合体呈交叉的板柱状，硬度低，滴稀盐酸剧烈起泡。天然碱矿物在薄片中无色，呈柱状或板状、纤维状晶形，负低突起，具高级白干涉色。碳酸钠石产于顶底板为灰黑色云质泥岩中，代表静滞卤水池中韵律性快速生长堆积的产物（Mannion，1975；郑大中和郑若锋，2002）。

硅硼钠石岩颜色为灰色或浅灰色，在风城组中分布较普遍，但含量变化大，既可零星分布，也可高度富集成硅硼钠石岩，多数呈密集的条带状和透镜状夹于纹层状灰黑色–灰色云化凝灰岩中，条带宽 1 ~ 20mm，局部呈互层状产出，或呈稀疏的条带夹于含云泥岩中。

碳酸盐类岩石主要有泥粉晶白云岩、泥质白云岩、凝灰质白云岩、灰质云岩等。其中，泥质白云岩和凝灰质白云岩是风城组白云岩类的主要岩石类型，一般为灰色、深灰色，白云石含量大于50%，晶粒大小多在 0.1 ~ 0.25mm，和泥质混生或夹有凝灰质、粉砂质条带及硅质条带，并有微量有机质分布 [图 7-3 (d)、(e)]。相比而言，纯的白云岩不甚发育，不是主要的岩石类型，分布也不集中，一般在不同地区和井段零星出现，这类白云岩的白云石含量通常在80%左右，晶粒在 0.2 ~ 0.1mm，呈鱼子状、填嵌状，为准同生白云岩。

(a)风南5井，风二段，苏打石岩

(b)风20井，风二段，碳钠钙石岩

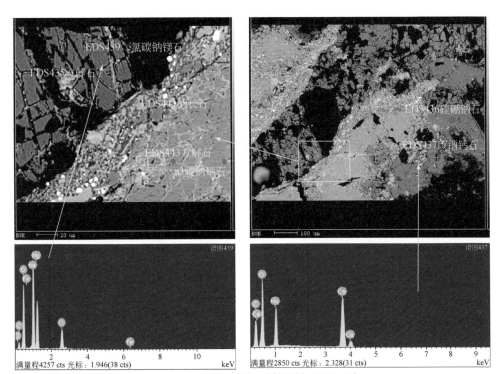
(c)艾克1井，5664.9m，灰色碳钠钙石岩夹云质泥岩

 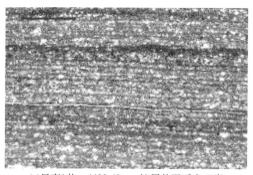

(d)夏40井，4567.70m，风城组，×40，凝灰质粉晶灰岩(去云化)　　(e)风南1井，4423.62m，纹层状泥质白云岩

图 7-3　风城组内源沉积岩类特征

需要注意的是，玛湖凹陷风城组总体来说典型的碳酸盐岩不甚发育，含量较少，岩层薄，常呈条带状、团块状或香肠状、透镜状分布，大部分的碳酸盐类岩石仅以夹层的或细纹层出现在其他岩石中。目前仅见一例颗粒碳酸盐岩报道，为风古 3 井 153m 处（上盘）见到的含砂屑团块鲕粒灰岩，其鲕粒一般为 0.25 ~ 0.5mm，最大为 0.5 ~ 0.7mm，最小为 0.1mm，多为表鲕，少量为复鲕及 0.1 ~ 0.2mm 灰泥团块，结晶透明度差，鲕核常由中性长石组成，鲕粒含量为 60% 左右；砂屑粒径在 0.1 ~ 0.25mm，成分主要为中性长石、石英，磨圆差，多为棱角状，含量 10% 左右；胶结物含量 30%，其中方解石 25%，泥质 5%，为淀晶胶结。

碱类蒸发岩主要发育在玛湖凹陷的中心风城 1—风南 5—艾克 1 井一线以南，最大厚度超过 200m，分布面积约 300km²，可能是国内目前已知时代最古老的碳酸型盐湖（碱湖）产物。化学沉积的盐类矿物在纵横向上具明显的分布规律性，主要分布于凹陷中心区的风一段上部和风二段，个别地区的风三段下部也有少量出现。

4. 混积岩类

在玛湖凹陷分布最广的其实不是上述的三类岩石，而是由以上三类端元岩石类型以不同方式和比例混合沉积形成的混积岩（图 7-4 ~ 图 7-7）。细粒岩石的岩矿分析数据表明，这种混积岩的矿物成分大致可分为四类：①与陆源碎屑有关的矿物成分，主要为长石、石英和黏土矿物等，长石的含量远高于石英；②与火山沉积作用有关的矿物成分，主要为斜长石、钾长石及石英晶屑等，少部分难以鉴定的微细火山颗粒如火山尘等；③与自生化学沉积相关的矿物，如碳酸钠钙石、硅硼钠石、苏打石、氯碳钠镁石等盐类矿物，方解石、白云石等碳酸盐类矿物和沸石类（如方沸石）矿物；④成岩胶结或交代作用形成的相关矿物，包括（铁或含铁）方解石、（铁或含铁）白云石、沸石类（如方沸石、斜发沸石、浊沸石）及石英、黄铁矿、菱铁矿、石膏、硬石膏等。

进一步分析发现，风城组的混积岩有两种类型，一种是上述不同源区的物质以不同的比例混合沉积，形成了所谓的狭义上的混积岩，是风城组分布最广的岩石，如云质沉凝灰岩（图 7-4、图 7-5），这是由火山碎屑和内源的白云石和方解石以不同比例混合沉积。其

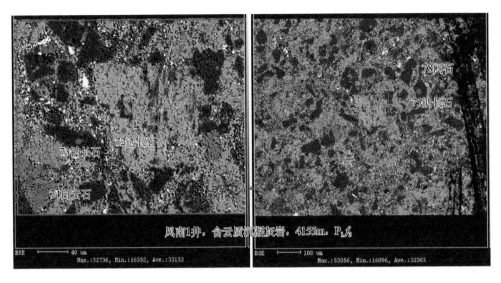

图 7-4　风城组以不同源区成分混合沉积形成的混积岩

中，火山碎屑主要是棱角状的长石晶屑、脱玻化的凝灰岩屑，以及发生蚀变的闪石类矿物，以及少量的陆源碎屑如泥质等。再如含粉砂白云质泥岩，岩石主要由以陆屑为主的泥质成分，粉砂—泥级的长英质成分，内生的草莓状白云石、黄铁矿组成（图 7-6）。而大部分所谓的云质岩，其岩石较致密、坚硬，常夹有多层硅质条带或砂质条带，以及凝灰质条带，具水平层理、微细层理，有的为缝合线构造，有的裂缝发育，大部分被白云石、方解石、硅质、片沸石、方沸石充填。硅质条带最厚处可达 6mm，最薄只有 0.2mm。来自陆源碎屑的泥质成分以伊利石和绿泥石为主，具一致消光方位。另一种为火山尘脱玻化或蚀变而成的黏土矿物，多伴随有凝灰质晶屑，这些岩石中的白云石好像镶嵌在泥质中，常和粉砂质条带、凝灰质条带互层。粉砂成分主要是长石、石英、火山岩块和泥质粉砂团块。凝灰质条带呈灰黑色，晶屑为长石和石英（有时具尖角状或熔蚀边）。白云石含量变化较大，一般为 10%～30%，粒径与白云石的成因类型有关，变化很大，岩石中常含数量不等的方解石，有时含数量不等的沸石、自生钠长石及碳钠钙石和硅硼钠石等蒸发岩类矿物。

　　另一种是陆源碎屑岩与碳酸盐岩频繁交替形成的地层剖面上的互层和夹层现象，被认为是广义的混合沉积（沙庆安，2001）。已有研究者将这种互层和夹层组合命名为"混积层系"（郭福生等，2003），混积层系和混积岩一起构成了广义的混合沉积，在风城组这种混积层系较为发育，常见的是白云质泥岩或凝灰质泥岩与碳酸盐岩、碳钠钙石岩、天然碱的互层（图 7-7）。

　　5. 讨论

　　以上分析表明，风城组岩性组成复杂。实际上，对风城组岩石类型的认识存在争议的原因并不仅仅是因为多数岩为混积成因，更主要的是被认为是泥岩的岩石中黏土矿物含量低、长英质矿物含量高，并且较细粒岩石中的岩屑大部分为火山岩或凝灰岩屑，由于粒

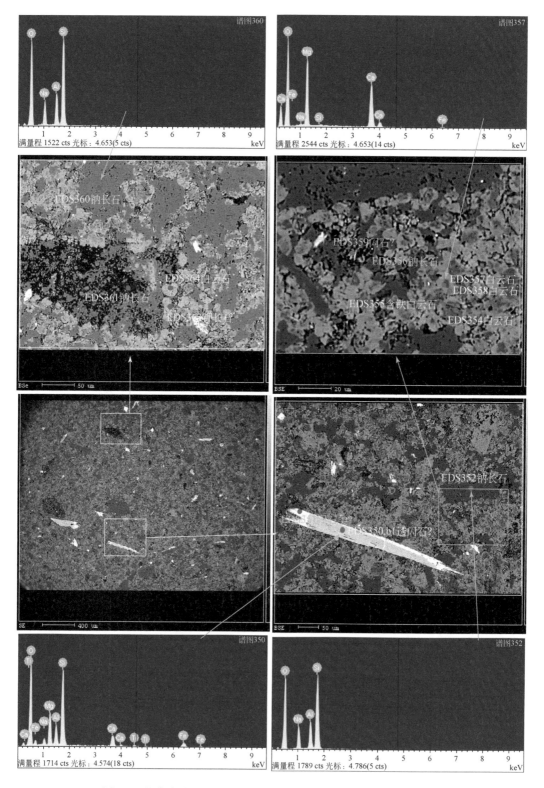

图 7-5　深灰色含泥含粉砂云质沉凝灰岩（风南 3 井，3957.35m）

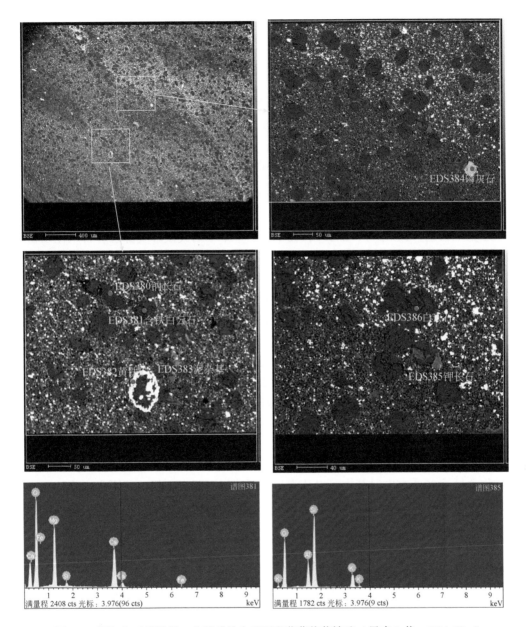

图 7-6　深灰色云质泥岩，含藻球粒白云石和草莓状黄铁矿（风南 1 井，4124.53m）

度较细不易判定是飘落的凝灰质成分或陆源碎屑。造成这种现象的主要原因是，在风城组沉积中确实存在大量飘落的细小火山碎屑，特别是在风一段，前已述及，玛湖凹陷乌夏地区发育数个火山群，火山岩以爆发相为主，火山爆发形成的火山灰流可大面积分布，飘落的细小火山灰分布面积更广，尽管目前在风二段和风三段尚未发现大规模的火山群，但零星的资料仍显示当时应存在火山喷发作用（蒋宜勤等，2012；鲜本忠等，2013），所以在岩石中发现凝灰质成分是正常的。另外，风城组沉积时的气候环境为半干旱—干旱环境

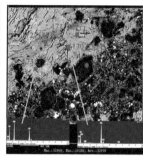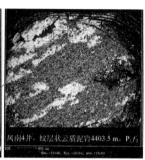

图 7-7　两种或两种以上岩石以纹层或不等厚互层方式出现的混积层系

（朱世发等，2013；秦志军等，2016），在干旱、半干旱的气候环境源区岩石风化以物理风化为主，加之玛湖凹陷沉积区离物源很近，坡降大，搬运距离近，而风城组物源区为火山岩分布区，玛湖凹陷风城组为碱湖沉积，通常在碱湖湖盆周缘一般为碱性的水土条件，不利于长石的化学风化（黏土化）（曹剑等，2015），酸性斜长石和碱性长石在碱性水体中比较稳定，不易黏土化，偏基性斜长石在高 pH、富钠的沉积水体内以钠长石化为主，碱湖环境有利于白云石等碳酸盐类矿物的形成，有利于凝灰质成分的碳酸盐化，使得不同类型的白云石和方解石共存于细粒岩石中（冯有良等，2011；朱世发等，2013）。因此风城组从源区岩石的风化、沉积及后生成岩过程均不利于黏土矿物的形成（曹剑等，2015；秦志军等，2016），陆源碎屑也是火山岩石物理风化产物，所以风城组的暗色细粒岩石中黏土矿物含量较低，长英质矿物含量较高。同时陆源区的火山岩和风城组同期喷发的火山岩类型差别较小，细小的碎屑颗粒难以分辨是飘落的火山灰或是陆源碎屑，由于岩石中含有相当数量的内源沉积产物，初步计算表明，当内源沉积占比为 30% 左右时，如果岩石中的黏土矿物含量达 20% 左右时基本可以认为是陆源碎屑沉积岩，但这并不意味着黏土矿物含量更低时不是沉积岩，而一定是沉火山碎屑岩或其他岩石。

（二）岩石组合与分布特征

在玛湖凹陷风城组，上述不同岩类在不同层段和相区具不同的组合特征。图 7-8 为根据薄片鉴定结果统计的风城组不同相区、不同层段岩石类型分布，从中可以看出，垂向上在风一段火山岩类和碎屑岩类均较发育，在风二段陆源碎屑岩较不发育，在风三段混积岩类较发育。平面上在蒸发岩类较发育的盆地中心区，混积岩类较发育，在过渡区火山岩类和碎屑岩类均较发育，在断裂发育的鼻隆带火山岩类和混积岩类一般较为发育。需要注意的是，这一结果反映了风城组在不同层位和不同相区发育特定的优势岩性，而如前所述，鉴于风城组岩性组成的复杂性，整个风城组岩石类型的分布特征还需进一步研究。

图 7-9 ～ 图 7-11 是风城组各段的岩相分布图，从中可看出在不同层段和地区岩石的优势岩相分布有很大的不同。具体而言，陆源碎屑岩类平面上主要发育在凹陷的西部边缘，主要岩石类型为砂砾岩、砂岩及粉砂岩类，从凹陷边缘到凹陷内部，岩石的粒度变细，内源沉积的组分逐渐增加；垂向上从风一段到风三段，碎屑岩的沉积面积在逐渐扩大，与整个凹陷的沉积面积的演化相一致。

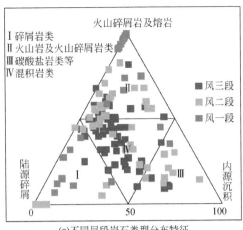

(a)不同层段岩石类型分布特征

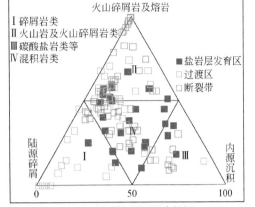

(b)不同相区岩石类型分布特征

图 7-8　风城组不同层段、不同相区岩石类型分布特征

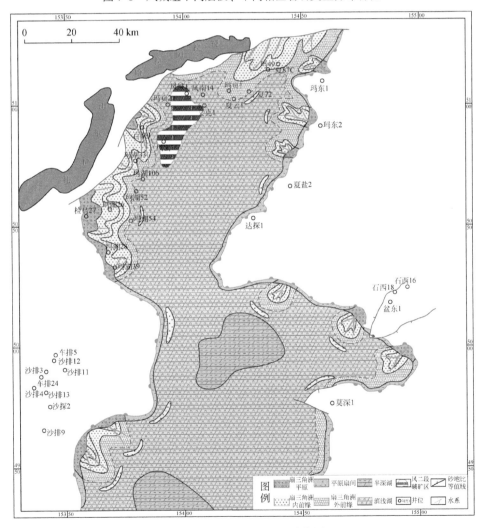

图 7-9　风一段主要岩相分布图

对于火山岩类，平面上在凹陷的东北部较占优势，以沉积火山碎屑岩为主，混有陆源碎屑成分和内源沉积；在垂向上的分布与陆源碎屑岩类相反，从风一段到风三段，分布面积有缩小趋势，到风三段，火山岩类已不占优势，以混积岩类为主。

对于内源沉积岩类，其中的混积岩类是风城组分布最广的岩类，主要分布于凹陷的中东部，可以与火山岩类互层出现，也可作为陆源碎屑岩的夹层。蒸发岩类主要分布于风一段和风二段的凹陷中心地区，其他地区较为少见，只在个别井的风二段有零星分布，风三段除个别井段在其底部有零星分布外已经基本消失。相比而言，内源沉积中的碳酸盐类分布情况比较复杂，在凹陷中心区，与蒸发岩的分布大体一致，和蒸发盐、混积岩三者呈不等厚互层出现；在其他地方，总体上与混积岩类的分布大体一致，主要作为混积岩的夹层出现。

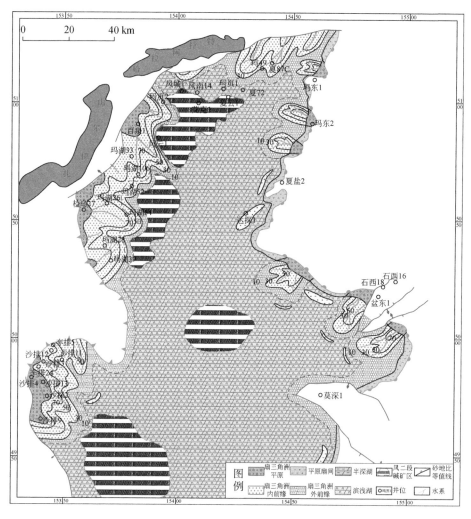

图 7-10　风二段主要岩相分布图

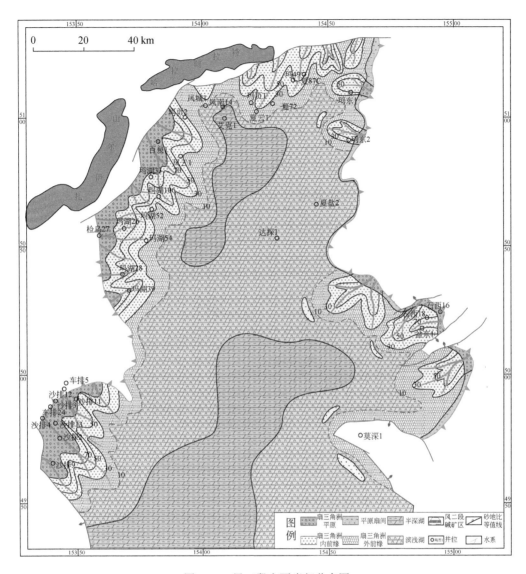

图 7-11　风三段主要岩相分布图

（三）沉积模式

风城组存在云质岩、碎屑岩和火山岩等多种岩石类型，表明风城组是由陆源碎屑岩和爆发相火山岩（外源）与湖盆内化学沉积的碳酸盐岩（内源）叠合组成的混合沉积，其中碎屑岩、碳酸盐岩和火山岩三者比例变化较大，呈现相互消长的关系。

风城组云质烃源岩分布明显受古地貌控制，其分布范围主要受物源体的控制，在扇三角洲发育处云质烃源岩的发育明显受到抑制，由于水动力条件比较强，外源碎屑物质输入充分，水体大部分时间都处于非静止状态，碎屑岩含量较高，云质岩的发育明显受到抑制，云质岩发育程度明显随着砂砾岩等粗碎屑含量的增加而减少。而在扇三角洲前缘扇体之间的湖湾区，由于水动力条件不强，水体较为安静，水体盐度较高，为云质烃源岩的充分发育创造了良好条件。因此在大的扇体之间较大范围的安静水体之下则成为云质烃源岩分布的主要区域。由此可见，云质烃源岩的分布发育程度具有随碎屑颗粒含量增高而降低的特点。根据风城组的沉积相分析，水体比较安静的前扇三角洲主要发育在乌尔禾—风城—玛湖凹陷西缘，该区是风城组云质岩类的主要分布区域（图7-12）。

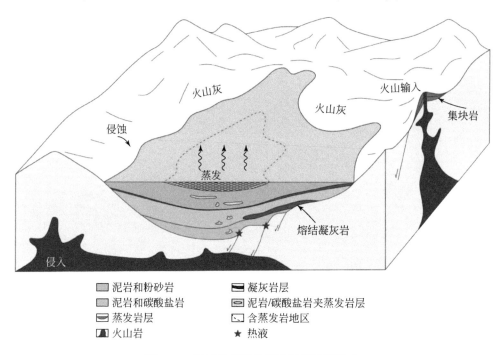

图7-12 风城组碱湖云质烃源岩沉积模式

研究表明，风城组云质烃源岩主要分布于潟湖的主体部位，平面受扇体物源的影响离湖岸有一定距离，以化学沉积作用为主。区域上云质烃源岩厚度变化较大，与湖相泥岩的发育关系较为密切，横向对比性差，与泥岩发育状况呈正相关，与砂砾岩发育程度呈负相关。乌夏断裂带风城组纵向上自下而上沉积具粗—细—粗的岩性变化规律，电性具高阻—相对低阻—高阻的测井响应，总体上反映风城组由于构造抬升—沉降—抬升的次级构造演化，导致水体下降—上升—下降的湖平面变化，垂向上为退积—进积的沉积充填序列，沉积早期伴有火山活动。因此，通常风城组云质烃源岩类与碎屑岩和火山岩呈互层分布，云质烃源岩类的发育贯穿风城组整个沉积过程。总体上云质烃源岩类厚度及所占地层比例变化大，从不到5%至超过70%。云质烃源岩累计厚度由北西往南东方向逐渐减薄。

通过构建斜坡区二叠系风城组碱湖沉积模式，结合实钻发现坡下发育厚层云质岩，随碱湖发育程度的变化，碎屑岩与云质岩呈互补沉积，建立了玛湖凹陷风城组从断裂带到凹陷区砾岩—砂岩—页岩的全序列沉积模式，明确了风城组岩相受沉积期坡折控制：一级坡折之上断裂构造带发育砂砾岩，二级坡折之上斜坡区发育云质砂岩，凹陷区发育云质泥岩。

二、优质储层甜点评价与预测

国内外学者对于页岩油甜点的涵义基本统一，通常把粒度相对较粗、有一定厚度和分布范围、物性相对较好的致密储层、在现今勘探和开发技术条件下具有工业价值的层段或夹层称为甜点。因此本书将风城组细粒沉积岩局部相对较高孔渗的夹层、层段或裂缝发育段，岩心上可见油迹级别以上的含油现象，即使连续厚度有限但在一定厚度范围内累计厚度占比较高的层段称为甜点。

目前国内对细粒岩分类按岩屑、碳酸盐、火山岩三端元法划分，风城组细粒沉积岩在古碱湖背景下形成，其矿物组分及赋存形态具有特殊性，不适用该类分类方案。通过石英+长石、白云石+方解石、黏土矿物+黄铁矿三端元划分标准，以矿物成分相对含量作为约束，主要矿物选取50%作为上界，次要矿物选取25%作为下界，参照岩石学三级命名法将风城组归纳为7种细粒沉积岩，其中混合细粒页岩、泥质白云页岩、白云质粉砂页岩和泥页岩最为发育（表7-2）。

表7-2　玛湖凹陷风城组细粒沉积岩岩石类型及甜点特征

三端元分类	次要矿物+三端元分类	占比	甜点类型	含油面积	甜点特征
混合细粒岩类	混合细粒页岩	33.5%	混合型甜点	>30%	源储一体型
碳酸盐岩类	泥质白云页岩	17.8%	内源控制型甜点	<20%	邻近源岩型
	泥质灰页岩	9.2%			
	粉砂质白云页岩	5.3%			
砂岩类	白云质粉细砂岩岩	15.4%	陆源供给型甜点	15%~25%	邻近源岩型
	泥质粉砂页岩	6.2%			
泥岩类	泥页岩	12.6%	源岩		

通过分析化验，玛南斜坡区云质岩类储层——白云质粉细砂岩是优势岩相，其碎屑颗粒含量高，面孔率、孔体积在各类岩性中最高，物性相对最好、含油性也较高（图7-13~图7-15）。

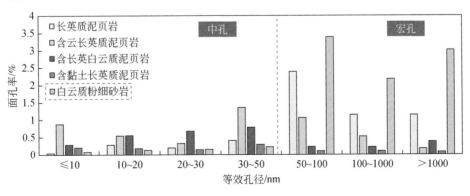

图7-13　不同岩相面孔率分布对比

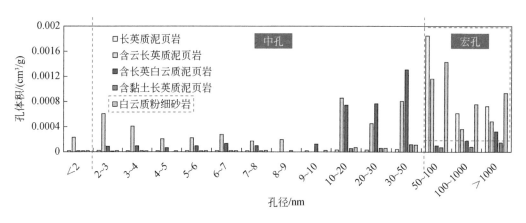

图 7-14　不同岩相全孔径分布对比

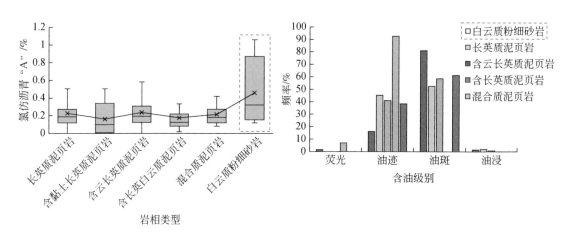

图 7-15　不同岩相氯仿沥青 "A" 及含油级别分布特征

通过不同基质孔隙中各类岩性对游离油吸附能力的模拟实验可知（图 7-16），压力相同条件下（15MPa），砂岩样品中 C_5H_{12} 在基质孔隙中油膜厚度约占 15%，而碳酸盐岩样品中 C_5H_{12} 在基质孔隙中油膜厚度约占 7%，表明随着碳酸盐含量越高，吸附的油膜厚度越小，相反，孔隙中游离油含量越高，因此推断云质砂岩也具有较高产能。

结合钻试分析，对玛湖 28 井进行高产条件分析，明确了云质砂岩高产要素：白云石含量高、地层高压，通过构建脆性指数来表征风城组裂缝发育程度，然后利用脆性与压力系数共同确定优质储层段（图 7-17）。利用该方法对玛南斜坡区井位部署及试油段优选，结果符合率超过 90%，为风城组 2 亿 t 储量提供了技术支撑。

在明确风城组储层优势岩相及高产要素后，攻关并形成了云质粉细砂岩储层甜点预测与裂缝评价技术，进一步落实了高产带的展布。首先，从已知井出发，建立一套厘米级岩心精细描述方法，结合微观分析，实现甜点精细识别与划分（图 7-18、图 7-19）。

其次，通过多种试验，优选波阻抗与品质因子交汇来识别各类甜点，研究发现，随着波阻抗增加，品质因子增大，可以有效区分 I 类、II 类、III 类甜点（图 7-20），这也为平

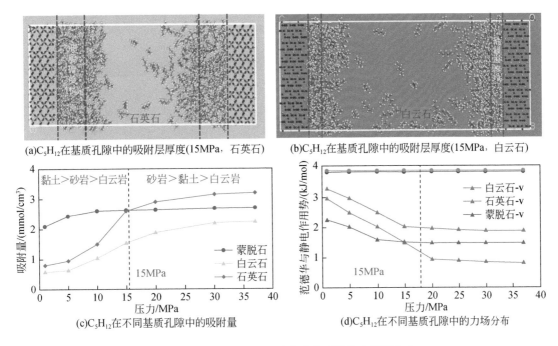

(a)C$_5$H$_{12}$在基质孔隙中的吸附层厚度(15MPa，石英石)　(b)C$_5$H$_{12}$在基质孔隙中的吸附层厚度(15MPa，白云石)

(c)C$_5$H$_{12}$在不同基质孔隙中的吸附量　(d)C$_5$H$_{12}$在不同基质孔隙中的力场分布

图7-16　游离油在不同基质孔隙中吸附能力模拟实验

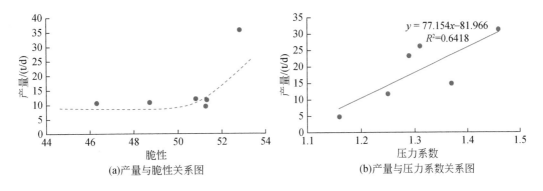

(a)产量与脆性关系图　(b)产量与压力系数关系图

图7-17　风城组白云质砂岩储层产量与脆性、压力系数关系图

面上优质储层预测提供了技术基础。预测结果与实钻对比，甜点预测精度由70%提高至95%，实现了风城组相带与甜点分类预测（图7-21）。

三、原油基本特征

对于风城组发现的三种原油（常规油、致密油、页岩油），均为风城组烃源岩的产物，具有亲缘关系，但也存在各自的特点。常规油最早发现以百泉1井的钻探为代表，风城组厚度为1752m，钻井见荧光显示厚度为1430m。风三段为平原相杂色致密砂砾岩，为良好的盖层；风二段为灰色砂砾岩，为低渗储集层，试油获油流，原油密度为0.8422g/cm^3，

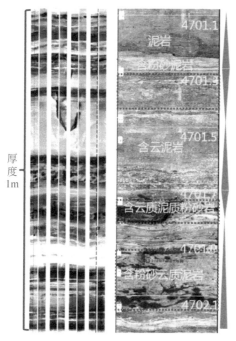

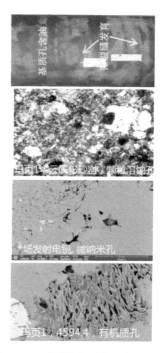

图 7-18　高频旋回细粒沉积 FMI 与取心划分图　　　　图 7-19　不同尺度下微—宏观照片

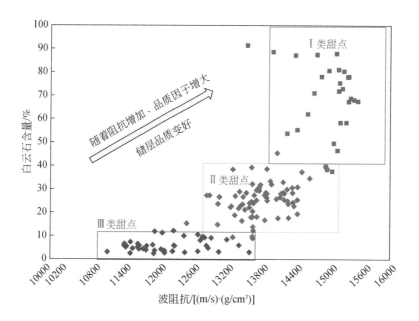

图 7-20　玛南斜坡风城组云质岩储层甜点分类图版

凝固点为 7.25℃，属于成熟原油。平面上受西北缘冲断作用以及砂—砾岩储集层分布的控制，局限分布于断裂带附近，目前玛南地区检乌 3 井区构造—岩性以及白 253 井区地层—岩性两类目标获规模探明储量。玛湖凹陷北部地区的风 5—风城 1 一带受断裂活动的影响，

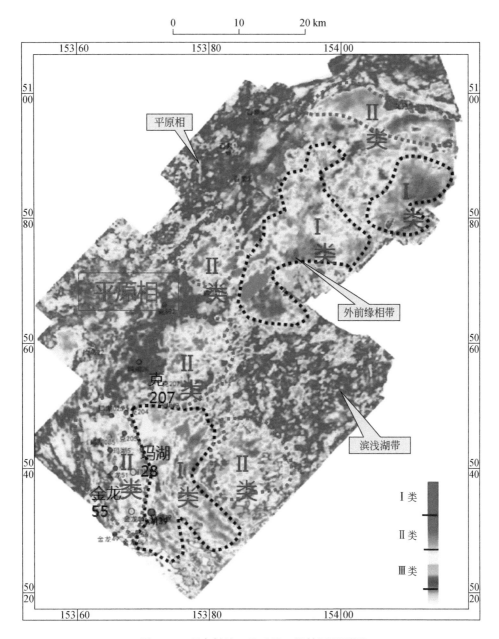

图 7-21　玛南斜坡二叠系风三段储层预测图

也已落实规模构造—岩性油藏。例如，风南 4 井区埋深为 4388 ~ 4402m，原油密度为 0.9094g/cm³，凝固点为-12℃，δ^{13}C 为-30.04‰，Pr/Ph 值为 0.79，生物标志物特征显示为成熟原油特征。相比而言，东南部夏 72 井为埋深 4808 ~ 4862m 的风一段火山岩油藏，原油密度为 0.8391g/cm³，凝固点为 5℃，δ^{13}C 值为-30.32‰，Pr/Ph 值为 0.86，两者的原油碳同位素组成以及 Pr/Ph 值特征均表明原油来源于风城组，但反映出高成熟受轻微降解的原油特征。以资料较全的风城 1 井为例，纵向上原油密度及其生物标志物（以甾烷异构化指数、Ts/Tm 为主要参考）特征反映存在低成熟—成熟—高成熟各阶段形成的产物（图 7-22），其中埋深为 3119 ~ 3143m 的原油 C_{29} $\alpha\alpha\alpha20S/$（20S + 20R）值为 0.37，$C_{29}\alpha\beta\beta/$（$\alpha\beta\beta + \alpha\alpha\alpha$）值为 0.41，为低成熟原油；埋深为 3960 ~ 3976m 的原油 C_{29} $\alpha\alpha\alpha20S/$（20S+20R）值为 0.47，$C_{29}\alpha\beta\beta/$（$\alpha\beta\beta+\alpha\alpha\alpha$）值为 0.53，为成熟原油；埋深为 4193.93 ~ 4272.18m 的原油 C_{29} $\alpha\alpha\alpha20S/$（20S+20R）值为 0.53，$C_{29}\alpha\beta\beta/$（$\alpha\beta\beta + \alpha\alpha\alpha$）值为 0.55，为高成熟原油，均源于风城组，除受热演化影响之外，还受生烃母质差异的影响，生物标志物特征有差异。总体表现为时间上不同热演化阶段油气连续充注，充分反映了风城组碱湖优质烃源岩多阶段持续生烃的特点。

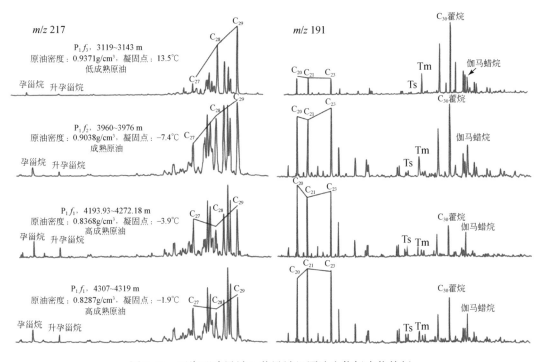

图 7-22 玛湖凹陷风城 1 井风城组原油生物标志物特征

第二节 常规–非常规油藏有序共生特征

如前所述，不同类型油气的空间共生强调的是宏观分布关系，储集空间位置决定油气的最终聚集，因此风城组的不同类型油气空间共生关系更多的取决于沉积建造。据此，以岩性结合测井，测井标定地震，以玛页 1 井岩心精细的描述与实验分析为基础，开展岩石物理分析，建立不同岩性测井、地震敏感参数响应关系，基于此提取地震属性，在结合单井相划分，预测不同岩相带空间分布关系。例如，含油性较好的白云质岩类，以白云质粉砂岩为优势岩性，测井电性表现为低声波时差、低中子孔隙度、高密度特征，波阻抗范围为 11.5×10^{6} ~ 15.5×10^{6} kg·m^{-2}·s^{-1}，地震响应为中低频率层状连续的反射特征。利用以上方法，完成全区多条典型相剖面的建立，进而实现全区平面上不同岩相类型的空间展布预测（图7-23），据此明确了三类油藏类型的空间共生关系。

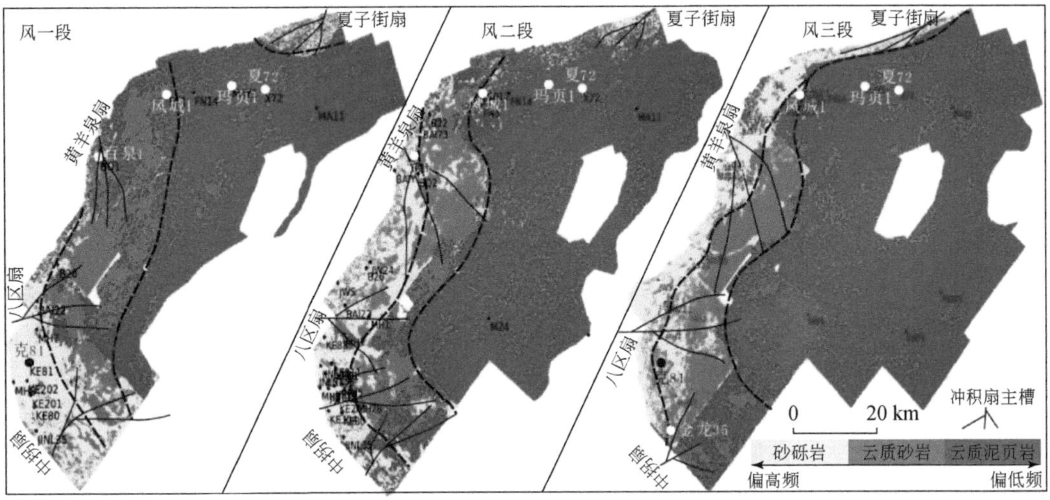

图7-23　准噶尔盆地玛湖凹陷风城组不同岩性地震相平面分布图

　　结果表明，靠近哈拉阿拉特山及扎伊尔山存在四大物源体系：夏子街扇、黄羊泉扇、八区扇、中拐扇物源，四大物源体系形成了近源的扇三角洲沉积，受前陆拗陷的控制，靠近西缘断裂带具有充足的可容纳空间，在一定的物源供给背景下，形成巨厚的短轴局限扇体。粗碎屑的扇三角洲平原砂—砾岩与推覆断裂构成了常规地层背景下断层—岩性油藏发育带。向斜坡方向受物源、湖盆水体盐度、古气候的影响，陆源碎屑、内源化学沉积及火山活动的影响，多源混合沉积形成三角洲前缘白云质砂岩带，该带相对来说碎屑颗粒粒度较粗，主要为细—中砂岩，但成岩作用较强，储集层致密，向凹陷方向侧接油源区，形成近源大面积致密岩性油藏。进一步向凹陷方向，较细粒的碎屑沉积物与内源化学混合沉积，加之间歇性的湖平面升降，在凹陷—斜坡区大范围内形成薄层白云质粉—细砂岩、白云质泥岩、泥质岩互层结构，形成了非常典型的源储一体的页岩油带。凹陷主体区域沉积了纹层状的白云质泥页岩、泥页岩，形成厚度较大的纯页岩型页岩油有利区。从单井统计的细粒沉积厚度与属性结果的趋势预测，凹陷区泥页岩厚度为100~1500m，平面分布广，能够形成储量规模巨大的以碱湖烃源岩为背景的页岩油。需要指出的是，泥页岩形成页岩油过程中，裂缝的存在可较大改善储集性能。风城组泥页岩受白云质含量以及构造应力的影响，油气水在局部构造带的构造圈闭中发生分异，形成有统一油水边界的裂缝性构造油气藏，这类油气藏主要分布于风城1井—风南14井周缘。向凹陷中心区，裂缝不发育，油气以页岩油形式赋存。

　　纵向上，受湖平面由深变浅再变深的演化过程影响，陆源碎屑沉积体呈现反旋回特征，反映从风一段到风三段，常规砂—砾岩油藏、致密油范围以风二段范围最广，风一段、风三段相对局限，但页岩油范围此消彼长，以风三段分布最广。此外，在玛北、玛南靠近深大断裂带的区域，存在一定范围的火山活动，在风一段早期形成火山岩及火山碎屑岩沉积，与源灶邻近，能够形成近源的火山岩油藏或者致密油，类型类似于三塘湖盆地的芦草沟组。

总体而言，受区域烃源岩热演化、构造及岩相（图 7-23）分布的控制，风城组常规-非常规油气有序连续分布，存在以下三个带：①成熟常规油带，受构造与岩性控制，主要分布于凹陷周缘断裂带；②中高成熟致密油带，受储集层分布控制，分布于常规油下倾方向，呈条带状展布；③中高成熟度页岩油带，受白云质岩控制，广泛分布于构造稳定的凹陷区。由断裂带向凹陷区构成成熟常规油-中高成熟致密油-中高成熟页岩油，纵向上，断裂带周缘自下而上构成中高成熟页岩油-中高成熟致密油-成熟常规油的有序共生特点，斜坡—凹陷区纵向上构成中高成熟页岩油-中高成熟致密油-中高成熟页岩油的共生特征。

大侏罗沟断裂以南的玛南斜坡区重新构建了新的常规-非常规有序共生新模式，按照"非浮力"成藏找油新思路，在玛南斜坡凹陷源储交互区甩开部署，"水区"之下发现准连续型致密油，油层厚度大，分布范围广，并于 2020 年上交控制储量 2.2 亿 t，首次落实了玛湖凹陷非常规致密油资源。此外，玛湖凹陷西斜坡百口泉地区作为风城组前陆的沉积中心，其沉积厚度大，紧临生烃中心，但由于前期对云质砂岩储层油气研究及认识不足，加上该区埋深大等原因一直未能开展有效探索。2019 年，经讨论决定将评价已部署的主探上乌尔禾组的评价井玛湖 106 井加深钻探至风二段。玛湖 106 井位于克拉玛依扇北部与黄羊泉扇交会处，是玛西斜坡区坡下第一口钻穿风三段的井。该井于 2020 年 2 月开钻，在风三段和风二段均钻遇云质砂岩。钻进过程中风城组见连续厚层显示，油气显示活跃，气测总烃值达到 688422ppm[①]，组分出至 C_5，测井解释油层 22 层 164.46m。目前该井为 2021 年开春待试井，风城组待试层 2 层。对比玛湖 106 井和玛南斜坡区风城组云质砂岩特征，分析认为黄羊泉扇外前缘云质砂岩为中低频弱振幅反射，反射特征清晰，横向分布广。为进一步探索黄羊泉扇外前缘风城组致密油及页岩油等非常规资源勘探潜力，实现玛湖凹陷北部夏子街扇页岩油领域与南部克拉玛依扇致密油领域油藏连片，部署风云 1 井，如获突破，将助推玛湖凹陷风城组源内非常规 20 亿 t 大油区形成，并且将形成多类资源综合勘探的新思路，开创玛湖凹陷常规油气藏与非常规油气藏并举勘探的新局面。

第三节　典型油气藏解剖

从已发现的油气藏来看，风城组油气藏主要分布于盆地边缘和斜坡带，盆缘具有远源成藏特点，主要受断层、构造、岩性等多个因素控制，且储层颗粒较大，以砂砾岩储层为主。斜坡区是重要的油气接替区与勘探区，发育规模有效储层，除盆内风城组来源油气运移聚集成藏外，斜坡区发育烃源岩，形成邻源、紧源与源内的致密油与页岩油。本节以玛南地区为例，展开典型油气藏解剖。

一、基本特征

玛南地区通过地震与钻井确定了多个油气聚集的有利圈闭，据圈闭类型对风城组油气

---

① 1ppm＝1×10⁻⁶。

藏进行分类。玛湖地区风城组以复合型油气藏最为普遍（图7-24），构造、岩性、地层单一型油气藏局部发育，形成了多种类型油气藏有序共生的特点（图7-25）。

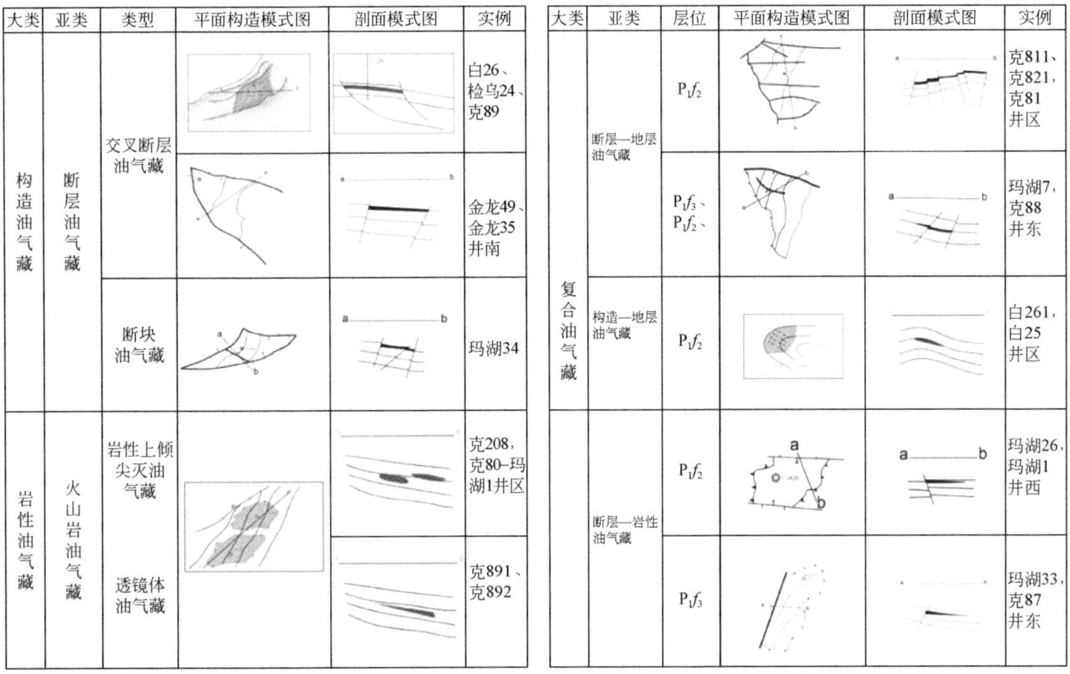

大类	亚类	类型	平面构造模式图	剖面模式图	实例
构造油气藏	断层油气藏	交叉断层油气藏			白26、检乌24、克89
构造油气藏	断层油气藏	交叉断层油气藏			金龙49、金龙35井南
构造油气藏	断层油气藏	断块油气藏			玛湖34
岩性油气藏	火山岩油气藏	岩性上倾尖灭油气藏			克208、克80-玛湖1井区
岩性油气藏	火山岩油气藏	透镜体油气藏			克891、克892

大类	亚类	层位	平面构造模式图	剖面模式图	实例
复合油气藏	断层—地层油气藏	P_1f_2			克811、克821、克81井区
复合油气藏	断层—地层油气藏	P_1f_3、P_1f_2、			玛湖7、克88井东
复合油气藏	构造—地层油气藏	P_1f_2			白261、白25井区
复合油气藏	断层—岩性油气藏	P_1f_2			玛湖26、玛湖1井西
复合油气藏	断层—岩性油气藏	P_1f_3			玛湖33、克87井东

图7-24　玛南地区风城组油气藏类型图

风城组内部各段在斜坡区由风三段至风二段，储层岩性由砂砾岩、火山岩、砂岩纵向叠置平面连片形成分布广泛的油藏（图7-26、图7-27）。相比而言风一段埋藏深度大，勘探程度低，目前只在盆缘高部位发现以砂砾岩储层为主的复合型油气藏，油水同出或以产水为主，因此不作为本次研究的重点层段。

玛南地区断裂发育，受北东向与东西向断裂控制，从断裂带至斜坡区呈多级阶梯式断带状分布，同时由凹陷边缘向凹陷中心岩性有序分布，由砂砾岩向砂岩、云化砂岩向泥岩逐渐过渡，纵向上由风一段至风三段岩性叠置，在玛南地区形成了以断层—岩性为主的复合型油气藏（图7-28）。研究区风三段与风二段油气差异性运移聚集，风三段以砂砾岩储层为主，局部风二段顶部发育火山岩储层，下部以砂岩储层为主。斜坡区古构造低部位也发现了质量较好的烃源岩，向盆地砂泥互层的致密油与页岩油开始出现。

玛南斜坡区风城组区块构造形态为东南倾的单斜，东西方向以大侏罗沟断裂、克81井南断裂和金龙35井南断裂为界，南北方向以玛湖7井西断裂与金龙17井西断裂为界，将斜坡区风三段和风二段划分了四个主要断层—岩性圈闭（图7-29）。综合玛南地区油气运移、聚集和成藏特点，主要对风二段克207—玛湖28—玛湖39云化砂岩油藏进行重点解剖（图7-30）。

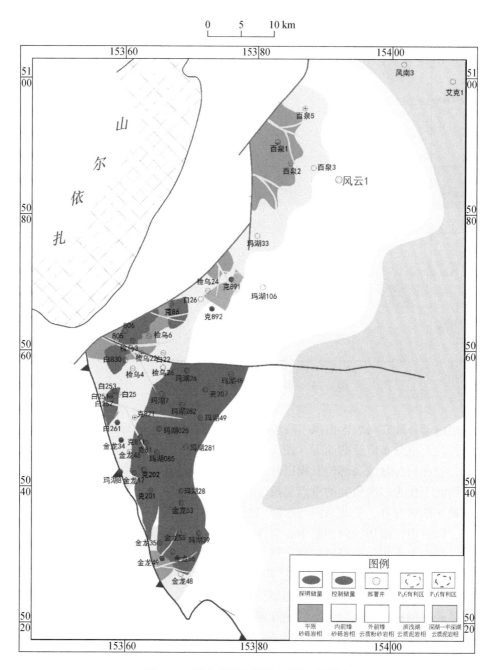

图 7-25　玛南斜坡区风城组勘探成果图

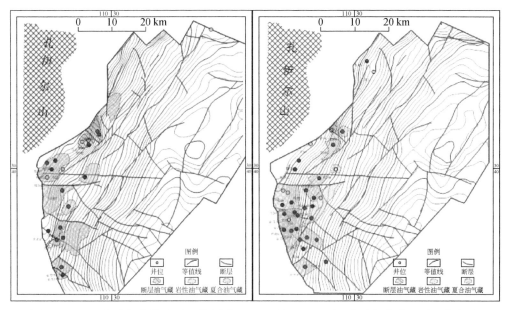

图 7-26　风三段油气藏类型平面分布图　　　　图 7-27　风二段油气藏类型平面分布图

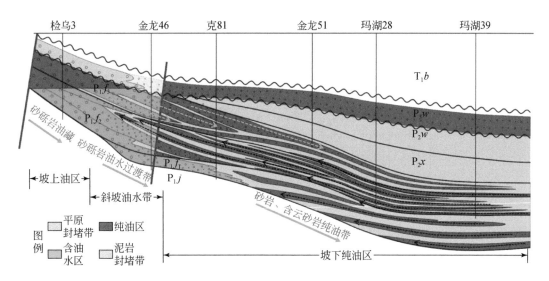

图 7-28　玛南地区风城组油藏分布剖面图

二、圈闭及油气藏类型

克 207、玛湖 28、玛湖 39 井位于玛南斜坡区的坡下带（图 7-31），整体为东南倾的单倾，局部发育古隆起，南北受大侏罗沟断裂带与克 81 井南断裂分割，东西受玛湖 7 井西断裂与金龙 17 井西断裂将盆缘断裂带与斜坡区分隔，储层岩性由凹陷边缘砂砾岩过渡为以砂岩、云化砂岩为主，泥质含量降低，云质含量升高，岩性横向与纵向的有序变化与断裂的侧向封堵形成断层—岩性圈闭。玛湖 28 井区圈闭闭合度为 1500m，闭合面积 156km^2，是未来油气接替的重要区域（表 7-3）。坡下带砂岩油藏具有砂泥岩互层的特点，垂向叠置，横向连片，油气来源充足，侧向断层的封堵与局部盖层使得砂岩油藏具有很好的成藏条件。

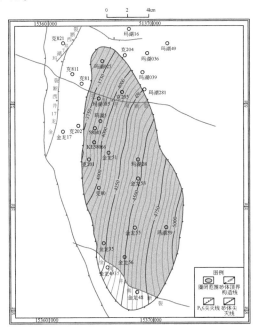

图 7-29　玛南斜坡区风三段断层—岩性圈闭　　　　　图 7-30　玛南斜坡区风二段断层—岩性圈闭

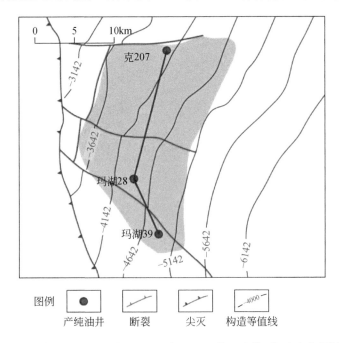

图 7-31　玛南斜坡区风二段克 207—玛湖 28—玛湖 39 圈闭类型及油藏剖面位置

表7-3　玛南斜坡区风二段圈闭参数

圈闭名称	层位	圈闭类型	闭合度/m	闭合面积/km²
玛湖28井区圈闭	P_1f_2	断层—岩性圈闭	1500	156

三、流体特征

玛南斜坡区砂岩油藏原油密度介于 0.84 ~ 0.87g/cm³，平均值为 0.85g/cm³，黏度介于 4.78 ~ 12.05mPa·s，平均值为 7.36mPa·s，含蜡量低于 6.47%，平均值为 4.17%，凝固点介于 –18.00 ~ 16.00℃，原油整体属于中黏度，轻质—中质含蜡原油。地层水型以 Na_2CO_3、$CaCl_2$ 为主，部分油藏具气顶产气，反映油藏保存条件较好（表7-4）。除斜坡区坡上带产水与油水同出，斜坡区坡下带普遍产纯油，属于纯油区油藏（表7-5）。

表7-4　玛南斜坡区风二段砂岩油藏地层流体特征

井号	原油				地层水		天然气	
	密度/(g/cm³)	50℃黏度/(mPa·s)	含蜡/%	凝固点/℃	水型	矿化度/(mg/L)	相对密度	甲烷/%
克201	0.8365	7.00	—	8	NaHCO₃	6949	—	—
克811	0.8517	8.23	6.47	16	—	—	0.70	82.67
克821	0.8412	5.62	5.00	2	CaCl₂	42218	—	—
玛湖025	0.8495	7.93	0.00	4	—	—	—	—
玛湖28	0.8546	10.47	5.81	–4.5	—	—	—	—
金龙53	0.8523	5.38	—	6	—	—	0.71	80.37
金龙55	0.8335	5.56	—	–2	—	—	—	—
玛湖49	08652	12.05	—	–14	—	—	0.64	88.51
玛湖39	0.8379	4.78	3.57	–10	—	—	—	—
玛湖085	0.8457	6.62	—	–18	—	—	—	—
平均	0.8468	7.36	4.17	–1.25	—	24583	0.69	83.85

表7-5　玛南斜坡区风二段砂岩油藏产能特征

井号	日产油/t	日产气/10⁴m³	日产水/m³	累产油/t	累产水/m³	气油比/(m³/t)
克201	1.35	0.037	88.19	23.7	675.42	274.1
克811	9.31	0.373	—	212.6	—	400.6
克821	0.61	0.206	35.47	2.4	542.76	3377.0
玛湖025	10.56	—	—	—	—	0.0
玛湖26	2.60	—	—	27.8	—	0.0
玛湖28	36.52	0.419	—	257.5	—	114.7

井号	日产油/t	日产气/$10^4 m^3$	日产水/m^3	累产油/t	累产水/m^3	气油比/（m^3/t）
金龙 53	15.35	0.234	—	537.9	—	152.4
金龙 55	5.01	—	—	86.0	—	0.0
玛湖 49	21.93	0.437	—	223.9	—	199.27
玛湖 39	10.34	0.122	—	274.7	—	117.99
玛湖 085	10.86	—	—	145.3	—	0.00

玛南斜坡区风二段油藏三环萜烷 C_{20}、C_{21}、C_{23} 呈"山"字形，C_{30} 藿烷峰高低于三环萜烷。原油饱和烃色谱基线平直，未受生物降解、水洗和氧化等后生作用的影响，Pr/Ph值近于 1，β-胡萝卜烷含量高。孕甾烷/升孕甾烷值大于 1，规则甾烷 C_{27}、C_{28}、C_{29} 呈上升型，且重排甾烷含量高于规则甾烷，原油成熟度较高（图 7-32）。较玛湖 39 井，玛湖 28井靠近凹陷内，其 β-胡萝卜烷含量低，三环萜烷 C_{21} 峰高远大于 C_{30} 藿烷，虽然整体生物标志化合物特征相似，但反映玛湖 28 井原油成熟度高于玛湖 39 井原油（图 7-33）。

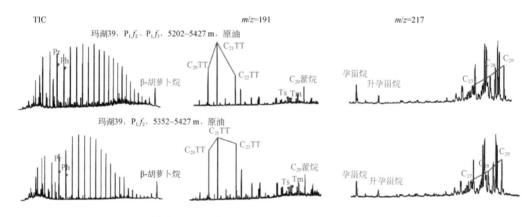

图 7-32　玛南斜坡区玛湖 39 井风二段砂岩油藏生物标志化合物特征

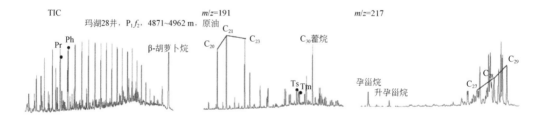

图 7-33　玛南斜坡区玛湖 28 井风二段砂岩油藏生物标志化合物特征

四、源储盖组合特征

玛南地区风城组砂岩油藏主要位于风二段的二小层，斜坡区沉积远离物源区，发育互层砂岩，泥质含量极低，受火山作用影响，岩石成分含大量的凝灰岩，其次为长石、石英和其他矿物（图 7-34）。储层优势岩性以灰色云质中—细砂岩为主（图 7-35）。岩石整体属于低成分成熟度、中—低结构成熟度、填隙物含量低，颗粒之间充填黏土矿物与方解石，压实作用强。岩石以细粒砂质结构、中细粒砂质结构为主，主要为颗粒支撑，从点—线接触和线接触为主。粒径一般为 0.125~0.25mm，最大粒径为 2mm，分选中等—较好，岩石颗粒磨圆以次棱—次圆状为主。胶结物主要为白云石、方解石，胶结中等—致密，压嵌式胶结。

图 7-34　玛南斜坡区风二段砂岩储层孔隙特征

（a）玛湖 025，灰色凝灰质细砂岩，P_1f_2，4306.87m，粒间溶孔；（b）克 207，灰色粗砂岩，P_1f_2，4756.70m，裂缝

（c）玛湖 39，灰色细砂岩，P_1f_2，5343.91m，孔隙不发育；（d）克 207，灰色凝灰质细砂质，P_1f_2，4861.90m，裂缝

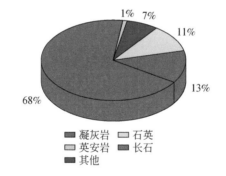

图 7-35　玛南斜坡区风城组砂岩岩石成分

　　风二段砂岩储层整体表现为特低孔特低渗的特点，储层孔隙度介于 2.60%~12.35%，平均值为 6.02%，中值为 5.35%，油层孔隙度介于 4.80%~12.35%，平均值为 7.19%，中值为 6.63%；储层渗透率介于 0.01~7.23mD，平均值为 0.06mD，中值为 0.03mD，油层渗透率介于 0.01~7.23mD，平均值为 0.10mD，中值为 0.05mD。相较砂砾岩储层，斜坡区埋深增大，储层物性变化较小，甚至储层物性好于砂砾岩储层（图 7-36）。斜坡区砂岩中均含云质，储层因白云石等刚性颗粒增多、黏土含量低，脆性明显优于盆缘断裂带，有利于储层的连通。

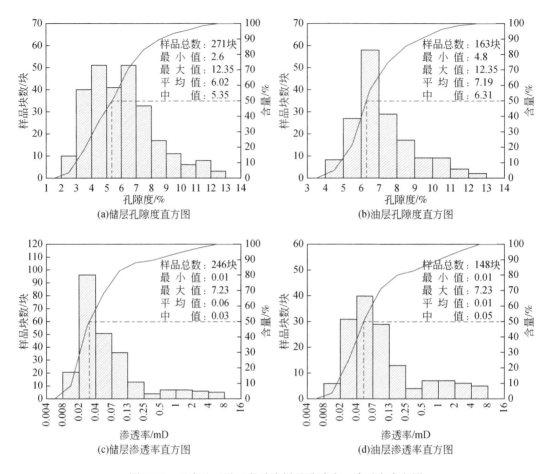

图7-36 玛南地区风二段砂岩样品孔隙度、渗透率直方图

对玛南斜坡区玛湖025、克81、克207和玛湖28井进行压汞分析,对砂岩储层进行定量分析(图7-37)。玛湖025井灰色砂岩样品表现为排驱压力1.70MPa,平均毛管半径0.62μm,孔喉分选系数0.57,相对分选系数1.52,均值系数0.00;克81井灰色含砾不等粒岩屑砂岩样品表现为排驱压力0.93MPa,平均毛管半径0.32μm,孔喉分选系数0.23,相对分选系数1.24,均值系数0.00;克207井绿灰色含云细砂岩样品表现为排驱压力0.81MPa,平均毛管半径0.29μm,孔喉分选系数0.22,相对分选系数2.01,均值系数0.00;玛湖28井灰色含云细砂岩样品表现为排驱压力1.07MPa,平均毛管半径0.32μm,孔喉分选系数0.27,相对分选系数1.87,均值系数0.00。玛湖025井与克81井位于斜坡区坡上带,克207井与玛湖28井位于斜坡区坡下带,向凹陷内云质含量增多,排驱压力降低,平均毛管半径增大,分选好,进一步证明云质砂岩储层物性更好。毛管压力曲线表现为细歪度,中值压力高,孔隙结构差,具有小孔隙和细喉道的特征。

风二段云化砂岩储层脆性更强,从单井成像测井可以明确观察到,较断裂带裂缝规模虽较小,但克207井与玛湖39井发育小型微细裂缝,提升了储层物性(图7-38、图7-39)。

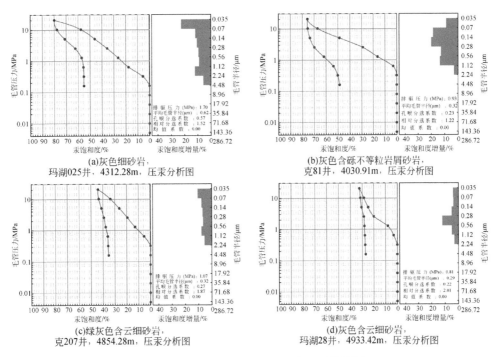

(a)灰色细砂岩，
玛湖025井，4312.28m，压汞分析图

(b)灰色含砾不等粒岩屑砂岩，
克81井，4030.91m，压汞分析图

(c)绿灰色含云细砂岩，
克207井，4854.28m，压汞分析图

(d)灰色含云细砂岩，
玛湖28井，4933.42m，压汞分析图

图 7-37 玛南斜坡区风二段砂岩压汞曲线图

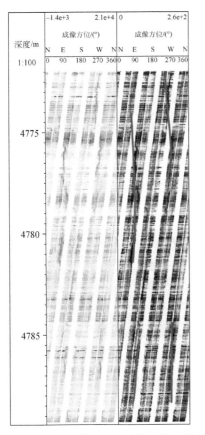

图 7-38 克 207 井风三段成像测井直劈缝

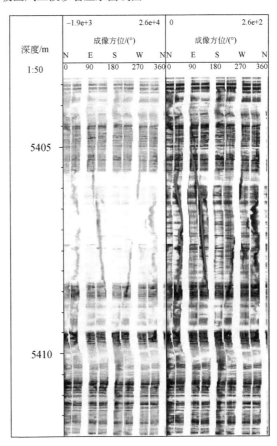

图 7-39 玛湖 39 井风三段成像测井直劈缝

　　玛南地区风二段砂岩油藏具有独特的源储组合模式，因其处于盆地的斜坡区，是油气向盆缘运移调整的必经通道，同时坡下带发育好的烃源岩与云化砂岩呈互层状，形成源储一体和紧源的源储组合模式，是最具潜力和规模的源储组合。为了准确地界定风二段有效烃源岩，前文已对风城组各段烃源岩有效性进行了讨论。因此，针对玛南地区风二段烃源岩，根据 TOC 值划分为：0.3% <TOC<0.8% 为有效烃源岩，可作为源储一体的源岩即页岩油油藏；TOC>0.8% 为排烃烃源岩，可作为近源与远源源储组合的源岩即致密油油藏与远源油藏。为了定量研究烃源岩在单井纵向上的变化，对单井的 TOC 进行预测，通过TOC 变化与岩性变化，半定量地对玛南地区斜坡区的源储组合进行划分。为了系统研究斜坡区源储组合，以玛湖 39、玛湖 28 井为例，进行源储组合划分。

　　斜坡区风二段砂岩源储组合从岩心、岩石薄片和地化特征三方面进行划分。样品镜下鉴定发现（图 7-40），灰色云化泥岩中均有结晶晶型较好的白云石矿物，玛湖 28 井中则发育典型的云质泥岩与白云石条带特征，向凹陷内云质含量增加，结晶颗粒变小，条带特征不明显，但白云石表面均附着油气，源储一体特征明显；单井风二段岩心均表现为灰黑色云质泥岩与云质砂岩互层，两种岩性从几厘米至几十厘米旋回变化，在泥岩段中常夹白色

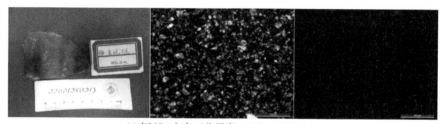

(a)克207，灰色云化泥岩，P_1f_2，4860.21 m

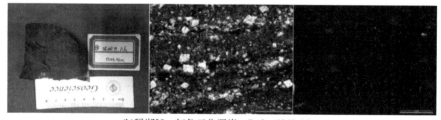

(b)玛湖39，灰色云化泥岩，P_1f_2，5343.46 m

(c)玛湖28，灰色云化泥岩，P_1f_2，4932.80 m

图 7-40　玛南斜坡区风二段源储一体型岩石薄片特征

方解石条带（图 7-41）。通过 TOC 预测，玛南地区云质泥岩虽有机质丰度较低，但生烃潜力大且埋藏深度深，低丰度的烃源岩可形成源储一体的页岩油，较高丰度的排烃就近运移到储层，形成了源储紧邻的致密油，未排的残留烃中仍存在可动烃，也是潜在的页岩油（图 7-42）。

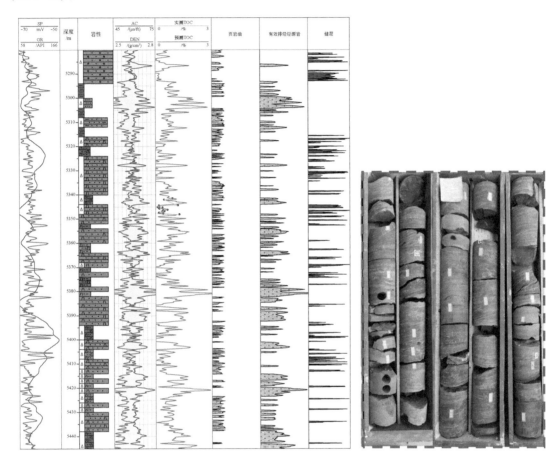

图 7-41　玛湖 39 井风二段源储组合单井柱状图及岩心照片

五、砂岩油藏油气运移特点

玛南地区斜坡区风二段砂岩油藏三环萜烷 C_{20}、C_{21}、C_{23} 表现为"山"字形，过渡型态，是油气运移的指标参数。由图 7-43 可知，克 207、玛湖 28、玛湖 39 井风二段砂泥岩互层中，薄层泥岩是良好的烃源岩，C_{20}、C_{21}、C_{23} 三环萜烷表现为上升型，成熟度较低，油砂中 C_{20}、C_{21}、C_{23} 三环萜烷表现为下降型，原油来源于凹陷内部高成熟烃源岩，砂泥岩互层中同时发育"山"字形即过渡型，两者可能有混合的可能性（图 7-43）。因此，通过原油类型与油源对比，表明了凹陷斜坡区油气来源充足，也证实了玛南地区斜坡区坡下带页岩油既有原地烃源岩贡献，也有凹陷内贡献。

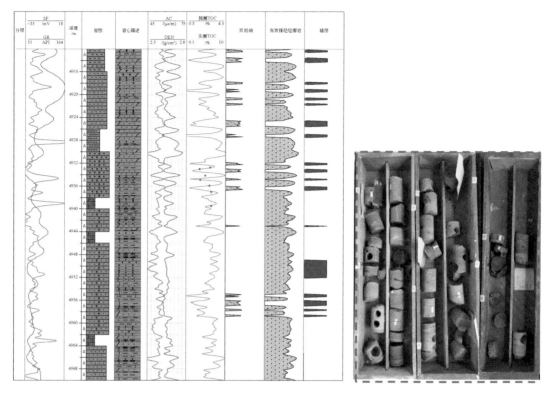

图 7-42　玛湖 39 井风二段源储组合单井柱状图及岩心照片

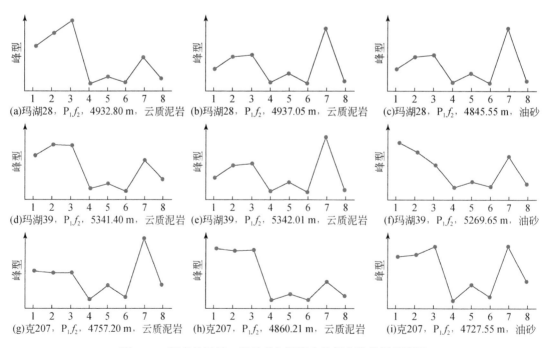

(a)玛湖28，P_1f_2，4932.80 m，云质泥岩　(b)玛湖28，P_1f_2，4937.05 m，云质泥岩　(c)玛湖28，P_1f_2，4845.55 m，油砂

(d)玛湖39，P_1f_2，5341.40 m，云质泥岩　(e)玛湖39，P_1f_2，5342.01 m，云质泥岩　(f)玛湖39，P_1f_2，5269.65 m，油砂

(g)克207，P_1f_2，4757.20 m，云质泥岩　(h)克207，P_1f_2，4860.21 m，云质泥岩　(i)克207，P_1f_2，4727.55 m，油砂

图 7-43　玛南地区风二段油砂与源岩生物标志物特征折线图

1-C_{20}三环萜烷；2-C_{21}三环萜烷；3-C_{23}三环萜烷；4-TS；5-Tm；6-C_{29}莫烷；7-C_{30}藿烷；8-伽马蜡烷

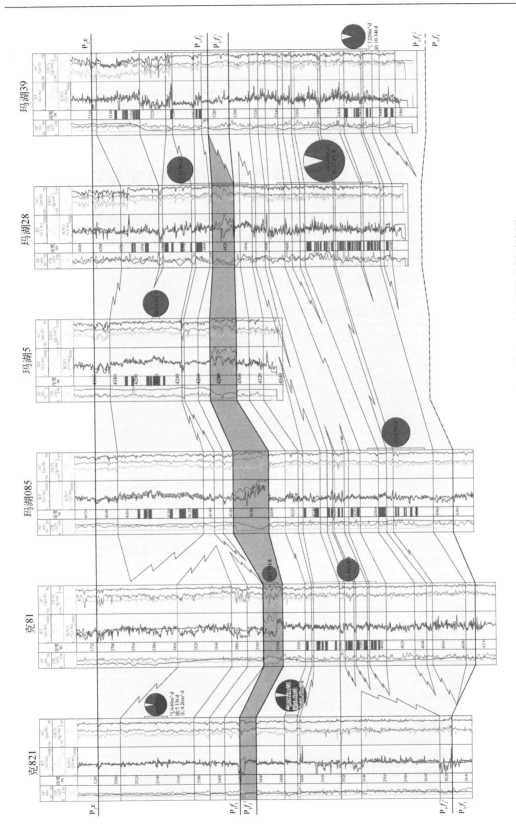

图7-44 过克821–克81–玛湖085–玛湖5–玛湖28–玛湖39井风城组砂层对比图

通过前文对斜坡区烃源岩及源储组合的讨论，克207、玛湖28、玛湖39井区表现为近源与紧源的油气运移特征，其油气来源既有源储一体的油气供给，也有来源于凹陷内部的油气。结合风二段流体势图进一步证实，斜坡区风二段油气运移主要表现为近源运移特征（图7-44）。源岩与储层为频繁的砂泥岩互层，因此短距离的油气运移成为油藏的主要运移方式。金龙53与玛湖39井间砂岩连片，连通了斜坡区砂岩储层，因此凹陷内生成的油气沿风二段运移。浮力—毛管力成为油气运移的主要动力。

第四节　常规–非常规油气有序成藏模式与机制

玛湖凹陷风城组油气类型较为复杂，为了更好地反映风城组的油气成藏模式，考虑到烃源岩和储集层一体共生，从烃源岩与储集层的空间关系（位置和纵向组合）以及各资源类型的内涵出发，梳理了源储结构关系、储集层岩性及空间分布、烃类运移特征、油气类型，建立了三类成藏模式：源储一体、源储紧邻、源储分离［表7-6，图7-45（a）］。

表7-6　准噶尔盆地玛湖凹陷风城组不同资源类型成藏模式要素表

成藏模式	源储关系	油气类型	储集层岩性	储集空间	运移特征	成藏动力	相态	相带类型	典型井
源储一体	互层结构	页岩油	白云质、泥（页）岩、白云岩	微裂缝、层理缝、微纳米孔	无运移	源储压差扩散	吸附态	半深—深湖	玛页1
	薄互层单层厚度小于1m		白云质、泥质粉砂岩，沉凝灰岩	微裂缝、层理缝、微纳米孔	初次运移+自生	源储压差扩散	游离态、吸附态	滨浅—半深湖、前扇三角洲	
源储紧邻	厚层互层单层厚度大于1m	致密油	白云质、泥质、凝灰质粉—细砂岩	微裂缝、基质孔	初次运移+自生	源储压差浮力	游离态、吸附态	前扇三角洲、扇三角洲外前缘	玛湖28 玛湖26
	侧向接触	致密油	白云质、凝灰质砂岩	基质孔、微裂缝	二次运移	源储压差	游离态	扇三角洲内前缘	玛湖33
源储分离	无接触	常规油	砂—砾岩火山岩	基质孔、微裂缝	二次运移	浮力	游离态	冲积扇、扇三角洲平原	百泉1 夏72

一、源储一体页岩油聚集模式

这类油藏强调源内自生自储，储集层岩性为细粒白云质粉—细砂岩、泥质岩，纹层特征明显，原油在生烃增压驱动下，在源内源储压差作用下非浮力聚集，大面积连续分布于泥质页岩夹白云质粉砂岩储集体中。以玛页 1 井为例，细粒的泥质岩类储集层发育溶蚀孔及微纳米孔，场发射扫描电镜观察到泥岩中矿物颗粒表面有油脂薄膜，以吸附态赋存于孔隙中。而粒度相对粗的白云质粉砂岩致密储集层，原油赋存于粉砂岩基质孔及微裂缝中，只是单层厚度多小于 0.5m，除岩心中的有机质生烃以吸附态滞留于烃源岩内以外，白云质粉砂岩储集空间中还存在一部分其上下的泥质烃源岩生成的烃类，经过极近距离的运移，以游离态赋存，构成薄互层型源储一体、自生自储的页岩油聚集模式。

二、源储紧邻致密油聚集模式

该类油藏强调的层系内，储集层与源岩相邻（侧向接触及纵向紧邻），近源油气聚集。烃源岩形成烃类往往发生过初次或者短距离二次运移，储集层岩性及空间多以颗粒间基质孔为主，油气赋存状态均呈现游离态。并且这类油藏更多地强调储集层物性条件，往往都是致密储集层。例如，发育于扇三角洲外前缘及前扇三角洲的白云质粉—细砂岩与泥质岩互层，储集空间中的油气多由邻近源岩经过一定距离的运移后聚集，虽然沉积物颗粒粒度小，纹层也发育，且储集层中白云质粉砂岩也可能具有一定的生烃能力，但往往单层厚度超过 1m，更符合致密油的范畴。该类型目前在白云质砂岩发育区已有发现，以玛湖 28 井的成功突破得以证实。页岩油与致密油从横向上表现为大面积连续分布，全井段整体含油的特征。

三、源储分离常规油气成藏模式

该类油藏可以夏 72 井火山岩以及百泉 1 井等位于构造活动强烈、埋深不大的砂—砾岩油藏为例。储集层岩性复杂多样，物性普遍较差，渗透率普遍小于 $0.1 \times 10^{-3} \, \mu m^2$，往往与烃源岩无直接接触，油气源外聚集，经过二次运移调整，以油水驱替浮力成藏为特征，形成以圈闭为单元的常规油藏，具有常规油气藏"从源到圈闭"的所有成藏要素，如白 25 井区砂—砾岩断层—岩性油藏。

综合上述，玛湖凹陷风城组油气类型复杂多样，涵盖了各类常规、非常规类型，其成藏模式决定了油藏的纵横向分布受源储时空配置关系及构造与岩相的控制，呈现空间的有序分布［图 7-45（b）、（c）］。风城组多类型油气有序共生模式，是全油气系统概念的一个实例佐证，从源岩全过程生排烃，沉积岩、火山岩、碳酸盐岩全类型储集层、常规-非常规全类型油气共生共存，预示着风城组油气系统研究由"烃源岩到圈闭"发展到"源储耦合、有序聚集"的全系统研究，是由"源外"勘探走进源内"勘探"的成功案例。值得注意的是，虽然风城组目前已达到成熟—高成熟生气演化阶段，但未发现规模气藏，从气油比及地层压力变化，不排除凹陷中心区可能存在规模的凝析相态的页岩油藏或者凝析气藏。并且风城组超过 4500m 的页岩油气领域相对较广，是国内外尚未获得任何认识的碱湖型深埋页岩油气。实际上目前发现的各类油藏均能见到不同程度的气显示，说明对于天然气的成藏，还不能绝对排除。

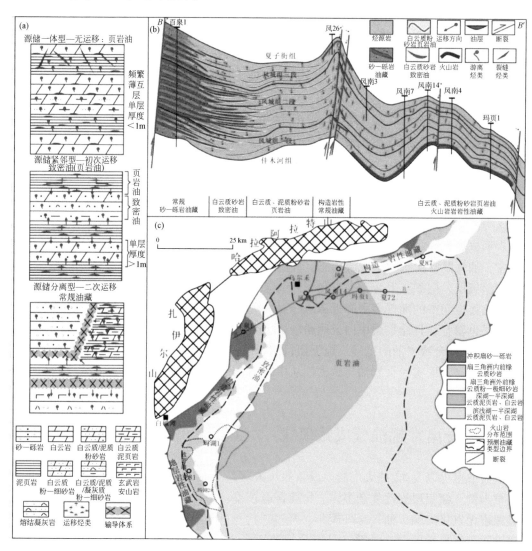

图 7-45　准噶尔盆地玛湖凹陷风城组油气成藏模式

（a）资源类型概念模式图；（b）成藏模式；（c）资源类型与岩相分布平面

第八章 玛湖凹陷全油气系统理论初探

第一节 全油气系统地质理论研究现状与发展趋势

含油气系统是沉积盆地中一个自然的烃类流体系统，包含一套有效烃源岩，以及与该烃源岩有关的油气及油气藏形成所必需的一切地质要素及作用。含油气系统的提出，是对油气勘探工作极为重要的总结，是指导预测油气资源、减少勘探不确定性的重要思路和方法，也是油气勘探中必不可少的评价内容之一（汪时成和周庆凡，2000；何登发等，2000；赵文智等，2001，2002）。自 20 世纪 70 年代提出含油气系统的概念以来，国内外学者不断丰富着这一概念的内涵（Magoon，1995；赵文智等，2001；Pollastro，2007）。然而，随着勘探技术的不断进步以及更为丰富类型的油气藏相继发现，含油气系统的概念和地质理论正在面临重大的革新，特别是在"进源找油"背景下的源内油气勘探，突破了经典的含油气系统理论固有的源外找油理念（邹才能等，2010，2014；Jia et al.，2016；贾承造，2017）。在中国，受多旋回沉积盆地复杂地质条件的影响，更为迫切地需要应用新的理论来指导油气勘探工作。

准噶尔盆地是中国西部典型的叠合含油气盆地，在西北缘玛湖富烃凹陷，经过多年持续勘探，已先后在断裂带和凹陷斜坡区发现了克乌及玛湖两大百里油区，形成了多个亿吨级储量区，发现了多种类型的油气资源，形成了玛湖凹陷及周围常规与非常规油气有序共生的勘探局面，包括全球最大洪积砾岩油藏克拉玛依油田、全球最大源上砾岩油藏玛湖油田、国内最浅的超稠油油藏风城油田、全球最古老的碱湖型页岩油藏、盆地内规模最大的亿吨级致密油藏玛南油藏、盆地最富集的油砂矿富集区乌尔禾油砂山。如此丰富的油气资源类型共生表明，玛湖大油区的油气成藏与富集规律，已不能用经典的含油气系统理论解释，必须应用全新的"全油气系统理论"去分析和研究。因此，本章在综述含油气系统理论沿革，分析发展趋势的基础上，结合玛湖凹陷的勘探历史和地质研究认识，阐述对全油气系统理论的理解，期望起到抛砖引玉的作用，吸引更多的勘探家和地质家对这一地质理论进行思考探索，以更好地指导油气勘探。

一、含油气系统历史沿革

含油气系统概念的提出及发展可以概括为四个阶段，包括萌芽阶段（1994 年之前）、含油气系统阶段（2000 年之前）、中国复合含油气系统阶段和全油气系统阶段（2000 年之后）。与之相伴，这一概念的内涵也逐渐从单一凹陷向复杂叠合盆地发生转变。在含油气系统概念的发展过程中，中国科学家做出了重要贡献，并形成了中、美科学家相互促进发展的可喜局面。

1. 萌芽阶段 (1994 年之前)

在大庆石油会战地质研究成果中，于 1963 年，已经提出了完整的成油系统的概念，并指出单纯地从某一个条件分析油气藏形成的理论是不全面的，若要形成油气藏，在某一地质时期，油源、储集层、盖层、圈闭和运聚过程必须联系到一起，形成完整的成油系统（胡朝元和廖曦，1996）。而国外最早应用成油气系统的是 Dow，于 1974 年提出了原油系统（oil system）的概念（Dow，1974），他利用地球化学和地质数据，对 Williston 盆地三个典型油藏进行了分析，认为可以利用烃源岩、运载层、储集层和盖层等方面合理地解释油藏的分布，并将烃源岩与油气聚集联系起来。Perrodon 通过系列研究，给出了油气系统（petroleum system）的概念，定义油气系统为控制油气藏分布的地质标准，特别是控制烃源岩、储集层和盖层组合存在的标准，通常表现为由形成油气藏所反映的一定的地理延伸（Perrodon and Masse，1984；Perrodon，1992）。在其定义的油气系统中包含两个主要的存在，一定数量的烃类和一定的容纳空间或一组储集层、圈闭和盖层的组合（Demaison and Huizinga，1991）。随后，陆续有学者提出了相似的概念，如生油盆地（generative basin）、生烃机器（hydrocarbon machine）及独立含油气系统（independent petroliferous system，IPS）（Demaison，1984；Meissner et al.，1984；Ulmishek，1986），这些概念及其内涵均注意到了油气成藏地质要素与成藏过程的有机联系。

自 1959 年大庆油田发现后，中国科学家同样发现了松辽盆地烃源岩分布与油气聚集具有密切的关系，并在 1963 年提出了陆相盆地"源控论"的油气地质思想，指出"油气田环绕生油中心分布，并受生油区的严格控制，油气藏围绕生油中心呈环带状分布"（胡朝元，1982；贾承造等，2018）。"源控论"的核心思想是，立足于有机生油理论，明确陆相含油气盆地成熟的烃源岩对油气藏的形成和分布具有控制作用，油田都分布在有成熟源岩的生油洼陷正向构造的周围，因此，在勘探部署上强调定洼（凹）的重要性，从而形成了围绕生烃中心，寻找正向构造单元的勘探思路。

2. 含油气系统阶段 (1994 ~ 2000 年)

随着勘探技术的不断进步，人们越来越多地意识到油气成藏与成藏地质条件、成藏过程等因素在时间和空间的匹配密切相关。1988 年 Magoon 首次使用了要素（element）这一术语（Magoon，1988），并认为油气成藏的基本要素包括烃源岩、运移路径、储层岩石、盖层和圈闭。1994 年在丰富已有认识的基础上，Magoon 和 Dow 给出了比较公认的含油气系统的概念，指出含油气系统（petroleum system）是包含一个豆荚状活跃烃源岩以及烃类聚集所必需的所有地质元素和地质过程（elements and processes）的自然系统（Magoon and Dow，1994）。含油气系统中的油气（petroleum）包括常规储集层中热解和生物成因烃类，天然气水合物，致密储层、裂缝页岩及煤层中的烃类气体、凝析油、原油及普遍存在于储集层中的沥青；系统（system）是指独立要素和地质过程，为烃类聚集的功能性单元，独立要素包括烃源岩、储集层、盖层及其上覆岩层，地质过程包括圈闭形成和生烃—运移—聚集。

含油气系统概念的提出，是对油气系统理论的一次系统的总结，从整体性、不同含油气系统结构差异、有序性、开放系统和随时间动态变化五个方面总结了含油气系统的基本特征（赵文智等，2002）。总体而言，含油气系统的理念形成了从烃源岩到圈闭，沿油气运聚路径寻找聚集单元，"源外找油、顺藤摸瓜"的研究思路，核心在于对油气成藏过程的恢复。然而，从国外含油气系统概念的内涵和研究实例可以看出，更多强调一套有效烃源岩相联系，由烃类运聚过程所涉及的一些地质单元、地质条件和过程组成，在含油气系统中只包含已经发现的烃类（油苗、油气显示和油气藏），并适用于较为简单的一期成藏的情况，而中国大型陆相叠合盆地油气成藏多具有多源和多期的特点，单一的含油气系统概念并不能很好地适用于中国复杂的叠合盆地。

3. 复合含油气系统（2000 年之后）

鉴于含油气系统概念存在的局限性，围绕中国多旋回演化盆地多源、多期油气成藏而导致多个含油气系统在三度空间的交叉叠置这一背景，中国科学家创新性地提出了复合含油气系统（composite petroleum system）的概念（何登发等，2000；赵文智等，2001），同时指出，在叠合含油气盆地中，多套烃源岩系在一个或数个负向地质单元中集中发育，并在随后的继承发展中，出现多期生烃、运聚成藏与调整改造的变化，从而导致多个含油气系统的叠置、交叉和窜通（赵文智等，2001）。概括来说，复合含油气系统的概念包括五方面内涵，即：①多套平面上叠置或交叉的烃源岩；②多期次油气藏共享部分石油地质条件；③不同的烃源灶具有相对独立的油气运聚系统，并存在部分的流体交换；④复合含油气系统包含多个关键时刻；⑤复合含油气系统的边界包括独立含油气系统和叠置、交叉、串通的空间范围（赵文智等，2001）。

复合含油气系统的提出具有重要的理论及现实意义，打破了单一含油气系统的局限性，结合中国含油气盆地勘探实践，着重探讨含油气系统之间的相似特征及控制因素。在实际勘探中，为准确寻求多类油气成藏组合的地质环境，建立不同复杂含油气系统勘探模式，精炼勘探思维，提供了强有力的理论支撑，并推动了含油气系统理论研究层次的三大飞跃，即由单个原型盆地向多旋回复杂构造活动控制下的叠合、复合盆地飞跃，由单一含油气系统向复杂成藏环境的复合含油气系统飞跃，由简单的油气聚集区带向多成因组合的复式油气聚集带飞跃。在研究方法上，同样实现了三大转变，即单源和单期成藏向多源和多期成藏转变，由简单含油气系统评价向复合含油气系统评价转变，由简单含油气系统勘探向复合含油气系统勘探的转变。

4. 全油气系统（2000 年之后）

在含油气系统的概念提出不久，人们发现开展油气相关调查的原因是需要找到尚未发现的油气资源并消除潜在的风险，为了客观地评价风险，需要将已知的和未知的清晰地分开。成藏组合（play）的概念既包括了已知的，也包括了未知的，然而，在实际勘探风险评估中，这两类信息不太能够轻易地分开。相对应的，如果含油气系统的概念仅仅是用来表达已知的，那么成藏组合的概念可以用来表达未知的。因此，成藏组合概念可以用来补充含油气系统的概念。基于这一背景，Magoon 提出了有利区带（complementary play）和有利远景（complementary prospect）作为补充（Magoon，1995），并在 2000 年给出全油气系统的概念，其是指以一个正在生烃或曾经生烃的烃源岩透镜状聚集区为源，所有已发现和未发现的相关油气（油气苗、油气显示、油气藏）以及对油气聚集至关重要的所有地质要素（烃源岩、储集岩、围岩和盖层）和过程（油气生、运、聚以及圈闭的形成）的总和（Magoon and Schmoker，2000）。事实上，在概念的内涵中，全油气系统是含油气系统与有利区带和有利远景中未发现的油气田的集合（图 8-1），针对的仍然是一个活跃或曾经活跃的烃源岩。随着勘探的不断进行，国外学者提出了新的勘探概念——评价单元（assessment unit），其是指全油气系统中一定体积的岩石，包括已发现和未发现的油田，在地质、勘探策略和风险特征方面均质性足够，就资源评估标准而言，构成单一的油田特征群体，并指出评价单元是基于相似的地质要素和油气聚集类型，可以代表要被评价的一个成藏组合或一组成藏组合（Pollastro，2007）。

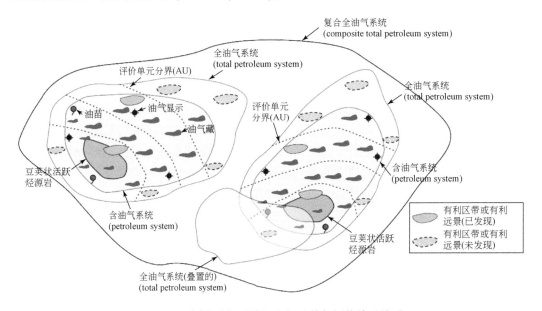

图 8-1　不同含油气系统概念间及其与评价单元关系

二、含油气系统革新

1. 第一次革新

美国地质勘探局在对 Kohat-Potwar 地质省油气评估时发现，在该地区存在数个独立的全油气系统，并组合成一个始新世—中新世的复合全油气系统。同时注意到，在该地区具有多套叠合的烃源岩、储集层和广泛的断层系统，这也导致不同来源烃类的混合，而使全油气系统的进一步区分变得更为困难。因此，在研究中提出了复合全油气系统（composite total petroleum system），但并未给出明确的概念（Wandrey et al.，2004）。在中国复杂的多期叠合陆相盆地的背景下，中国科学家在 2000 年也提出了复合含油气系统的概念，强调多源、多期背景下含油气系统互相叠置、交叉与串通的发育特点（赵文智等，2001），为含油气系统概念的革新做出了重要贡献。

2. 第二次革新

非常规油气藏的出现为油气勘探带来了新的生机，也为经典含油气系统理论带来了新的挑战（Law and Curtis，2002；邹才能等，2014；Zou et al.，2015）。非常规油气藏有别于常规油气藏的烃源岩、储集层、盖层、运移方式、聚集单元、圈闭及保存条件，其成藏及聚集理论也突破了传统成藏要素的概念（汪时成和周庆凡，2000），逐渐形成了从"源外找油"向"进源找油"的勘探开发思路及方法的革新（邹才能等，2014）。然而，以往含油气系统、全油气系统等概念并未能很好地表达非常规油气藏发现所带来的油气地质理论革新，比如全油气系统中包含含油气系统中已发现和未发现的油气田、油苗及油气显示等，只是将原有的含油气系统的概念扩大化。国外虽然提出复合全油气系统（composite total petroleum system）来解决"多源"油气系统的问题，但仍然强调的是多个独立的全油气系统，并不适用于油气藏交叉、串通频繁的中国复杂叠合盆地。更重要的是，不论含油气系统还是全油气系统的概念及内涵，虽然提到油气中包含部分非常规油气藏，但是没有"非常规油气"运聚的理念，更多的仍然是强调过程恢复，所以从本质上还是"源外找油、顺藤摸瓜"的理念。因此，迫切需要重新审视全油气系统理论，赋予其新的内涵，并构建新的研究方法与评价体系，进而推动油气地质基础理论的发展。当前，准噶尔盆地玛湖凹陷为含油气系统理论的重大革新提供了极好的研究区和实践场。

三、准噶尔盆地玛湖大油区发现之旅

纵观玛湖大油区发现经历，勘探由源外向源内，由常规向非常规，由浅层向深层，由单一圈闭向连续地质体，由含油气系统向全油气系统演变，具体可分为三个阶段。

1. 1955~2000 年

依据"围凹源边，定凹选带"的指导思想，发现了新中国第一个大油田，克拉玛依油田的发现是含油气系统地质理论的勘探实践。准噶尔盆地早期勘探以"源控论"为指导，围绕富烃凹陷周缘正向构造带开展勘探工作。克拉玛依油田的发现揭示了断裂带冲积扇大面积成藏机理，在此基础上形成了"一扇一体、逐级成藏、沿阶富集"的"扇控成藏"地质理论。其内涵为：①"一扇一体"，即冲积扇单扇体与四周扇间泥岩及顶底板空间上有效配置，构成单独相对封闭的储集体，为一扇一藏提供良好的圈闭条件；②"逐级成藏"，前缘断裂沟通下盘凹陷烃源层，油气跨层运移至断裂带上盘，沿不整合面与断裂构成的输导体系顺断阶拾阶而上，遇独立扇体逐级充注成藏；③"沿阶富集"，多期断阶形成多排冲积扇扇群，扇体在时空上叠置连片，多期冲积扇扇群油藏沿同生断层呈带状大面积分布（图8-2）。历时20余年，沿盆缘正向构造单元，累计探明石油储量 9×10^8 t。油藏基本连片，并投入开发，建成准噶尔盆地最主要的石油生产基地，累计生产原油达 1.3×10^8 t。这些勘探发现是含油气系统地质理论的勘探实践。

2. 2001~2018 年

依据"下坡源上，由源到圈"的勘探理念，发现了凹陷区源上砾岩 10 亿 t 大油田，建立了源外连续型油气成藏模式，发展了含油气系统的地质理论。

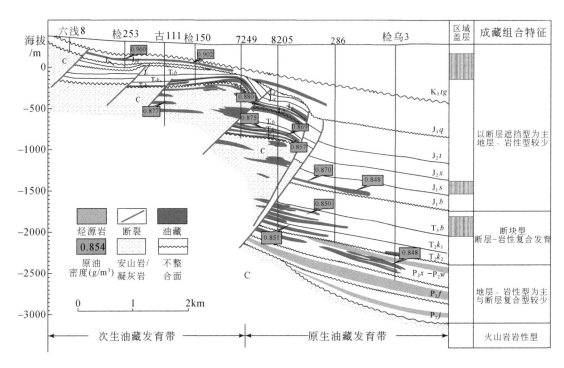

图 8-2　克拉玛依油田油藏剖面

断裂带大油田发现之后，面对准噶尔盆地资源接替的问题，重新思考经典的含油气系统地质理论，认为玛湖凹陷既然在源外断裂带已有大发现，那么在源内的斜坡区只要有合适的圈闭条件，也能够形成大规模油气聚集。据此，自 20 世纪 80 年代，勘探者提出"跳出断裂带，走向斜坡区"的勘探理念，玛湖凹陷区勘探由此开始，经历了"玛北地区、侏罗系、二叠系"勘探方向的三次转移。80 年代末，按构造油藏勘探思路部署的玛 2 井获得突破，继而发现玛北油田（1993 年）和玛 6 井区油藏（1994 年），限于当时储集层改造技术的制约，没有开发效益，储量未能有效动用。而外围探井玛 9、玛 7、玛 11 井相续失利，与玛湖大油区的发现擦肩而过。此外，通过油气成藏综合研究认为，玛湖斜坡区中生界主体构造形态为单斜构造，断裂及正向构造不发育，又远离物源，砂体不发育，勘探潜力有限。1998～2000 年，勘探层系向上转移至侏罗系，相继部署玛 8、玛 10 和玛 12 井，均以失利告终。至此，玛湖斜坡区油气勘探长期陷入停滞。此阶段的油气勘探在主攻断裂带上盘的同时，也积极向断裂带下盘及斜坡区拓展勘探，以寻找接替和后备领域。先后发现了夏 72 井区风城组、风南 4 井区风城组和风南 5 井区二叠系夏子街组和风城组等一系列二叠系油藏，但是由于油藏埋深大，储集层非均质性强，储量升级拓展和油藏开发难度大，玛湖斜坡区二叠系勘探亦未能持续下来。

2005 年，对环玛湖凹陷斜坡带开展新一轮的整体研究，对该地区砂体、储集层、烃源岩、油气成藏条件等进行了重新认识。早期研究认为，玛湖凹陷为盆缘冲积扇模式，扇体发育在盆缘断裂带，相带窄、规模小，以重力流沉积为主。通过对玛湖凹陷构造、沉积背景、物源及古地貌研究，结合钻井以及水槽模拟实验，突破了陡坡洪积扇的传统认识，提出了百口泉组属湖泊缓坡背景下扇三角洲沉积体系,具有前缘相砂体分布范围广、横向叠置连片的特征(图8-3),具备油气大面积成藏的物质基础。在埋深超过3500m后,扇三角洲前缘相仍发育贫泥砾岩有效储集层。贫泥砾岩的抗压能力强,原生孔隙可有效保存,后期深埋有利于流体交换,长石溶蚀作用强,埋深至5000m时,仍可发育有效储集层(图8-4)。

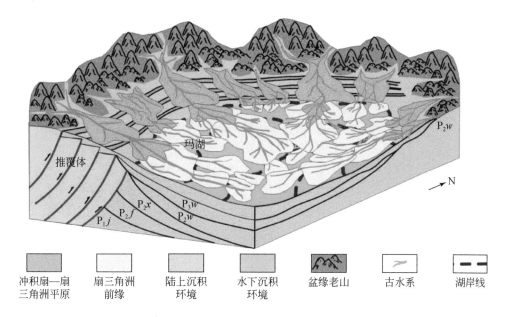

图8-3　玛湖凹陷大型浅水退覆式扇三角洲砾岩满凹分布模式

发现了风城组新型烃源岩,属碱湖沉积,是全球最古老的碱湖优质烃源岩,以富菌藻类有机质、生烃能力强为特色,存在低熟、成熟和高成熟各阶段的油气富集,特别是具有"成熟"和"高熟"双峰式高效生油模式(图8-5),生烃能力近两倍于传统湖相烃源岩,预测石油地质资源量达46.7亿t,同比提高53%,为大油区的形成奠定了资源基础。

玛湖凹陷斜坡区由于受到盆地周缘老山海西期—印支期多期逆冲推覆作用的影响,发育一系列具有调节性质、近东西向的高角度走滑断裂,成为源上跨层运聚的垂向通道。风城组碱湖生成油气沿高角度断裂垂向跨层运移2000~4000m,三叠系与二叠系间的大型不整合面为侧向运移通道(图8-6)。扇三角洲平原相致密层、湖相及扇间泥岩,以及断裂相互配置,形成组合式多面遮挡,为扇三角洲前缘相大面积成藏提供了良好封闭条件。玛湖凹陷斜坡区为南东倾的平缓单斜,局部发育低幅度背斜、鼻状构造与平台,三叠系百口泉组倾角平均为2°~4°。相对平缓的构造背景使原油不易运移、调整和逸散,有利于形成大面积连续型油藏。在退覆式扇三角洲顶底板与侧向主槽致密砾岩立体封堵下,叠置连片发育的前缘砂体叠覆于碱湖烃源岩主生烃灶之上,形成"满凹含油"态势。

玛湖大油区面积近6800km²,围绕二叠系—三叠系砾岩,共发现7大油藏群,三级储量超20亿t。油气分布不受构造控制,无统一的油水界面,单体油藏储量规模大,平面上为地层背景下叠置连片分布的大面积岩性油气藏集群。

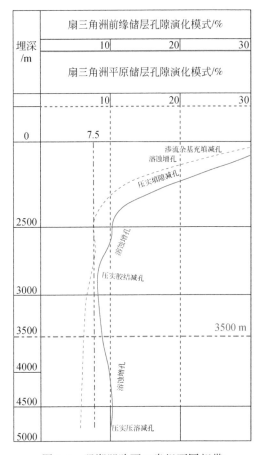

图 8-4　玛湖凹陷百口泉组不同相带
储层孔隙演化模式

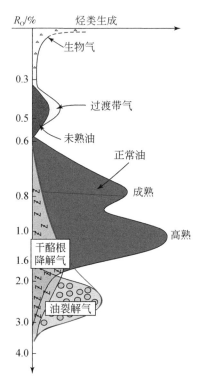

图 8-5　玛湖凹陷风城组双峰式高效生油模式

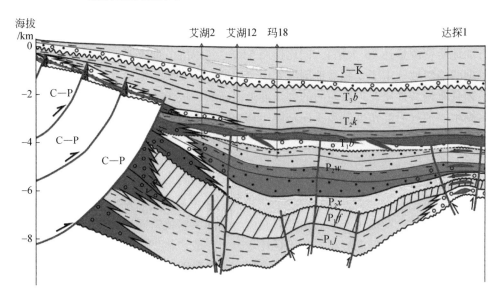

图 8-6　玛湖凹陷源上砾岩大油区成藏模式

这些勘探发现，在一定程度上发展了经典的含油气系统地质理论，特别是在源外大跨度、大规模成藏，突破了大面积岩性油气成藏通常以源储一体为特征的传统认识。

3. 2019 年至今

该时期提出了"下凹进源，常非并重"的勘探思路，发现了源内常规–非常规亿吨油区，为全油气系统地质理论提供了实证。

回顾玛湖砾岩大油区的发现，认识到通过解放思想、创新地质理论认识是勘探获得新发现的源泉。非常规油气地质理论的出现，引领在玛湖凹陷油气勘探思路又一次革新，启示前人对全油气系统的地质理论构想是客观存在的，但同时因为过去尚无地质实证，所以在"进源找油"背景下全油气系统勘探并无成熟理论指导，需要系统开展研究。

自 2007 年以来，围绕下二叠统风城组常规目标相继部署了风城 1、百泉 1、玛湖 1 等风险探井，推动了中二叠统及三叠系砾岩大油区发现，也逐步推动形成了风城组"常规–非常规"油气有序共生的全油气系统新认识（图 8-7）。玛北—风南地区已发现油藏，为受构造控制的常规裂缝型油藏与页岩油共存区，广大斜坡区及凹陷区处于生烃中心，存在大规模的白云质页岩油藏富集。围绕玛湖凹陷风城组，发现了包括源内和源外两套油气系统，为典型全油气系统。源外由烃源岩到圈闭形成一个完整的含油气系统，发现了两大百里油区（中二叠统—白垩系）。源内常规和非常规油气"源储耦合，有序聚集"，受岩相控制，既具有常规砂砾岩、火山岩的油气聚集（存在圈闭），也含源储紧邻的非常规致密油和自生自储页岩油。2019 年钻探的玛页 1 井为常规–非常规油藏叠置区，风城组页岩、火山岩两层获工业突破，源外中—上二叠统钻遇油层，全油气系统综合勘探思路得以证实。

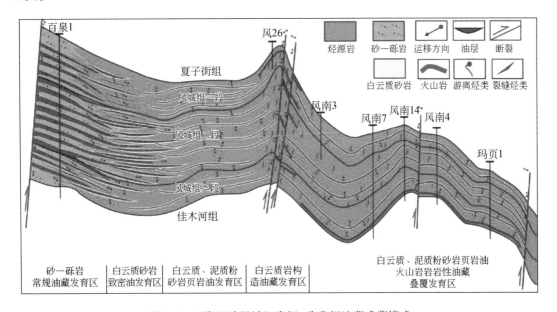

图 8-7　玛湖凹陷风城组常规–非常规油藏成藏模式

第二节 玛湖凹陷全油气系统形成条件与机制

风城组的全油气系统包括源岩层系内部和外部的两套子系统，本章重点关注前者，全油气系统其特征与经典的全油气系统一致，包括了常规和非常规油气的"有序共生属于源内或者极近距离的近源聚集，即包括极近距离平面上源外运移至常规砂砾岩、火山岩储层中的聚集成藏（存在圈闭），以及和源内的自生自储富集（无圈闭），均未发生明显的长距离二次运移，以表现为"源储耦合，有序聚集"的特征（Pollastro et al., 2007；邹才能等，2014；贾承造，2017；崔景伟等，2019；支东明等，2021）。因此下文所阐述的全油气系统形成的基本条件着重考虑"源"和"储"，包括烃源岩条件、储集层条件和源—储演化连续性这三个方面。

一、烃源岩条件

现今的风城组烃源岩主体为一套成熟—高成熟的有机质丰度高、类型好的油源岩（王绪龙等，2013；陈建平等，2016）。玛页1井取心段微量元素快速检测的白云岩（碳酸镁钙）含量最高可达30%，碳酸钙（灰质）含量普遍小于20%［图8-8（a）］，风城组源岩是一套含碳酸盐型泥页岩（Xia et al., 2019b）。有机质丰度整体达到中等—好质量烃源岩（王绪龙等，2013；陈建平等，2016）。

风城组地球化学综合评价剖面显示［图8-8（b）］，自下而上有机质丰度表现为由小到大的趋势，除泥质岩类、云质岩类以及凝灰岩类有机质丰度较高外，96%以上的粉砂岩类样品残余有机碳含量大于0.6%，生烃潜量大于2mg/g，也具有生烃能力（表8-1），这对于源内或者近源的油气聚集非常有利。此外，钻井揭示的样品成熟度普遍较低（热解最高峰值（T_{max}）普遍小于430℃）。但是目前实测样品成熟度不能反映玛湖凹陷主体深埋区的面貌，盆地模拟预测总体应该达到成熟—高成熟阶段（图8-9）。

表 8-1 准噶尔盆地玛湖凹陷风城组不同岩性烃源岩地球化学指标参数统计表

岩性		TOC/%		S_1/（mg/g）		（S_1+S_2）/（mg/g）		HI/（mg/g）		T_{max}/℃
		数值分布	大于0.6占比	数值分布	大于1占比	数值分布	大于2占比	数值分布	大于250占比	
泥岩类	白云质泥岩 粉砂质泥岩 凝灰质泥岩	$\frac{0.03\sim2.79}{1.04\ (157)}$	71.34%	$\frac{0.01\sim9.35}{1.42\ (154)}$	51.3%	$\frac{0.01\sim25.29}{5.18\ (157)}$	71.34%	$\frac{2.67\sim981.82}{290.97\ (157)}$	52.23%	$\frac{359\sim489}{426\ (157)}$
白云岩类	粉砂质白云岩 泥质白云岩 凝灰质白云岩	$\frac{0.12\sim3.11}{0.99\ (48)}$	68.75%	$\frac{0.01\sim3.79}{0.77\ (47)}$	25.53%	$\frac{0.01\sim23.58}{4.82\ (48)}$	68.75%	$\frac{3.33\sim817.05}{331.61\ (48)}$	66.67%	$\frac{311\sim579}{430\ (48)}$
凝灰岩类	粉砂质凝灰岩 白云质凝灰岩 沉凝灰岩	$\frac{0.25\sim3.58}{1.02\ (31)}$	64.52%	$\frac{0.01\sim3.62}{0.71\ (31)}$	29.03%	$\frac{0.01\sim24.05}{4.07\ (31)}$	64.52%	$\frac{10.34\sim688.46}{331.61\ (30)}$	66.67%	$\frac{407\sim454}{434\ (31)}$

续表

岩性		TOC/%		S_1/（mg/g）		（S_1+S_2）/（mg/g）		HI/（mg/g）		T_{max}/℃
		数值分布	大于0.6 占比	数值分布	大于1 占比	数值分布	大于2 占比	数值分布	大于250 占比	
粉砂岩类	白云质粉砂岩 凝灰质粉砂岩 泥质粉砂岩	$\dfrac{0.20\sim4.08}{1.96（31）}$	96.77%	$\dfrac{0.05\sim3.93}{2.45（31）}$	96.77%	$\dfrac{0.27\sim14.13}{8.23（31）}$	96.77%	$\dfrac{110.00\sim490.40}{310.75（31）}$	74.19%	$\dfrac{411.0\sim430.0}{421.7（31）}$

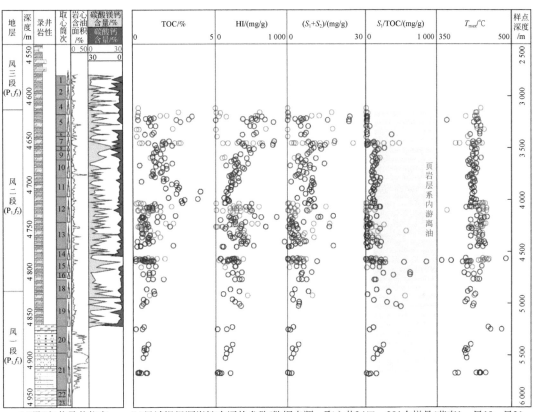

(a)玛页1井录井信息

(b)风城组烃源岩综合评价参数(数据来源：取心井24口，291个样品(艾克1、风18、风21、风5、风城011、风城1、风南1、风南14、风南2、风南4、风南5、风南7、风南8、旗8、乌35、乌351、夏201、夏40、夏72、夏76、夏87、夏88、白26、百泉1))

图8-8　玛湖凹陷风城组常规-非常规油藏成藏模式

风城组烃指数（S_1/TOC）显示，在3200～6000m深度范围内较多数据超过100mg/g，预示风城组在这个深度范围内存在滞留烃［图8-8（b）］。以目前国内外常用的 S_1 峰值、氯仿沥青"A"含量来表征风城组中的可动烃量（朱晓萌等，2019；蒋启贵等，2016），风城组烃源岩热解分析参数 S_1 值为0.01～9.35mg/g，平均值为1.27mg/g，其中 S_1 值超过2mg/g的样品占比25%，部分超过了4mg/g，证实其烃源岩内存在滞留烃。尤其玛页1井风城组全井段取心显示整体含油，表现为典型的页岩油系统。

　　与国外的 Eagle Ford、Barnett、Bakken 等经典海相页岩烃源岩评价参数对比，风城组与之可相媲美，甚至好于 Monterey、Mowry 等低有机质丰度页岩（Jarvie，2012），反映了风城组具备形成页岩油（致密油）的烃源条件。

　　规模的油气聚集，除了烃源岩品质，生烃量至关重要。风城组烃源岩分布广，厚度大（图8-9）。残余有机碳含量大于 0.5% 的烃源岩厚度平均值为 233.63m，大于 1.0% 的厚度平均值为 196.70m。残余有机碳含量超过 2%，成熟度达到 0.7% 的优质烃源岩覆盖整个玛湖凹陷。总生油量可达 143 亿 t，特别是在中心区的生油强度高达 800 万 t/km²。总排油量为 83 亿 t，剩余未排出的滞留油量近 60 亿 t。其中排出油量除散失的和已发现的源于风城组的常规油气资源外，部分排出烃可在基质孔隙或裂缝内形成游离油，这部分游离油与滞留油构成风城组的页岩油（致密油）资源基础。

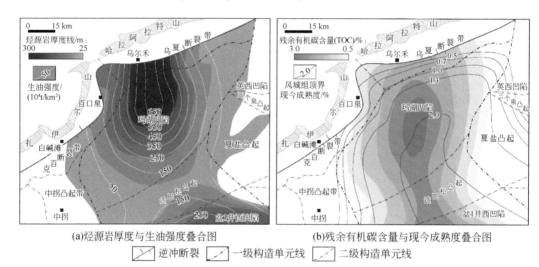

(a)烃源岩厚度与生油强度叠合图　　　　　　(b)残余有机碳含量与现今成熟度叠合图

逆冲断裂　　一级构造单元线　　二级构造单元线

图 8-9　准噶尔盆地风城组烃源岩评价综合分布图

二、储集层条件

　　风城组碱湖多源混合沉积形成多储集岩石类型。勘探已证实风城组泥质岩类、云质岩类、粉砂岩类、砂—砾岩及火山岩均可以作为储集层。除砂—砾岩、火山岩储集层显示丰富以外，细粒沉积物中云质岩类的油浸和油斑级别的岩心累计厚度较大，含油气性较好，尤其以云质粉砂岩的含油气性最好。以空气渗透率 $1 \times 10^{-3} \, \mu m^2$，孔喉直径 1μm 为界（黎茂稳等，2019），风城组存在常规和非常规两大类储集层。常规储集层岩性包括砾岩、砂岩（碎屑岩）和熔结凝灰岩、玄武岩（火山岩）两类；还发育白云质砂岩、白云质粉砂岩、白云岩、泥质白云岩、白云质泥岩等空气渗透率普遍小于 $1 \times 10^{-3} \, \mu m^2$ 的非常规细粒混积岩储集层（图8-10）。

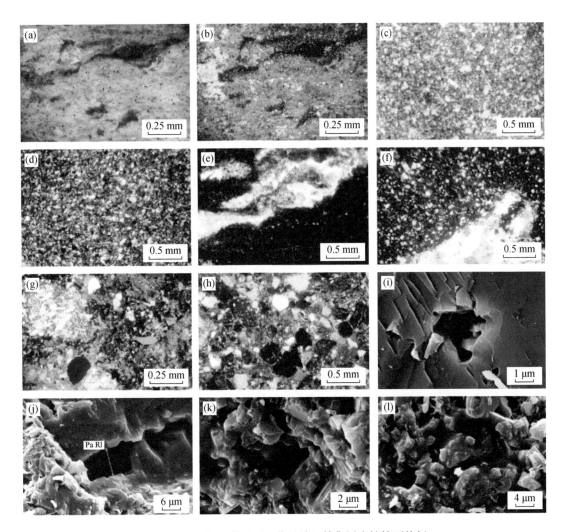

图 8-10　玛湖凹陷玛页 1 井风城组储集层岩性镜下特征

（a）4596.30m，硅化含灰质白云质泥岩，岩石薄片（-）×50；（b）4596.3m，硅化含灰质白云质泥岩，岩石薄片（+）×50；（c）4632.20m，硅化含白云质粉砂岩，岩石薄片（+）×100；（d）4664.80m，含泥质极细粒粉砂岩，岩石薄片（+）×100；（e）4745.10m，含有机质灰质泥页岩，岩石薄片（+）×100；（f）4745.30m，含白云质泥质粉砂岩，裂缝被硅质、方解石充填，岩石薄片（+）×100；（g）4910.20m，凝灰质含砾砂岩，岩石薄片（+）×50；（h）4911.80m，凝灰质岩屑砂岩，岩石薄片（+）×100；（i）4706.88m，白云质泥岩，微米孔隙，扫描电镜照片，孔隙度为 4.9%，渗透率为 0.031×10⁻³μm²；（j）4612.31m，含白云质粉砂岩，粒间溶孔，扫描电镜照片，孔隙度为 8.2%，渗透率为 0.012×10⁻³μm²；（k）4612.31m，含白云质粉砂岩，基质中溶孔与粒间孔油浸现象，扫描电镜照片；（l）4612.31m，含白云质粉砂岩，基质孔中油膜，扫描电镜照片

　　储集层物性统计显示，风城组孔隙度为 0.1%～13%，平均值为 2.89%，其中大于 5% 的样品仅占 18.2%，渗透率小于 0.1×10⁻³μm² 的样品占 67.99%，具低孔致密的特征。早期对于风城组的细粒研究多关注其烃源岩，较少关注其能否作为油气储集层。玛湖凹陷北部地区的风南 14、风南 1 等井在油气显示好的层段按照常规储集层试获油流，储集层岩

性以细粒的白云质粉砂岩、白云质泥岩为主，物性较差，均未获得规模性突破，导致研究进展迟缓。

玛页1井的钻探为细致研究储集岩石类型提供了充足的资料。风城组系统取心365.38m，其中，油浸级6.12m，油斑级175.03m，油迹级184.23m，岩心含油面积高达54%（图8-11）。风一段发育两期沉积岩段夹火山岩建造，中部两套沉积岩与凝灰岩段含油级别达到油浸级，累积厚度超过60m。通过镜下薄片鉴定研究，两段沉积岩段碎屑颗粒［图8-10（g）］的母源特征与下部的火山岩［图8-11（h）］特征一致，初步认为凝灰质含砾砂岩、砂岩为高地火山岩剥蚀近源沉积形成的。玛页1井将两套沉积岩与中部凝灰岩大段合试，获日产油16.3t的工业突破，井下产液剖面的测量证实上下沉积岩段的产油贡献率超过80%，比中间夹的凝灰岩段产油能力更强，前期勘探并未认识到其上下沉积岩段也具有勘探潜力。该段分析孔隙度为2.4%~12.4%，平均值为8.7%，渗透率最大值为0.511×10^{-3}μm^2，普遍小于0.1×10^{-3}μm^2，岩心荧光扫描显示该段以基质孔普遍含油为特征，沉积岩特有的层理特征明显，较少发育微裂缝［图8-11（i）］。

风一段上部至风三段为白云质岩与泥页岩频繁互层，单层厚度小于0.5m（图8-11），反映湖相沉积的细粒纹层状结构明显，局部可见泄水构造、滑塌变形构造［图7-11（f）］、底部热液喷流形成的通道后被方解石充填等现象。储集层快速分析孔隙度普遍小于10%，平均值为5.79%，渗透率普遍小于0.1×10^{-3}μm^2。但也有个别样品孔隙度超过10%，渗透率超过0.1×10^{-3}μm^2，其对应的岩心扫描及荧光普扫反映出发育微裂缝。例如，第4筒岩心样品［图8-11（b）］，埋深4612.31m，岩性为白云质泥岩夹泥岩，孔隙度高达17.7%，渗透率为0.036×10^{-3}μm^2，层理缝、高角度缝较普遍，含油特征明显。荧光普扫观测裂缝密度为3~4条/m，裂缝宽度小于1mm，缝长度小，具有裂缝相对集中发育段。相对来说裂缝规模较大的以纵向直劈缝为主，纵向跨度超过米级［图8-11（c）］，但较少发育。此外，碳酸盐含量越高，孔隙度明显降低，渗透率有所升高［图8-11（g）、（h）］。这一规律与碳酸盐含量影响的岩石脆性有一定关系，碳酸盐含量升高，脆性变强，易产生微裂缝，改善储集层物性。再者，除裂缝含油特征较明显外，含灰质白云质泥岩存在溶蚀孔含油、白云质粉砂岩［图8-10（b）、（k）、（j）］中基质孔含油的特征［图8-10（l）、图8-11（g）］。同时存在纳米级和微米级孔隙，整体连通性较差，需在裂缝（天然或人工）的沟通下，形成有效储集层空间。此外，白云质含量能够极大地改善其脆性特征（Olson et al.，2012；赵金洲等，2018），玛页1井碳酸盐含量较高，尤其风城组碱湖的咸化环境也更易形成碳酸盐岩化学沉积，形成更加易改造的致密白云质岩储集层，与吉木萨尔凹陷芦草沟组相比可改造性强（支东明等，2019）。针对玛页1井细粒显示段进行长直井段大规模体积压裂，获得最高日产50.8m^{3}的突破，证实了玛湖凹陷该类细粒白云质岩类致密储集层的勘探潜力。

平面上，常规储集层中碎屑岩储集层分布于湖盆边缘，埋深较浅（2800~3600m）。砾岩分布于冲积扇扇中、扇三角洲平原，少量分布于扇三角洲前缘，主要包括小砾岩、细砾岩、砂砾岩和砂质砾岩，含少量中砾岩，通常厚度大，泥岩夹层不发育（黄岩，2017）。砂岩在风城组所占比例不高，主要分布于扇三角洲前缘环境，颜色通常为灰色、灰绿色，中—粗砂岩为主，厚度薄，常含有砾石，为致密砂岩储集层。火山岩储集层主要分布于玛北夏 72—风城 1 井区以及玛湖凹陷南部地区克 81 井区，厚度为 15～50m，分布局限。广大凹陷区分布着白云质岩类细粒沉积，其形成的页岩油（致密油）富集领域也更广。

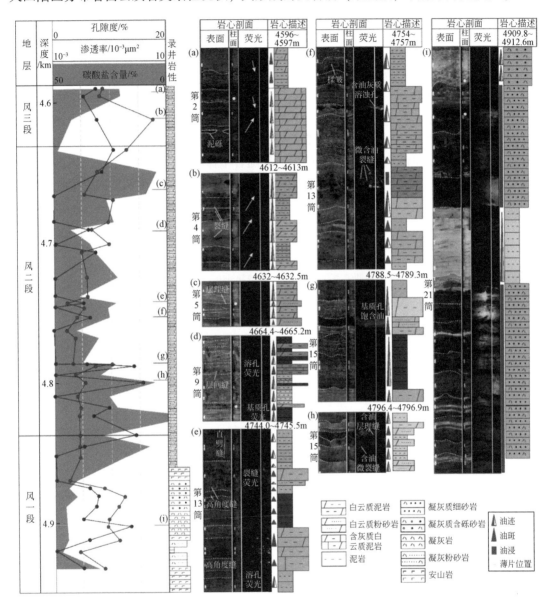

图 8-11　玛湖凹陷玛页 1 井取心厘米级描述及快速分析综合图

三、源—储演化连续性

对于风城组全油气系统，烃源岩的热演化、生排烃、生成烃类性质的演化，储集层储集空间的成岩演化，以及两者的演化耦合是不同类型油藏得以形成的关键。热史演化模拟显示（图8-12），受盆地基底沉降以及西北缘造山带的推覆作用影响，风城组早期碱湖沉积中心最早进入低成熟阶段，至二叠纪末风城组主体区基本进入生烃门限，这个阶段风城组有少量的低熟油生成并排出。三叠纪构造沉降及沉积变化相对缓慢，成熟度随地层埋深增大，主体进入低成熟—成熟阶段，尤其中三叠世大量的成熟油生成，受上覆地层压力的影响，压实作用较弱，原生孔隙体积较大，生成的油大量排出。至早侏罗世，受到盆地南降北升的跷倾运动影响，玛湖凹陷主体埋深变化不大，成熟度上升缓慢，但已进入成熟阶段，此时期以生成成熟油为主，在凹陷周缘因埋藏较浅，也有一些相对低成熟的原油。值得注意的是，自中晚三叠世，由于烃源岩长期生排烃，沉积作用持续进行，风城组在生烃增压作用下开始出现剩余压力，这部分剩余压力的出现加速了源内生成烃类的排出，形成了晚三叠世—早侏罗世的成熟油排油高峰。后期随着中侏罗世—白垩纪的快速沉降，烃源岩成熟度快速升高，至白垩世末基本与现今成熟度相当。平面上，玛湖凹陷中部地区埋深最大，成熟度最高，最高可达 2.0%，向凹陷斜坡区逐渐降低［图8-9（b）］。在侏罗纪末，玛湖凹陷周缘受车莫古隆起的抬升影响，沉降沉积作用停滞，形成较长的排烃期，至早白垩世再一次开始生排烃过程。

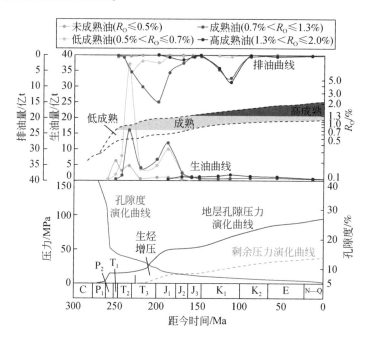

图8-12　玛湖凹陷风城组源—储演化的时序性耦合图

　　整体而言，中侏罗世以来，风城组沉积中心主体烃源岩已经入高成熟阶段，开始大量生成高熟油，与早期滞留于烃源岩内的低熟—成熟原油一起排出，形成"早生烃、早排烃、两阶段、长时序"的特征，这种两阶段连续生烃的特征为风城组全油气系统的形成奠定了良好条件。玛湖凹陷区目前发现的原油密度从周缘向凹陷逐渐变轻，埋深上由浅至深密度逐渐降低，气油比升高的趋势，反映了较长的生烃窗。

　　总之，风城组连续的有机质热演化形成充足的油源，决定了油气类型的多样性，排出的烃类能够形成源外的常规油藏，致密的粗碎屑储集层中不同热演化阶段的原油充注可形成连续分布的致密油，而烃源岩层系内存在的中高成熟阶段细粒致密储集层中的原位聚集可以形成规模页岩油。油气形成的超压环境，决定后期不同油气类型产能大小。

参 考 文 献

卞保力, 张景坤, 吴俊军, 等 . 2019. 准噶尔盆地西北缘大侏罗沟走滑断层油气成藏效应 [J] . 地学前缘, 26 (1): 238-247.

蔡进功, 包于进, 杨守业, 等 . 2007. 泥质沉积物和泥岩中有机质的赋存形式与富集机制 [J] . 中国科学 (D 辑: 地球科学), (2): 92-101.

蔡忠贤, 陈发景, 贾振远 . 2000. 准噶尔盆地的类型和构造演化 [J] . 地学前缘, (4): 431-440.

曹剑, 雷德文, 李玉文, 等, 2015. 古老碱湖优质烃源岩: 准噶尔盆地下二叠统风城组 [J] . 石油学报, 36 (7): 781-790.

陈发景, 汪新文, 汪新伟 . 2005. 准噶尔盆地的原型和构造演化 [J] . 地学前缘, (3): 77-89.

陈建平, 王绪龙, 邓春萍, 等, 2016. 准噶尔盆地油气源8 油气分布与油气系统 [J] . 地质学报, 90 (3): 421-450.

陈新, 卢华复, 舒良树, 等 . 2002. 准噶尔盆地构造演化分析新进展 [J] . 高校地质学报, (3): 257-267.

崔景伟, 朱如凯, 范春怡, 等 . 2019. 页岩层系油气资源有序共生及其勘探意义: 以鄂尔多斯盆地延长组长 7 页岩层系为例 [J] . 地质通报, 38 (6): 1052-1061.

戴金星 . 1993. 天然气碳氢同位素特征和各类天然气鉴别 [J] . 天然气地球科学, 4 (2): 1-40.

戴金星, 李剑, 丁巍伟, 等 . 2005. 中国储量千亿立方米以上气田天然气地球化学特征 [J] . 石油勘探与开发, 32 (4): 16-23.

戴金星, 米敬奎, 李志生, 等 . 2008. 无机成因和有机成因烷烃气的鉴别 [J] . 中国科学: 地球科学, 38 (11): 1329-1341.

戴金星, 倪云燕, 胡国艺, 等 . 2014. 中国致密砂岩大气田的稳定碳氢同位素组成特征 [J] . 中国科学: 地球科学, 44 (4): 563-578.

杜金虎, 胡素云, 庞正炼, 等 . 2019. 中国陆相页岩油类型、潜力及前景 [J] . 中国石油勘探, 24 (5): 560-568.

段毅, 周世新, 孟自芳 . 2001. 塔里木盆地群 5 井和曲 1 井原油的油源研究—脂肪酸及烷基环己烷系列化合物提供的新证据 [J] . 石油实验地质, 23 (4): 433-437.

方世虎, 贾承造, 郭召杰, 等 . 2006. 准噶尔盆地二叠纪盆地属性的再认识及其构造意义 [J] . 地学前缘, (3): 108-121.

冯冲, 姚爱国, 汪建富, 等 . 2014. 准噶尔盆地玛湖凹陷异常高压分布和形成机理 [J] . 新疆石油地质, (6): 640-645.

冯有良, 张义杰, 王瑞菊, 等 . 2011. 准噶尔盆地西北缘风城组白云岩成因及油气富集因素 [J] . 石油勘探与开发, 38 (6): 685-692.

付广, 薛永超 . 1999. 异常高压对油气藏形成和保存的影响 [J] . 新疆石油地质, 20 (5): 379-382.

高斌, 王伟锋, 卫平生, 等 . 2013. 三种典型火山岩储层的特征和综合预测研究 [J] . 石油实验地质, 35 (2): 207-212.

郭福生, 严兆彬, 杜杨松 . 2003. 混合沉积、混积岩和混积层系的讨论 [J] . 地学前缘 (中国地质大学, 北京), 10 (3): 68.

韩宝福, 何国琦, 王式洸. 1999. 后碰撞幔源岩浆活动、底垫作用及准噶尔盆地基底的性质 [J]. 中国科学 (D辑: 地球科学), (1): 16-21.

何登发, 赵文智, 雷振宇, 等. 2000. 中国叠合型盆地复合含油气系统的基本特征 [J]. 地学前缘 (中国地质大学, 北京), 7 (3): 23-37.

何衍鑫, 鲜本忠, 牛花朋, 等. 2018. 古地理环境对火山喷发样式的影响: 以准噶尔盆地玛湖凹陷东部下二叠统风城组为例 [J]. 古地理学报, 20 (2): 245-262.

胡朝元. 1982. 生油区控制油气田分布——中国东部陆相盆地进行区域勘探的有效理论 [J]. 石油学报, 3 (2): 9-13.

胡朝元, 廖曦. 1996. 成油系统概念在中国的提出及其应用 [J]. 石油学报, 17 (1): 10-16.

黄岩. 2017. 准噶尔盆地西北缘白25井区二叠系油藏成藏特征研究 [D]. 北京: 中国石油大学 (北京).

贾承造. 2017. 论非常规油气对经典石油天然气地质学理论的突破及意义 [J]. 石油勘探与开发, 44 (1): 1-11.

贾承造, 郑明, 张永峰. 2012. 中国非常规油气资源与勘探开发前景 [J]. 石油勘探与开发, 39 (2): 129-136.

贾承造, 邹才能, 杨智, 等. 2018. 陆相油气地质理论在中国中西部盆地的重大进展[J]. 石油勘探与开发, 45 (4): 546-560.

江涛, 杨德相, 吴健平, 等. 2019. 渤海湾盆地冀中拗陷束鹿凹陷古近系沙三段下亚段致密油 "甜点" 主控因素与发育模式 [J]. 天然气地球科学, 30 (8): 1199-1211.

姜在兴, 张文昭, 梁超, 等. 2014. 页岩油储层基本特征及评价要素 [J]. 石油学报, 35 (1): 184-196.

姜在兴, 孔祥鑫, 杨叶芃, 等. 2021. 陆相碳酸盐质细粒沉积岩及油气甜点多源成因[J]. 石油勘探与开发, 48 (1): 26-37.

蒋启贵, 黎茂稳, 钱门辉, 等. 2016. 不同赋存状态页岩油定量表征技术与应用研究[J]. 石油实验地质, 38 (6): 8427-8429.

蒋宜勤, 文华国, 祁利祺, 等. 2012. 准噶尔盆地乌尔禾地区二叠系风城组盐类矿物和成因分析 [J]. 矿物岩石, 32 (2): 105-114.

靳军, 张朝军, 刘洛夫, 等. 2009. 准噶尔盆地石炭系构造沉积环境与生烃潜力 [J]. 新疆石油地质, 30 (2): 211-214.

匡立春, 吕焕通, 薛晶晶, 等. 2008. 准噶尔盆地西北缘五八开发区二叠系佳木河组火山岩储层特征 [J]. 高校地质学报, (2): 164-171.

匡立春, 唐勇, 雷德文, 等. 2012. 准噶尔盆地二叠系咸化湖相云质岩致密油形成条件与勘探潜力 [J]. 石油勘探与开发, 39 (6): 657-667.

匡立春, 唐勇, 雷德文, 等. 2014. 准噶尔盆地玛湖凹陷斜坡区三叠系百口泉组扇控大面积岩性油藏勘探实践 [J]. 中国石油勘探, 19 (6): 14-23.

雷德文, 吕焕通, 黄永平, 等. 2005. 准噶尔盆地腹部二次三维地震勘探主要技术与效果 (为庆祝克拉玛依油田勘探开发50周年而作) [J]. 新疆石油地质, 26 (5): 510-515.

黎茂稳, 马晓潇, 蒋启贵, 等. 2019. 北美海相页岩油形成条件8 富集特征与启示 [J]. 油气地质与采收率, 26 (1): 13-28.

李锦轶, 何国琦, 徐新, 等. 2006. 新疆北部及邻区地壳构造格架及其形成过程的初步探讨 [J]. 地质学报, (1): 148-168.

李军, 薛培华, 张爱卿, 等. 2008. 准噶尔盆地西北缘中段石炭系火山岩油藏储层特征及其控制因素 [J]. 石油学报, (3): 329-335.

梁浩, 李新宁, 马强, 等. 2014. 三塘湖盆地条湖组致密油地质特征及勘探潜力 [J]. 石油勘探与开发, 41 (5): 563-572.

林等忠. 1980. 原油的红外谱线特征及其地质解译. 石油与天然气地质, (3): 191-206.

卢双舫, 黄文彪, 陈方文, 等. 2012. 页岩油气资源分级评价标准探讨 [J]. 石油勘探与开发, 39 (2): 249-256.

孟家峰, 郭召杰, 方世虎. 2009. 准噶尔盆地西北缘冲断构造新解 [J]. 地学前缘, 16 (3): 171-180.

潘银华, 黎茂稳, 孙永革, 等. 2018. 低熟湖相泥质烃源岩中不同赋存状态可溶有机质的地球化学特征 [J]. 地球化学, 47 (4): 335-344.

秦志军, 陈丽华, 李玉文, 等. 2016. 准噶尔盆地玛湖凹陷下二叠统风城组碱湖古沉积背景 [J]. 新疆石油地质, 37 (1): 1-6.

邱楠生, 杨海波, 王绪龙. 2002. 准噶尔盆地构造—热演化特征 [J]. 地质科学, (4): 423-429.

沙庆安. 2001. 混合沉积和混积岩的讨论 [J]. 古地理学报, 3 (3): 63-66.

隋风贵. 2015. 准噶尔盆地西北缘构造演化及其与油气成藏的关系 [J]. 地质学报, 89 (4): 779-793.

唐勇, 徐洋, 瞿建华, 等. 2014. 玛湖凹陷百口泉组扇三角洲群特征及分布 [J]. 新疆石油地质, 35 (6): 628-635.

唐勇, 曹剑, 何文军, 等. 2021. 从玛湖大油区发现看全油气系统地质理论发展趋势 [J]. 新疆石油地质, 42 (1): 1-9.

汪时成, 周庆凡. 2000. 含油气系统概念的由来及内涵 [J]. 石油与天然气地质, 21 (3): 279-282.

王茂林, 程鹏, 田辉, 等. 2017. 页岩油储层评价指标体系 [J]. 地球化学, 46 (2): 178-190.

王小军, 王婷婷, 曹剑. 2018. 玛湖凹陷风城组碱湖烃源岩基本特征及其高效生烃 [J]. 新疆石油地质, (1): 9-15.

王绪龙, 康素芳. 1999. 准噶尔盆地腹部及西北缘斜坡区原油成因分析 [J]. 新疆石油地质, 20 (2): 108-112.

王绪龙, 唐勇, 陈中红, 等. 2013. 新疆北部石炭纪岩相古地理 [J]. 沉积学报, 31 (4): 571-579.

吴孔友, 瞿建华, 王鹤华. 2014. 准噶尔盆地大侏罗沟断层走滑特征、形成机制及控藏作用 [J]. 中国石油大学学报, 38 (5): 41-47.

鲜本忠, 牛花朋, 朱筱敏, 等. 2013. 准噶尔盆地西北缘下二叠统火山岩岩性、岩相及其与储层的关系 [J]. 高校地质学报, 19 (1): 46-55.

肖贤明, 刘德汉, 傅家谟. 1991. 沥青反射率作为烃源岩成熟度指标的意义 [J]. 沉积学报, (S1): 138-146.

许琳, 常秋生, 冯玲丽, 等. 2019. 准噶尔盆地玛湖凹陷二叠系风城组页岩油储层特征及控制因素 [J]. 中国石油勘探, 24 (5): 649-660.

杨海波, 陈磊, 孔玉华. 2004. 准噶尔盆地构造单元划分新方案 [J]. 新疆石油地质, (6): 686-688.

杨智, 邹才能. 2019. "进源找油": 源岩油气内涵与前景 [J]. 石油勘探与开发, 46 (1): 173-184.

张金川, 林腊梅, 李玉喜, 等. 2012. 页岩油分类与评价 [J]. 地学前缘, 19 (5): 322-331.

张鸾沣, 雷德文, 唐勇, 等. 2015. 准噶尔盆地玛湖凹陷深层油气流体相态研究 [J]. 地质学报, 89 (5): 143-155.

张义杰, 齐雪峰, 程显胜, 等. 2007. 准噶尔盆地晚石炭世和二叠纪沉积环境 [J]. 新疆石油地质, (6): 673-675.

赵金洲, 任岚, 沈骋, 等. 2018. 页岩气储层缝网压裂理论与技术研究新进展 [J]. 天然气工业, 38 (3): 1-14.

赵文智, 何登发, 池英柳, 等. 2001. 中国复合含油气系统的基本特征与勘探技术 [J]. 石油学报, 22

（1）：6-13.

赵文智，何登发，范土芝.2002.含油气系统术语、研究流程与核心内容之我见［J］.石油勘探与开发，29（2）：1-7.

赵文智，张光亚，汪泽成.2005.复合含油气系统的提出及其在叠合盆地油气资源预测中的作用［J］.地学前缘，12（4）：458-467.

赵文智，胡素云，侯连华，等.2020.中国陆相页岩油类型、资源潜力及与致密油的边界［J］.石油勘探与开发，47（1）：1-10.

赵贤正，蒲秀刚，韩文中，等.2017.细粒沉积岩性识别新方法与储集层甜点分析——以渤海湾盆地沧东凹陷孔店组二段为例［J］.石油勘探与开发，44（4）：492-502.

郑大中，郑若锋.2002.天然碱矿床及其盐湖形成机理初探［J］.盐湖研究，10（2）：1-9.

郑绵平.2001.论中国盐湖［J］.矿床地质，20（2）：181-189.

支东明，曹剑，向宝力，等.2016.玛湖凹陷风城组碱湖烃源岩生烃机理及资源量新认识［J］.新疆石油地质，37（5）：499-506.

支东明，宋永，何文军，等.2019.准噶尔盆地中—下二叠统页岩油地质特征、资源潜力及勘探方向［J］.新疆石油地质，40（4）：389-401.

支东明，唐勇，何文军，等.2021.准噶尔盆玛湖凹陷风城组常规–非常规油气有序共生与全油气系统成藏模式［J］.石油勘探与开发，48（1）：38-51.

朱光有，金强，戴金星，等.2004.东营凹陷油气成藏期次及其分布规律研究［J］.石油与天然气地质，（2）：209-215.

朱光有，赵文智，梁英波，等.2007.中国海相沉积盆地富气机理与天然气的成因探讨［J］.科学通报，（S1）：46-57.

朱世发，朱筱敏，陶文芳，等.2013.准噶尔盆地乌夏地区二叠系风城组云质岩类成因研究［J］.高校地质学报，19（1）：38-45.

朱晓萌，朱文兵，曹剑，等.2019.页岩油可动性表征方法研究进展［J］.新疆石油地质，40（6）：7457-753.

朱筱敏.1982.沉积岩石学［M］.北京：石油工业出版社.

邹才能，赵文智，贾承造，等.2008.中国沉积盆地火山岩油气藏形成与分布［J］.石油勘探与开发，35（3）：257-271.

邹才能，陶士振，袁选俊，等.2009.“连续型”油气藏及其在全球的重要性：成藏、分布与评价［J］.石油勘探与开发，36（6）：669-682.

邹才能，董大忠，王社教，等.2010.中国页岩气形成机理、地质特征及资源潜力［J］.石油勘探与开发，37（6）：641-653.

邹才能，杨智，陶士振，等.2012.纳米油气与源储共生型油气聚集［J］.石油勘探与开发，39（1）：13-20.

邹才能，杨智，崔景伟，等.2013.页岩油形成机制、地质特征及发展对策［J］.石油勘探与开发，40（1）：14-26.

邹才能，杨智，张国生，等.2014.常规–非常规油气“有序聚集”理论认识及实践意义［J］.石油勘探与开发，41（1）：14-27.

邹才能，陶士振，白斌，等.2015.论非常规油气与常规油气的区别和联系［J］.中国石油勘探，20（1）：1-16.

邹阳，韦盼云，朱涛，等.2020.准噶尔盆地石西油田石南4井区侏罗系头屯河组储层特征及有利区展望［J］.西北地质，53（2）：235-243.

Behar F, Kressmann S, Rudkiewicz J L, et al. 1992. Experimental simulation in a confined system and kinetic modeling of kerogen and oil cracking [J]. Organic Geochemistry, 19 (1-3): 173-189.

Bennett B, Fustic M, Farrimond P, et al. 2006. 25-Norhopanes: formation during biodegradation of petroleum in the subsurface [J]. Organic Geochemistry, 37 (7): 787-797.

Bernard B B, Brooks J M, Sackett W M. 1978. Light hydrocarbons in recent texas continental shelf and slope sediments [J]. Journal of Geophysical Research Oceans, 83 (C8): 4053-4061.

Berner U, Faber E. 1988. Maturity related mixing model for methane, ethane and propane, based on carbon isotopes [J]. Organic Geochemistry, 13 (1-3): 67-72.

Bessereau G, Guillocheau F. 1995. Stratigraphie séquentielle et distribution de la matiere organique dans le Lias du bassin de Paris [C]. Académie des Sciences (Paris), Comptes Rendu, 316: 1271-1278.

Bohacs K M, Grabowski G J, Carroll A R, et al. 2005. Production, destruction, and dilution: The many paths to source rock development [C] //Harris N B. The Deposition of Organic Carbon-rich Sediments: Models, Mechanisms, and Consequences. Society for Sedimentary Geology Special Publication, 82: 61-101.

Boreham C J, Edwards D S. 2008. Abundance and carbon isotopic composition of neo-pentane in Australian natural gases [J]. Organic Geochemistry, 39 (5): 550-566.

Bowker K A. 2007. Barnett Shale gas production, Fort Worth Basin: issues and discussion [J]. AAPG Bulletin, 91 (4): 523-533.

Cao J, Zhang Y J, Hu W X, et al. 2005. The Permian hybrid petroleum system in the northwest margin of the Junggar Basin, northwest China [J]. Marine and Petroleum Geology, 22 (3): 331-349.

Cao J, Wang X L, Sun P A, et al. 2012. Geochemistry and origins of natural gases in the central Junggar Basin, northwest China [J]. Organic Geochemistry, 53 (5): 166-176.

Cao J, Xia L W, Wang T T, et al. 2020. An alkaline lake in the Late Paleozoic Ice Age (LPIA): a review and new insights into paleoenvironment and petroleum geology [J]. Earth-Science Reviews, 202 (1): 103091.

Carroll A R, Bohacs K M. 2001. Lake-type controls on petroleum source rock potential in non-marine basins [J]. AAPG Bulletin, 85 (6): 1033-1053.

Carroll A R, Liang Y H, Graham S A, et al. 1990. Junggar Basin, northwest China: trapped Late Paleozoic ocean [J]. Tectonophysics, 181 (1-4): 1-14.

Chen J, Fu J, Sheng G, et al. 1996. Diamondoid hydrocarbon ratios: novel maturity indices for highly mature crude oils [J]. Organic Geochemistry, 25 (3): 179-190.

Chen J F, Xu Y C, Huang D F. 2000. Geochemical Characteristics and Origin of Natural Gas in Tarim Basin, China [J]. AAPG Bulletin, 84 (5): 591-606.

Chen Z H, Cao Y C, Ma Z J, et al. 2014. Geochemistry and origins of natural gases in the Zhongguai area of Junggar Basin, China [J]. Journal of Petroleum Science and Engineering, 119: 17-27.

Chen Z H, Jiang W B, Zhang L Y, et al. 2018. Organic matter, mineral composition, pore size, and gas sorption capacity of lacustrine mudstones: implications for the shale oil and gas exploration in the Dongying depression, eastern China [J]. AAPG Bulletin, 102 (8): 1565-1600.

Chung H M, Brand S W, Grizzle P L. 1981. Carbon isotope geochemistry of Paleozoic oils from Big Horn Basin [J]. Geochimica et Cosmochimica Acta, 45 (10): 1803-1815.

Clayton C. 1991. Carbon isotope fractionation during natural gas generation from kerogen [J]. Marine and Petroleum Geology, 8 (2): 232-240.

Collister J W, Hays J M. 1973. A preliminary study of carbon and nitrogen isotopic biogeochemistry of lacustrine sedimentary rocks from the Green River Formation, Wyoming, Utah, and Colorado [C] //Tuttle M L (ed).

Geochemical, Biogeochemical, and Sedimentological Studies of the Green River Formation, Wyoming, Utah, and Colorado. US Geological Survey, Denver, CO: 265-276.

Czochanska Z, Gilbert T D, Philp R P, et al. 1988. Geochemical application of sterane and triterpane biomarkers to a description of oils from the Taranaki Basin in New Zealand [J]. Organic Geochemistry, 12 (2): 123-135.

Dahl J E, Moldowan J M, Peters K E, et al. 1999. Diamondoid hydrocarbons as indicators of natural oil cracking [J]. Nature, 399 (6731): 54.

Dai J X. 1992. Identification and distinction of various alkane gases [J]. Science in China (Series B), 35 (10): 1246-1257.

Demaison G. 1984. The Generative Basin Concept [M] //Demaison G, Murris R J. Petroleum Geochemistry and Basin Evaluation. AAPG Memoir, 35: 1-14.

Deocampo D M. Jones B F. 2014. Geochemistry of saline lakes [J] Treatise on Geochemistry (Second Edition), 7: 437-469.

Demaison G, Huizinga B J. 1991. Genetic classification of petroleum systems [J]. AAPG Bulletin, 75 (10): 1626-1643.

Dow W. 1974. Application of oil-correlation and source-rock data to exploration in Williston Basin [J]. AAPG Bulletin, 58 (7): 1253-1262.

Dyni J R. 2003. Geology and resources of some world oil-shale deposits [J]. Oil Shale, 20 (3): 193-252.

Ertas D, Kelemen S R, Halsey T C. 2006. Petroleum expulsion Part 1. theory of kerogen swelling in multicomponent solvents [J]. Energy & Fuels, 20 (1): 295-300.

Espitalié J, Madec M, Tissot B, et al. 1977. Source rock characterization method for petroleum exploration. In Proceedings of the Annual Offshore Technology Conference [J]. Offshore Technology Conference, 1977 (May): 439-444.

Espitalié J, Madec M, Tissot B. 1980. Role of mineral matrix in kerogen pyrolysis: influence on petroleum generation and migration [J]. AAPG Bulletin, 64 (1): 59-66.

Fang C, Xiong Y, Li Y, et al. 2013. The origin and evolution of adamantanes and diamantanes in petroleum [J]. Geochimica et Cosmochimica Acta, 120: 109-120.

Feng Y, Coleman R G, Tilton G, et al. 1989. Tectonic evolution of the west Junggar region, Xinjiang, China [J]. Tectonics, 8 (4): 729-752.

Francavilla M, Kamaterou P, Intini S, et al. 2015. Cascading microalgae biorefinery: first pyrolysis of Dunaliella tertiolecta lipid extracted-residue [J]. Algal Research, 11: 184-193.

Fu J M, Sheng G Y, Peng P A, et al. 1986. Peculiarities of salt lake sediments as potential source rocks in China [J]. Organic Geochemistry, 10 (1-3): 119-126.

Fu J M, Sheng G Y, Xu J Y, et al. 1990. Application of biological markers in the assessment of paleoenvironments of Chinese non-marine sediments [J]. Organic Geochemistry, 16 (4-6): 769-779.

Fuex A N. 1977. The use ofstable carbon isotopes in hydrocarbon exploration. Journal of Geochemical Exploration, 7: 155-188.

Furmann A, Schimmelmann A, Brassell S C, et al. 2013. Chemical compound classes supporting microbial methanogenesis in coal [J]. Chemical Geology, 339: 226-241.

Galimov E M. 2006. Isotope organic geochemistry [J]. Organic Geochemistry, 37: 1200-1262.

Gao L, Guimond J, Thomas E, et al. 2015. Major trends in leaf wax abundance, $\delta^2 H$ and $\delta^{13} C$ values along leaf venation in five species of C_3 plants: physiological and geochemical implications [J]. Organic Geochemistry,

78：144-152.

Geng C, Li S, Ma Y, et al. 2012. Analysis and identification of oxygen compounds in Longkou shale oil and Shenmu coal tar ［J］. Oil Shale, 29（4）：322-333.

Grantham P J. 1986. The occurrence of unusual C_{27} and C_{29} sterane predominance in two types of Oman crude oil ［J］. Organic Geochemistry, 9（1）：1-10.

Grantham P J, Wakefield L L. 1988. Variations in the sterane carbon number distributions of marine source rock derivedcrude oils through geological time ［J］. Organic Geochemistry, 12（1）：61-73.

Hammer U T. 1981. Primary Production in Saline Lakes ［M］//Williams W D. Salt Lakes. Dordrecht, Netherlands：Springer：47-57.

Han Y G, Zhao G C. 2018. Final amalgamation of the Tianshan and Junggar orogenic collage in the southwestern Central Asian Orogenic Belt：constraints on the closure of the Paleo- Asian Ocean ［J］. Earth- Science Reviews, 186：129-152.

Halpern H I. 1995. Development and applications of light-hydrocarbon-basedstar diagrams ［J］. AAPG Bulletin, 79（6）：801-815.

He D F, Li D, Fan C, et al. 2013. Geochronology, geochemistry and tectonostratigraphy of Carboniferous strata of the deepest well Moshen-1 in the Junggar basin, northwest China：Insights into the continental growth of Central Asia ［J］. Gondwana Research, 24（2）：560-577.

Hill R J, Jarvie D M, Zumberge J, et al. 2007. Oil and gas geochemistry and petroleum systems of the Fort Worth Basin ［J］. AAPG Bulletin, 91（4）：445-473.

Hoffmann-Sell L, Birgel D, Arning E T, et al. 2011. Archaeal lipids in Neogene dolomites（Monterey and Sisquoc Formations, California）—Planktic versus benthic archaeal sources ［J］. Organic geochemistry, 42（6）：593-604.

Horsfield B, Curry D J, Bohacs K, et al. 1994. Organic geochemistry of freshwater and alkaline lacustrine sediments in the Green River Formation of the Washakie Basin, Wyoming, U. S. A. ［J］. Organic Geochemistry, 22（3-5）：415-440.

Hu G Y, Li J, Shan X Q, et al. 2010. The origin of natural gas and the hydrocarbon charging history of the Yulin gas field in the Ordos Basin, China ［J］. International Journal of Coal Geology, 81（4）：381-391.

Huang D F, Zhang D J, Li J C. 1994. The origin of 4-methyl steranes and pregnanes from Tertiary strata in the Qaidam Basin, China ［J］. Organic Geochemistry, 22（2）：343-348.

Huang W Y, Meinschein W G. 1979. Sterols as ecological indicators ［J］. Geochimica et cosmochimica acta, 43（5）：739-745.

Hughey C A, Rodgers R P, Marshall A G, et al. 2002. Identification of acidic NSO compounds in crude oils of different geochemical origins by negative ion electrospray Fourier transform ion cyclotron resonance mass spectrometry ［J］. Organic Geochemistry, 33（7）：743-759.

Hughey C A, Rodgers R P, Marshall A G, et al. 2004. Acidic and neutral polar NSO compounds in Smackover oils of different thermal maturity revealed by electrospray high field Fourier transform ion cyclotron resonance mass spectrometry ［J］. Organic Geochemistry, 35（7）：863-880.

Hunt J. 1979. Petroleum Geochemistry and Geology ［M］. New York：W H Freeman and Company：109-110.

Irwin H, Meyer T. 1990. Lacustrine organic facies. A biomarker study using multivariate statistical analysis ［J］. Organic Geochemistry, 16（1-3）：197-210.

Jaffé R, Gallardo M T. 1993. Application of carboxylic acid biomarkers as indicators of biodegradation and migration of crude oils from the Maracaibo Basin, Western Venezuela ［J］. Organic Geochemistry, 20（7）：973-984.

Jagniecki E A, Lowenstein T K. 2015. Evaporites of the Green River Formation, Bridger and Piceance Creek Basins: deposition, diagenesis, paleobrine chemistry, and eocene atmospheric CO_2 [M] //Smith M E, Carroll A R. Stratigraphy and Paleolimnology of the Green River Formation, Westren USA. Dordrecht, Nether Lands: Springer: 277-311.

Jagniecki E A, Lowenstein T K, Jenkins D M, et al. 2015. Eocene atmospheric CO_2 from the nahcolite proxy [J]. Geology, 43 (12): 1075-1078.

James A T. 1983. Correlation of Natural Gas by Use of Carbon Isotopic Distribution between Hydrocarbon Components [J]. AAPG Bulletin, 67 (7): 1176-1191.

Jarvie D M. 2012. Shale Resource Systems for Oil and Gas: Part 2—Shale Oil Resource Systems [M] //Breyer J A. Shale reservoirs—Giant resources for the 21st century. Tulsa: AAPG Memoir: 89-119.

Jenden P D, Drazan D J, Kaplan I R. 1993. Mixing of thermogenic natural gases in northern Appalachian basin [J]. AAPG Bulletin, 77 (6): 980-998.

Jia C, Zheng M, Zhang Y. 2016. Some key issues on the unconventional petroleum systems [J]. Petroleum Research, 1 (2): 113-122.

Jin Z J, Cao J, Hu W X, et al. 2008. Episodic petroleum fluid migration in fault zones of the northwestern Junggar Basin (northwest China): Evidence from hydrocarbon- bearing zoned calcite cement [J]. AAPG Bulletin, 92 (9): 1225-1243.

Jones B E, Grant W D, Duckworth A W, et al. 1998. Microbial diversity of soda lakes [J]. Extremophiles, 2 (3): 191-200.

Katz B J. 1983. Limitation of "Rock-Eval" pyrolysis for typing organic matter [J]. Organic Geochemistry, 4 (3-4): 195-199.

Katz B J. 1995. The Green River Shale: an Eocene Carbonate Lacustrine Source Rock [M] //Katz B J. Petroleum source rocks. Berlin Heidel bery: Springer- Verlag: 309-324.

Kelts K. 1988. Environments of deposition of lacustrine petroleum source rocks: an introduction [M] //Fleet A J, Kelts K, Talbot M R. Lacustrine Petroleum Source Rocks. Oxford Blackwells: 40: 3-26.

Kodner R B, Pearson A, Summons R E, et al. 2008. Sterols in red and green algae: quantification, phylogeny, and relevance for the interpretation of geologic steranes [J]. Geobiology, 6 (4): 411-420.

Kreulen R, Schuiling R D. 1982. N_2- CH_4- CO_2 fluids during formation of the Dome de L′Agout, France [J]. Geochimica et Cosmochimica Acta, 46 (2): 193-203.

Kuhn P P, Primio R, Hill R, et al. 2012. Three- dimensional modeling study of the low- permeability petroleum system of the Bakken Formation [J]. AAPG Bulletin, 96 (10): 1867-1897.

Law B E. 2002. Basin- centered gas systems [J]. AAPG Bulletin, 86 (11): 1891-1919.

Law B E, Curtis J B. 2002. Introduction to unconventional petroleum systems [J]. AAPG Bulletin, 86 (11): 1851-1852.

Law B E, Pollastro R M, Keighin C W. 1986. Geologic characterization of low-permeability gas reservoirs in selected wells, Greater Green River Basin, Wyoming, Colorado, and Utah. Geology of tight gas reservoirs [J]. AAPG Studies in Geology, (24): 253-269.

Lewan M D, Ruble T E. 2002. Comparison of petroleum generation kinetics by isothermal hydrous and nonisothermal open- system pyrolysis [J]. Organic Geochemistry, 33 (12): 1457-1475.

Li J J, Wang W M, Cao Q, et al. 2015. Impact of hydrocarbon expulsion efficiency of continental shale upon shale oil accumulations in eastern China [J]. Marine and Petroleum Geology, 59: 467-479.

Liang Y Y, Zhang Y Y, Chen S, et al. 2020. Controls of a strike-slip fault system on the tectonic inversion of the

Mahu depression at the northwestern margin of the Junggar Basin, NW China ［J］. Journal of Asian Earth Sciences, 198 (2): 104229.

Liu P, Li M, Jiang Q, et al. 2015. Effect of secondary oil migration distance on composition of acidic NSO compounds in crude oils determined by negative-ion electrospray Fourier transform ion cyclotron resonance mass spectrometry ［J］. Organic Geochemistry, 78: 23-31.

López-García P, Kazmierczak J, Benzerara K, et al. 2005. Bacterial diversity and carbonate precipitation in the giant microbialites from the highly alkaline Lake Van, Turkey ［J］. Extremophiles, 9 (4): 263-274.

Loucks R G, Reed R M, Ruppel S C, et al. 2012. Spectrum of pore types and networks in mudrocks and a descriptive classification for matrix-related mudrock pores ［J］. AAPG Bulletin, 96 (6): 1071-1098.

Lowenstein T K, Hein M C, Bobst A L, et al. 2003. An assessment of stratigraphic completeness in climate-sensitive closed-basin lake sediments: Salar de Atacama, Chile ［J］. Journal of Sedimentary Research, 73 (1): 91-104.

Magoon L B. 1988. The petroleum system—a classification scheme for research, exploration, and resource assessment ［M］. Magoon L B (eds), Washington: US Geological Survey: 2-15.

Magoon L B. 1995. The play that complements the petroleum system—a new exploration equation ［J］. The Oil & Gas Journal, 93 (40): 85.

Magoon L B, Dow W G. 1994. The Petroleum System ［M］//Magoon L B, Dow W G. The Petroleum System—from Source to Trap. Tulsa, Oklahoma: American Association of Petroleum Geologists: 3-24.

Magoon L B, Schmoker J W. 2000. The Total Petroleum System—The Natural Fluid Network That Constrains the Assessment Unit ［M］. Tulsa, Oklahoma: US Geological Survey: 31.

Magot M, Ollivier B, Patel B. 2000. Microbiology of petroleum reservoirs ［J］. Antonie van Leeuwenhoek, 77 (2): 103-116.

Maksimov S P, Myuller E, Botneva T A, et al. 1975. Origin of high-nitrogen gas reservoirs pools ［J］. International Geology Review, 18: 551-556.

Mango F D. 1990. The origin of light hydrocarbon in petroleum: a kinetic test of the steady state catalytic hypothesis ［J］. Geochimica et Cosmochimica Acta, 54: 1315-1323.

Mannion L E. 1975. Industrial Minerals and Rocks ［M］. Englewood: AIME.

Mayer L M. 1994. Surface area control of organic carbon accumulation in continental shelf sediments ［J］. Geochimica et Cosmochimica Acta, 58 (4): 1271-1284.

McKirdy D M, Kantsler A J. 1980. Oil geochemistry and potential source rocks of the Officer Basin, South Australia ［C］. Proceedings of the Australian Petroleum Exploration Association, 20 (1): 68-86.

Meissner F F, Woodward J, Clayton J L. 1984. Stratigraphic Relationships and Distribution of Source Rocks in the Greater Rocky Mountain Region ［M］//Meissner F F, WoodwardJ, Clayton J L. Hydrocarbon Source Rocks of the Greater Rocky Mountain Region. Denver: Rocky Mountain Association of Geologists: 1-34.

Milkov A V, Dzou L. 2007. Geochemical evidence of secondary microbial methanefrom very slight biodegradation of undersaturated oils in a deep hot reservoir ［J］. Geology, 35 (5): 455-458.

Milkov A V, Etiope G. 2018. Revised genetic diagrams for natural gases based on a global dataset of > 20, 000 samples ［J］. Organic Geochemistry, 125: 109-120.

Mitchum R M, Vail P R, Sangree J B. 1977. Seismic Stratigraphy and Global Changes of Sea Level: Part 6. Stratigraphic interpretations of seismic reflection patterns in depositional sequences: Section 2. Application of seismic reflection configuration to stratigraphic interpretation ［M］//Payton C E. Seismic Stratigraphy—Applications to Hydrocarbon Exploration. Tulsa: AAPG Memoir, 26: 117-133.

Mitchum R M, Sangree J B, Vail P R, et al. 1993. Recognizing Sequences and Systems Tracts from Well Logs, Seismic Data, and Biostratigraphy: Examples From the Late Cenozoic of the Gulf of Mexico [M] //Weimer P A, Posamentier H. Recent Developments and Applications of Siliciclastic Sequence Stratigraphy. Tulsa: AAPG Memoir, 58: 163-197.

Moldowan J M, Seifert W K, Gallegos E J. 1983. Identification of an extended series of tricyclic terpanes in petroleum [J]. Geochimica et Cosmochimica Acta, 47 (8): 1531-1534.

Moldowan J M, Seifert W K, Gallegos E J. 1985. Relationship between petroleum composition and depositional environment of petroleum source rocks [J]. AAPG Bulletin 69 (8): 1255-1268.

Moldowan J M, McCaffrey M A. 1995. A novel microbial hydrocarbon degradation pathway revealed by hopane demethylation in a petroleum reservoir [J]. Geochimica et Cosmochimica Acta, 59 (9): 1891-1894.

Nelson P H. 2009. Pore-throat sizes in sandstones, tight sandstones, andshales [J]. AAPG Bulletin, 93 (3): 329-340.

Noble R A, Alexander R, Kagi R I, et al. 1986. Identification of some diterpenoid hydrocarbons in petroleum [J]. Organic Geochemistry, 10 (4-6): 825-829.

Olson J E, Bahorich B, Holder J. 2012. Examining hydraulic fracture natural fracture interaction in hydrostone block experiments [C] //SPE Hydraulic Fracturing Technology Conference, The Woodlands. Texas, USA: Society of Petroleum Engineers.

Ourisson G, Albrecht P, Rohmer M. 1979. The hopanoids: palaeochemistry and biochemistry of a group of natural products [J]. Pure and Applied Chemistry, 51 (4): 709-729.

Pan Y, Liao Y, Shi Q, et al. 2013. Acidic and neutral polar NSO compounds in heavily biodegraded oils characterized by negative-ion ESI FT-ICR MS [J]. Energy Fuels, 27 (6): 2960-2973.

Patience R L. 2003. Where did all the coal gas go? [J] Organic Geochemistry, 34 (3): 375-387.

Perrodon A. 1992. Petroleum Systems: Models and Applications [J]. Journal of Petroleum Geology, 15 (2): 319-325.

Perrodon A, Masse P. 1984. Subsidence, sedimentation and petroleum systems [J]. Journal of Petroleum Geology, 7 (1): 5-25.

Peters K E, Moldowan J M. 1991. Effects of source, thermal maturity, and biodegradation and the distribution and isomerization of homohopanes in petroleum [J]. Organic Geochemistry, 17 (1): 47-61.

Peters K E, Cassa M R. 1994. Applied Source Rock Geochemistry [M] //Magoon L B, Dow W G. The Petroleum System from Source to Trap: American Association of Petroleum Geologists Memoir 60. Tulsa, Oklahoma: US Geological Survey: 99-117.

Peters K E, Moldowan J M, Mccaffrey M A, et al. 1996. Selective biodegradation of extended hopanes to 25-norhopanes in petroleum reservoirs. insights from molecular mechanics [J]. Organic Geochemistry, 24 (8): 765-783.

Peters K E, Walters C C, Moldowan J M. 2005. The Biomarker Guide [M]. Cambridge: Cambridge University Press.

Platt N H, Wright V P. 1991. Lacustrine carbonates: facies models, facies distributions and hydrocarbonaspects [J]. Lacustrine Facies Analysis, 13: 57-74.

Poetz S, Horsfield B, Wilkes H. 2014. Maturity-driven generation andtransformation of acidic compounds in the organic-rich Posidonia shale as revealed by electrospray ionization Fourier transform ion cyclotron resonance mass spectrometry [J]. Energy Fuels, 28 (8): 4877-4888.

Pollastro R M. 2007. Total petroleum system assessment of undiscovered resources in the giant Barnett Shale continuous (unconventional) gas accumulation, Fort Worth Basin, Texas [J]. AAPG Bulletin, 91 (4): 551-578.

Powell T G, McKirdy D M. 1973. Relationship between ratio of pristane to phytane, crude oil composition and geological environment in Australia [J]. Nature, 243 (124): 37-39.

Prinzhofer A, Huc A Y. 1995. Genetic and post-genetic molecular and isotopic fractionations in natural gases [J]. Chemical Geology, 126 (3): 281-290.

Prinzhofer A, Pernaton É. 1997. Isotopically light methane in natural gas: bacterial imprint or diffusive fractionation? [J]. Chemical Geology, 142: 193-200.

Prinzhofer A, Mello M R, Takaki T. 2000. Geochemical characterization of natural gas: A physical multivariable approach and its applications in maturity and migration estimates [J]. AAPG Bulletin, 84 (8): 1152-1172.

Riediger C L. 1993. Solid bitumen reflectance and Rock-Eval Tmax as maturation indices: an example from the "Nordegg Member", Western Canada Sedimentary Basin [J]. International Journal of Coal Geology, 22 (3-4): 295-315.

Ruble T E, Lewan M D, Philp R P. 2001. New insights on the Green River petroleum system in the Uinta Basin from Hydrous pyrolysis experiments [J]. AAPG Bulletin, 85 (8): 1333-1371.

Sandvik E I, Young W A, Curry D J. 1992. Expulsion from hydrocarbon sources: the absorption [J]. Organic Geochemistry, 19 (1-3): 77-87.

Schmoker J W. 2005. US Geological Survey Assessment Concepts for Continuous Petroleum Accumulations [M]. Virginia: U. S. Geological Survey.

Schoell M. 1980. The hydrogen and carbon isotopic composition of methane from natural gases of various origins [J]. Geochimica et Cosmochimica Acta, 44 (5): 649-662.

Schulz L K, Wilhelms A, Rein E, et al. 2001. Application of diamondoids to distinguish source rock facies [J]. Organic Geochemistry, 32 (3): 365-375.

Schwark L, Stoddart D, Keuser C, et al. 1997. A novel sequential extraction system for whole core plug extraction in a solvent flow-through cell-application to extraction of residual petroleum from an intact pore-system in secondary migration studies [J]. Organic Geochemistry, 26 (1/2): 19-31.

Seifert W K, Moldowan J M. 1978. Applications of steranes, terpanes and monoaromatics to the maturation, migration and source of crude oils [J]. Geochimica et Cosmochimica Acta, 42 (1): 77-95.

Shanmugam G. 1985. Significance of coniferous rain forests and related organic matter in generating commercial quantities of oil, Gippsland Basin, Australia [J]. AAPG Bulletin, 69 (8): 1241-1254.

Shao D Y, Zhang T W, Lucy T K, et al. 2020. Experimental investigation of oil generation, retention, and expulsion within Type II kerogen-dominated marine shales: insights from gold-tube nonhydrous pyrolysis of Barnett and Woodford Shales using miniature core plugs [J]. International Journal of Coal Geology, 217: 103337.

Shi Q, Zhao S, Xu Z, et al. 2010. Distribution of acids and neutral nitrogen compounds in a Chinese crude oil and its fractions: characterized by negative-ion electrospray ionization fourier transform ion cyclotron resonance massspectrometry [J]. Energy Fuels, 24 (7): 4005-4011.

Sonnenberg S A, Pramudito A. 2009. Petroleum geology of the giant Elm Coulee field, Williston Basin [J]. AAPG Bulletin, 93 (9): 1127-1153.

Stahl W J, Carey B D. 1975. Source-rock identification by isotope analyses of natural gases from fields in the Val Verde and Delaware basins, west Texas [J]. Chemical Geology, 16 (4): 257-267.

Stahl W J, Koch J. 1974. ^{13}C-^{12}C relation of North-German natural-gas-maturity characteristic of their parent substances [J]. Erdol and Kohle Erdgas Petrochemie, 27: 623.

Tao K Y, Cao J, Chen X, et al. 2019. Deep hydrocarbons in the northwestern Junggar Basin (NW China): Geochemistry, origin, and implications for the oil vs. gas generation potential of post-mature saline lacustrine source rocks [J]. Marine and Petroleum Geology, 109: 623-640.

Tao K Y, Cao J, Wang Y C, et al. 2020. Chemometric classification of crude oils in complex petroleum systems using t-SNE machine learning algorithm [J]. Energy & Fuels, 34 (5): 5884-5899.

Tegelaar E W, Matthezing R M, Jansen J B H, et al. 1989. Possible origin of *n*-alkanes in high-wax crude oils [J]. Nature, 342: 529.

Thompson K F M. 1979. Light hydrocarbon in subsurface sediments [J]. Geochimica et Cosmochimica Acta, 43 (5): 657-672.

Thompson K F M. 1983. Classification and thermal history of petroleum based on light hydrocarbons [J]. Geochimica et Cosmochimica Acta, 47 (2): 303-316.

Tissot B, Durand B, Espitalie J, et al. 1974. Influence of nature and diagenesis of organic matter in formation of petroleum [J]. AAPG Bulletin, 58 (3): 499-506.

Tissot B, Deroo G, Hood A. 1978. Geochemical study of the Uinta Basin: formation of petroleum from the Green River formation [J]. Geochimica et Cosmochimica Acta, 42 (10): 1469-1485.

Tissot B, Pelet R, Ungerer P H. 1987. Thermal history of sedimentary basins, maturation indices, and kinetics of oil and gas generation [J]. AAPG Bulletin, 71 (12): 1445-1466.

Tissot B P, Welte D H. 1984. Petroleum Formation and Occurrence [M]. Berlin Heidelberg: Springer-Verlag: 643-644.

Ulmishek G. 1986. Stratigraphic Aspects of Petroleum Resource Assessmen [M] //Rice D D. Oil and Gas Assessment—Methods and Applications. Tulsa: AAPG, 21: 59-68.

Volkman J K. 1986. A review of sterol markers for marine and terrigenous organic matter [J]. Organic Geochemistry, 9 (2): 83-99.

Volkman J K. 2003. Sterols in microorganisms [J]. Applied microbiology and Biotechnology, 60 (5): 495-506.

Wan Z H, Li S M, Pang X Q, et al. 2017. Characteristics and geochemical significance of heteroatom compounds in terrestrial oils by negative-ion electrospray fourier transform ion cyclotron resonance mass spectrometry [J]. Organic Geochemistry, 111 (5): 34-55.

Wandrey C J, Law B E, Shah H A. 2004. Patala-Nammal composite total petroleum system, Kohat-Potwar Geologic Province, Pakistan [J]. US Geological Survey Bulletin, 2208-B.

Warren J K. 2016. Evaporites: a Geological Compendium [M]. Berlin Heidelberg: Springer–Verlag.

Wei Z, Moldowan J M, Zhang S, et al. 2007. Diamondoid hydrocarbons as a molecular proxy for thermal maturity and oil cracking: geochemical models from hydrous pyrolysis [J]. Organic Geochemistry, 38 (2): 227-249.

Wenger L M, Isaksen G H. 2002. Control of hydrocarbon seepage intensity on level of biodegradation in sea bottom sediments [J]. Organic Geochemistry, 33 (12): 1277-1292.

White A H, Youngs B C. 1980. Cambrian alkali playa-lacustrine sequence in the northeastern officer basin, south Australia [J]. Journal of Sedimentary Petrology, 50 (4): 1279-1286.

Whiticar M J. 1999. Carbon and hydrogen isotope systematics ofbacterial formation and oxidation of methane [J]. Chemical Geology, 161 (1-3): 291-314.

Whiticar M J, Suess E. 1990. Hydrothermal hydrocarbon gases in the sediments of the King George Basin, Bransfield Strait, Antarctica [J]. Applied Geochemistry, 5 (1): 135-147.

Wingert W S. 1992. GC-MS analysis of diamondoid hydrocarbons in Smackover petroleums [J]. Fuel, 71 (1):

37-43.

Wunder B, Stefanski J, Wirth R, et al. 2013. Al-B substitution in the system albite (NaAlSi$_3$O$_8$) -reedmergnerite (NaBSi$_3$O$_8$) [J]. European Journal of Mineralogy, 25 (4): 499-508.

Xia L W, Cao J, Hu S Z, et al. 2019a. Organic geochemistry, petrology, and conventional and unconventional hydrocarbon resource potential of Paleogene saline source rocks in eastern China: the Biyang Sag of the Nanxiang Basin [J]. Marine and Petroleum Geology, 101: 343-354.

Xia L W, Cao J, Wang M, et al. 2019b. A review of carbonates as hydrocarbon source rocks: basic geochemistry and oil-gas generation [J]. Petroleum Science, 16 (4): 713-728.

Xia L W, Cao J, Lee C, et al. 2021. A new constraint on the antiquity of ancient haloalkaliphilic green algae that flourished in a ca. 300 Ma Paleozoic lake [J]. Geobiology, 19 (2): 147-161.

Xia X, Chen J, Braun R, et al. 2012. Isotopic reversals with respect to maturity trends due to mixing of primary and secondary products in source rocks [J]. Chemical Geology, 339: 205-212.

Yang S Y, Horsfield B. 2020. Critical review of the uncertainty of $T_{\max}$ in revealing the thermal maturity of organic matter in sedimentary rocks [J]. International Journal of Coal Geology, 225: 103500.

Yu K H, Cao Y C, Qiu L W, et al. 2018. Geochemical characteristics and origin of sodium carbonates in a closed alkaline basin: the Lower Permian Fengcheng Formation in the Mahu Sag, northwestern Junggar Basin, China [J]. Palaeogeography Palaeoclimatology Palaeoecology, 511: 506-531.

Yu S, Wang X, Xiang B, et al. 2017. Molecular and carbon isotopic geochemistry of crude oils and extracts from Permian source rocks in the northwestern and central Junggar Basin, China [J]. Organic Geochemistry, 113: 27-42.

Zhang G, Wang Z, Guo X, et al. 2019. Characteristics of lacustrine dolomitic rock reservoir and accumulation of tight oil in the Permian Fengcheng Formation, the western slope of the Mahu Sag, JunggarBasin, NW China [J]. Journal of Asian Earth Sciences, 178 (1): 64-80.

Zhang J K, Cao J, Xiang B L, et al. 2019a. Fourier- transform infrared proxies for oil source and maturity: Insights from the Early Permian alkaline lacustrine system, Junggar Basin (NW China) [J]. Energy Fuels, 33 (11): 10704-10717.

Zhang J K, Cao J, Wang Y, et al. 2019b. Origin of giant vein-type bitumen deposits in the northwestern Junggar Basin, NW China: implications for fault- controlled hydrocarbon accumulation [J]. Journal of Asian Earth Sciences, 179: 287-299.

Ziegs V, Noah M, Poetz S, et al. 2018. Unravelling maturity- and migration- related carbazole and phenol distributions in Central Graben crude oils [J]. Marine and Petroleum Geology, 94: 114-130.

Zou C N, Yang Z, Tao S Z, et al. 2013. Continuous hydrocarbon accumulation over a large area as a distinguishing characteristic of unconventional petroleum: the Ordos Basin, North- Central China [J]. Earth- Science Reviews, 126: 358-369.

Zou C N, Yang Z, Dai J, et al. 2015. The characteristics and significance of conventional and unconventional Sinian-Silurian gas systems in the Sichuan Basin, central China [J]. Marine and Petroleum Geology, 64 (3): 386-402.